石油高职高专规划教材

钻 井 机 械

（第二版）

刘玉忠　毛建华　主编

石油工业出版社

内 容 提 要

本书概括地介绍了钻机的基本组成、类型和基本参数;重点讲述了钻机的起升、旋转、循环三大工作系统和绞车、转盘、钻井泵三大工作机,以及钻机的驱动与传动系统、液压传动系统和气控制系统,并介绍了井口机械化设备和海洋石油钻井设备。

本书可作为高职高专石油工程专业的学生教材,也可作为从事石油钻井和石油机械工作人员的参考用书。

图书在版编目(CIP)数据

钻井机械/刘玉忠,毛建华主编. —2 版.
北京:石油工业出版社,2016.8
石油高职高专规划教材
ISBN 978 – 7 – 5183 – 1284 – 9

Ⅰ. 钻…
Ⅱ. ①刘…②毛…
Ⅲ. 油气钻井—机械设备—高等职业教育—教材
Ⅳ. TE92

中国版本图书馆 CIP 数据核字(2016)第 103078 号

出版发行:石油工业出版社
　　　　　(北京市朝阳区安定门外安华里 2 区 1 号楼　　100011)
　　　　　网　　址:www.petropub.com
　　　　　编辑部:(010)64251362　　图书营销中心:(010)64523
经　　销:全国新华书店
排　　版:北京乘设伟业科技有限公司
印　　刷:北京中石油彩色印刷有限责任公司
2016 年 8 月第 2 版　　2016 年 8 月第 9 次印刷
787 毫米 × 1092 毫米　　开本:1/16　　印张:19
字数:480 千字
定价:40.00 元

第二版前言

本教材的修订从石油工程技术、钻井工程技术和石油高职高专院校相关专业应用型、技能型人才的培养需求出发，通过召开石油高职高专规划教材《钻井机械》修订研讨会，对钻井机械设备的结构、工作原理、合理选择和使用维护等内容进行讨论，着重体现学生运用石油钻井机械设备相关知识分析问题和解决石油钻井实际工程问题能力的培养，突出课程的基本要求和人才培养的实用性、针对性、职业性，制定了《钻井机械》教材的修订大纲和教材编定细纲。

本教材的编写力求突出高层次性和可衔接性。在教材内容的安排和知识能力的要求方面既注意突出高等职业教育的特点，又注意将高等职业教育与普通高等教育区别开来，努力适应新的角色要求，适应新的教育定位；同时又注意与本科教育相应课程的衔接，为学生的可持续性发展奠定基础。

本教材的编写力求突出职业性、技术性、应用性和针对性。努力体现职业教育特色和石油特点，面向生产、建设、服务、管理一线。以职业能力和职业岗位（群）的要求为核心，以"必需、够用"为度，建立"相对不完善的理论体系和相对完善的技能体系"。课程内容的选取以职业实践所需要的动作技能和心智技能为重点，同时兼顾学科理论的逻辑顺序。

本教材的编写力求突出前瞻性、先进性和创新性，尽可能地反映当代科技发展的新水平、新动向、新知识、新理论和新工艺、新材料、新设备，且努力反映高职教育的特点，体现"能力本位"的原则要求。

全书内容分为九章，概括地介绍了钻机的基本组成、类型和基本参数；重点讲述了钻机的起升、旋转、循环三大工作系统和绞车、转盘、钻井泵三大工作机的使用与维护及钻机的驱动与传动系统、气控制系统；介绍了海洋石油钻井设备和液压传动技术。与第一版相比，离心泵内容被纳入循环系统，液力传动技术被纳入到驱动与传动系统，对顶部驱动钻井系统加强了介绍，并新增一章井口设备。

参加本书编写的有：延安职业技术学院高瑶（第一章）；东北石油大学秦皇岛分校徐鑫（第二章）、焦艳红（第八章）；渤海石油职业学院毛建华（第三章和第九章）；承德石油高等专科学校杨建雷（第四章）；辽河石油职业技术学院张明琪（第五章）；山东胜利职业学院马春成（第六章）；大庆职业学院刘玉忠（第七章及附录）。全书由刘玉忠和毛建华任主编，张明琪和杨建雷任副主编，马春成任主审。

在教材编写过程中，得到了中国石油大学（北京）石油工程学院、中国石油大学（北京）机电工程学院、东北石油大学机电工程学院及兄弟院校的领导、专家和同行的大力支持，在此一并表示感谢。

由于编写人员水平有限，书中难免有不妥之处，希望广大师生及读者给予批评指正。

编者

2016 年 1 月

第一版前言

进入 21 世纪以来,我国高等职业技术教育发展迅速,但具有高职高专特色和石油特点的石油类高职高专教材却相对匮乏,不少高职高专院校尚在使用普通本科和中专教材。为了适应高等职业教育发展的要求,加快高职高专教材建设的步伐,根据石油高职高专教材建设会议的精神,讨论并制定了石油高等职业技术教育钻井技术专业《钻井机械》教学大纲和教材编写细纲。本书是在会议审定的教学大纲和教材编写细纲的基础上编写的。

本教材的编写力求突出高层次性和可衔接性。在教材内容的安排和知识能力的要求上既注意把高等职业教育与中等职业教育区别开来,又注意把高等职业教育与普通高等教育区别开来,努力适应新的角色要求,适应新的教育定位;同时又注意与本科教育相应课程的衔接,为学生的可持续性发展奠定基础。

本教材的编写力求突出职业性、技术性、应用性和针对性。努力体现职业教育特色和石油特点,面向生产、建设、服务、管理一线。以职业能力和职业岗位(群)的要求为核心,以"必需、够用"为度,建立"相对不完善的理论体系和相对完善的技能体系"。课程内容的选取以职业实践所需要的动作技能和心智技能为重点,同时兼顾学科理论的逻辑顺序。

本教材的编写力求突出前瞻性、先进性和创新性。尽可能地反映当代科技发展的新水平、新动向、新知识、新理论和新工艺、新材料、新设备。力求改变旧教材"从概念到概念"、"从公式到公式"的死板说教,注意发挥图、表、例在塑造应用型人才中的"赋型"作用。努力反映高职教育的特点,体现"能力本位"的原则要求。

全书内容分为十章,概括地介绍了钻机的基本组成、类型和基本参数;重点讲述了钻机的起升、旋转、循环三大工作系统和绞车、转盘、钻井泵三大工作机及钻机的驱动与传动系统、气控制系统;介绍了海洋石油钻井设备、液压传动技术、离心泵和液力传动技术。

参加本书编写的有:山东胜利职业学院孙松尧(第一章、第四章及附录),李德俭(第七章),马春成(第八章);天津工程职业技术学院程瑞亮(第二章、第三章);渤海石油职业学院郑爱军、毛建华(第五章);天津石油职业技术学院宋文义(第六章);辽河石油职业技术学院李国宾(第九章);大庆职业学院刘玉忠(第十章)。全书由孙松尧副教授任主编,李德俭、程瑞亮副教授任副主编,中国石油大学(华东)高学仕教授任主审。

在教材编写过程中,得到了中国石油大学石油工程学院、中国石油大学机电工程学院及兄弟院校领导、专家和同行的大力支持,在此一并表示感谢。

本书可作为石油钻井技术专业高职高专的学生教材,也可作为从事石油钻井和石油机械工作的职工上岗、考级、培训的参考书。

由于编写人员水平有限,书中难免有不妥之处,希望广大师生及读者给予批评指正。

编者

2006 年 3 月

目　　录

第一章 钻机概论

石油钻机是指用来进行石油与天然气勘探、开发的成套钻井设备。对于石油钻井来说,装备和工具是勘探开发的利器,如果没有过硬的钻井装备和工具,就无法实现安全、优质、高效勘探开发的目的。进入 21 世纪以来,石油钻机自动化、数字化、智能化、信息化水平快速发展,钻机整体向着交流变频调速电驱动石油钻机(AC – GTO – AC)方向发展。随着交流变频技术的迅速发展,交流变频电驱动钻机会取代可控硅直流电驱动钻机,改型钻机具有机械驱动钻机和直流电驱动钻机无可比拟的优越性能,将成为陆地和海洋石油钻机发展的换代产品。

现代钻机是一套大型的综合性机组,为了满足油气钻井的需要,整套钻机是由若干系统和设备组成的。转盘钻机是成套钻井设备中的基本形式,也称为常规钻机。本章简要介绍关于钻机的发展状况、基本概念和钻机的基本参数。

第一节 钻机概述

石油钻机是随着钻井工艺技术的发展而不断发展更新的。为了满足不同地理、地质条件和钻井工艺要求,国内外研究、改进开发创新了多种石油钻机。

石油钻机的发展特点如下:

(1)专业化钻机得到快速发展,如适应各种环境和工艺技术发展的沙漠钻机、海洋钻机、斜井钻机、小井眼钻机、特深井钻机、连续管钻机等。

(2)规模向两极化方向发展。深井石油钻机趋向大型化,钻深能力已达 15000m,最大钩载 12500kN;轻便石油钻机趋向小型化(以车装为主)。

(3)钻机控制实现自动化、智能化。顶驱、盘式刹车技术逐步成熟,电动控制技术、液压驱动技术和可靠性逐步提高。

(4)大力发展新型石油钻机,采用人性化设计,具有先进的机械自动化、高效的钻机操作和监控系统,装置模块化,以提高钻机运移性,最终达到提高钻井效率、大大降低钻井成本的目的。

一、国外石油钻机的发展现状

20 世纪 90 年代以来,美国、德国、法国、意大利、加拿大、墨西哥和罗马尼亚等国先后开发了各种新型的石油钻机。其中,美国 National Oilwell Varco 公司、Emsco 公司、Dreco 公司生产的钻机质量最好,使用寿命可超过 10 ~ 15 年。

1. 国外石油钻机的最新技术

1)可配置自动钻井系统(CADS)

挪威海上钻井平台上使用了 Maritime Hydraulics(MH)公司的可配置自动钻井系统(CADS),该系统实现了各种操作程序化,不需分别操作绞车、顶驱、管子处理装置和卡瓦,钻台上只需 1 人。具体特点是系统有可编程管子处理系统、先进的防碰系统、自动测量和记录系统,另外还有两套司钻电脑操作系统,可相互配合使用,一个发生故障时,另一个仍可进行操作。同时配备了手动操作的备用系统。由于不需要手动控制操作,减少了起下钻时间,每小时可起下钻 55 根立柱。

2)监视与诊断系统

美国 National Oilwell Varco 公司(以下简称"NOV 公司")的 e - drill 是第一套远程监视世界各地钻机的检测系统,钻机操作人员可在 1h 内与钻机相关人员取得联系,同时各种参数可直接从置于 NOV 公司监测系统内的智能系统读取。通过该监测系统,操作人员可访问运行状况、检查情况等组成的档案数据库,且各钻机数据资源可共享。遇到故障时,可与技术人员及时取得联系,进行故障排除。

3)Hawk 系列监控软件

由美国 NOV 公司最新开发的 Hawk 系列监控软件,包括:网络司钻、在线支持和陆上决策中心三大部分。该监控软件可利用互联网将设备的运行情况传到需要的地方。软件简化了司钻操作钻机的方式,可监控从钻井泵运行到井下钻具钻进方向的所有钻井情况。其监视和测量的数据可通过电话和计算机传给远离井场的技术中心。使用该软件还可将远程设计的图表和三维模型输入到计算机司钻操作台,司钻根据图表和模型进行操作。

2. 国外主要石油钻机类型

1)交流变频调速电驱动钻机(AC - GTO - AC 石油钻机)

交流变频调速电驱动钻机是现代高新技术与石油钻井机械的有机结合。目前,法国 AL - STON 公司、美国 NOV 公司和 IRI 公司、加拿大 Dreco 公司、挪威 Hitec 公司、德国 Wirth 公司、罗马尼亚 IE 公司等均研究开发和应用了 AC - GTO - AC 石油钻机。经过使用证明:交流变频调速电驱动钻机具有可实现无级调速、电动机短时增矩、恒功率宽调速特性、软启动性能好、交流电动机体积小等优点。因此,世界上主要钻机制造商都开发了交流变频调速电驱动钻机。

2)液压石油钻机

德国 Wirth 公司和挪威 MH 公司生产了液压驱动绞车、转盘、钻井泵的全液压钻机。全液压传动(主绞车、转盘、钻井泵均为液压传动)的钻机将成为常规机械传动钻机的换代产品之一。挪威 MH 公司开发的无绞车、液缸升降型钻机省去了庞大笨重的绞车,用升降液缸代替了绞车,同时也代替了浮式钻井庞大的钻柱运动补偿器,采用液缸自动送钻和提升钻具及动力头(TDS)旋转钻柱,可提高钻井效率20% ~30%,并实现了机械化、自动化,减少了操作人员。意大利 Soilmec 公司开发的全液压可移动式钻机彻底改变了传统石油钻机的结构模式,利用倍增程油缸和液压顶驱,代替了传统钻机的井架和转盘,整套钻机自动化程度高,仅用 2 人就可以操作整套钻机进行钻井作业,总钻井费用减少 40%,搬家费用减少 50%,占地面积减少40%。

3)全自动控制石油钻机

1996 年以来,美国 Pool 公司研制了一种集钻机顶部驱动回转钻井、绞车升降、钻具自动排放于一体,遥控操作钻井泵、防喷器、节流压井管汇的钻机,以及由宽大、舒适,以透明玻璃罩与井场设施设备隔离开的控制室组成的全自动控制钻机,据介绍,使用电脑控制静液传动转盘、绞车、顶部驱动和钻井泵,仅由 2 人坐在玻璃罩内控制室的转椅上进行控制操作(一人负责整套钻机的钻井操作,另一人负责钻具搭放操作)。

4)小井眼石油钻机

最初,国外不少公司使用常规钻机钻小井眼,20 世纪 70 年代末开始进行小井眼钻机研制及钻机改进,90 年代后出现了特制专用的小井眼钻机,并取得了较好的使用效果。一般来说,国外小井眼钻机采用常规旋转钻井设备,其特点有:设备体积小,占地面积少;设备一机多能,既可钻井又可修井,所用钻柱既可钻小井眼又可连续取心;采用专用小型测试装置;现代化程度高。与常规钻机相比,用小井眼钻机钻井,钻井成本减少 50% ~75%,下套管成本减少13%,完井费用减少 37%,占用井场面积减少达 70%,钻机拆装运移时间减少 60% ~70%,建井费用减少 50%,钻井综合效益显著提高。

5)深井石油钻机

为了适应勘探开发更深地层油气藏需要,深井石油钻机趋向大型化,要求功率大、性能好、自动化程度高、可满足和适应深井的多种需要。世界上主要的钻机制造商均研制了交流变频电驱动大功率石油钻机。目前钻机钻深能力达 15000m,最大钩载达 12500kN。

为了提高起升工作效率,特深井钻机均采用 4 个单根组成的立柱,井架高度已超过 50m。德国 KTB 超深井使用的 UTB – 1GH300OEG 钻机的井架最高为 63m。考虑安装放喷装置的需要,井架底座最高达 12. 12m。

6)海洋石油钻机

国外海洋石油钻机,一般选用钻深能力为 4500m、6000m、7600m 和 9000m,而用于移动式钻井平台则多选用 6000m、7500m、9000m 和 11000m,乃至更深。海洋钻机大多采用模块化设计,以便在海上迅速吊装连接。目前,海洋钻机的主要特点表现为:钻机向全液压方向发展;液缸升降型钻机具有强大的生命力;海洋钻机的配置模块化;全自动控制钻机将成为海上石油钻机发展的最终目标。

7)电动沙漠钻机

德国钻机制造商 Bentec 有限公司自行研制成功了功率为 1471kW 高性能电动沙漠钻机,并运往土库曼斯坦实施钻井作业。这种电动沙漠钻机的井架为折叠式,高 47.5m,钩载能力为5782kN,安装在高为 10.7m 的底座上,底座可承载 363t 重的钻杆或 590t 重的套管及绞车和其他系统。这种钻机配备了高性能可控硅整流(SCR)系统、软扭矩旋转系统、软泵系统、放碰系统、钻具下放控制系统和岩屑流量控制系统。

8)套管石油钻机

加拿大 Tesco 公司耗资 500 万美元开发了新型套管石油钻机。该钻机是一种混合式钻机,钻机的钻深能力为 3000m。这种钻机主要包括顶驱、主绞车、小绞车、钻井泵、钻井液循环和净化系统、井架、底座和液压动力机组,采用液控盘式刹车和自动送钻装置一体化技术。该钻机是全液压式钻机,利用套管进行钻井,不用起下立柱,因此,钻机高度可以降低到 20m 左右,前开口井架,没有二层台,起下钻头安全快速。高钻台底座,没有立根盒,小鼠洞只用于存放单根套管。顶驱具有良好的扭矩和速度控制系统。转盘在套管钻井中的主要作用是接单根或顶驱发生问题时作一种辅助设备。

套管钻机的自动化程度高,钻井效率高、速度快,取消了起下钻具作业,减少了动力消耗及钻机的运转时间和机械磨损。其钻井成本较低,一般可减少 30% ~50%。

9)连续管石油钻机

早在 20 世纪 50 年代初,以法国为代表的电驱动橡胶软管的石油钻机用于钻井,后来,连续管（高强度、高韧性钢）的石油钻机得到发展，工业上应用于 90 年代初期。

连续油管具有可连续起下钻、占用场地面积小、质量轻、耗用功率小等特点；连续软管便于高精度实现随钻测量和地质导向测井，可节约钻机的制造成本，实现高温条件下钻井、欠平衡井、硬质地层钻井等钻井工艺。

10）超长单根可变位（Super Single）钻机

超单根可变位钻机也称为斜井钻机，20 世纪 90 年代初期得到发展，所谓"超长单根"就是所使用的钻杆从 9m（API 范围Ⅱ）延长到了 13m（API 范围Ⅲ）。这种钻机远程控制能力强、安全性好，钻井效率高，能够进行斜位、垂直、定向和水平井的钻井。

目前，激光钻井技术在世界上属于一个全新的领域，国外的研究也处于探索阶段，国内用于钻井的研究还属空白。亮度大（即功率密度大）是激光的一大特点，是激光用来钻井的最主要的特性。从本质上讲，钻井用激光器件就是把能量转换成光子，光子经过聚焦成为强光束，把岩石熔融、粉碎、蒸发。具体说来，就是把激光束聚焦在一个要钻入地层的环形区域上，这个环形区域是要钻的井眼直径范围内很小的一部分。激光束聚焦后形成很高的温度，使要钻入的地层材料熔化蒸发，强大的热冲击也可以使要钻入的岩石材料被击成细粒，由于环形区域内熔化材料的蒸发而产生强大的压力足以使击碎的材料被腾升到地面。据测验，激光束的穿透速度至少是目前常规钻井的 100 倍。

二、国内石油钻机的研制与开发

国产钻机经历了从无到有，从小到大，从仿制到自行设计，从落后到先进的艰难曲折发展过程。国内钻深 1000 ~ 7000m 的钻机已经形成系列，具备生产 1000 ~ 9000m 机械传动、电驱动、顶部驱动陆地、沙漠、海洋各种成套钻机的能力。国内 90% 的大中型钻机都是国产的，其中 80% 为机械驱动钻机，电驱动钻机约占 20%。目前，国产石油钻机已在国外 20 多个国家承担钻井服务。

1. 国内钻机发展方向

电驱动钻机是总体发展方向。2000m 以下钻机，大力提高轻便性和运移性。3000m 以下钻机，以发展机械驱动钻机为主，推广车装钻机，发展撬装钻机，电力供应充足的地区使用电驱动钻机。目前应大力发展机械驱动钻机，少量开发电驱动钻机，总体方案要充分体现结构紧凑、拆装方便、运移单元少、可靠性高、价格适中的特点。4500m 钻机，发展电驱动钻机和机械驱动两种型式的钻机。5000m 以上，以发展电驱动钻机为主。

2. 国内主要生产厂家

20 世纪 90 年代以来，我国生产石油钻机的企业有几十家，但主要有兰州兰石国民油井石油工程有限公司、宝鸡石油机械厂及宝鸡石油机械有限责任公司、吉林重型机械厂、南阳石油机械厂、江汉四机厂、四川广汉宏华有限公司、上海三高石油设备有限公司八家企业具有生产成套钻机的能力。宝鸡石油机械有限责任公司、兰州兰石国民油井石油工程有限公司作为石油钻机制造的龙头企业，仍处于主导地位，可提供各种型号系列的钻机。

宝鸡石油机械有限责任公司是我国最大的石油机械制造公司之一。研制开发了近百项新产品，新研制开发了先进的直流电动机、交流变频钻机、高移动性钻机，产品已远销美国、英国、法国、意大利、加拿大、伊朗、巴基斯坦等 20 多个国家和地区。

兰州兰石国民油井石油工程有限公司是 2001 年 2 月由兰州石化机械总厂的石油钻机制造部分与世界最大的石油机械制造商美国国民油井国际公司合资成立的。目前公司制造 1000～9000m 各种成套石油钻机,产品包括用于陆地、沙漠、浅滩和海洋的石油钻机。

3. 国内钻机的研制类型

1)机械驱动钻机

机械驱动钻机从 1000～7000m,既有联合驱动也有独立驱动。以底座结构形式分有车载式、半拖挂式、块装式、自升式、箱叠式、撬装式;井架形式有 K 形、A 形、塔形、伸缩式、桅杆式;绞车有内变速也有外变速,这类钻机 3300m 以上,基本为多机组并车,目前已基本系列化。

2)直流电驱动钻机

直流电驱动钻机已形成 2000～7000m 系列。电驱动深井钻机以及出国服务的钻机大部分是这种驱动形式,底座有车载式、自升式;井架形式有 K 形、A 形;绞车有内变速也有外变速,内变速主要是链传动,外变速主要是齿轮传动;这类钻机绞车和钻井泵全部为独立驱动;转盘与绞车有联合驱动也有独立驱动。

3)交流电驱动钻机

交流电驱动钻机已形成 1000～7000m 系列,其中 4000m 以上深钻机基本上采用普通交流变频电动机。因此传动系统基本上都设有变速机构;宝鸡石油机械厂开发的 ZJ70DB 钻机,由于采用高速、宽频大功率交流变频电动机,使得传动系统非常简化,交流不设变速机构,两级齿轮传动。

我国已研制成功首部 AC－DC－AC 交流变频电传动全数字控制钻机,于 2003 年 6 月 8 日正式投入到新疆准噶尔盆地莫索湾油气田盆 5 井区 PHW06 水平井的勘探施工当中。该钻机采用计算机自动控制技术,可实现自动送钻,对起下钻和钻井工艺可进行实时监控。工作人员在司钻操作房内就可对地面、泵房、二层台进行监控,并可通过内部电话进行协调联系。

4)复合型驱动钻机

针对我国机械驱动钻机路线长、结构复杂和效率低下的问题,宝鸡石油机械厂提出了机械传动和电传动复合型驱动钻机方案。2000 年宝鸡石油机械厂生产的我国第一台 ZJ70LD 复合驱动钻机,可以根据绞车、转盘、钻井泵的工作特点和性能要求,灵活选用相适应的动力驱动方式,有效地组合在一台钻机上,能以最经济的动力配置,获得最佳的工作性能,已被好几家油田作为替代大庆 130 型钻机的首选方案。

5)极地钻机

极地钻机主要是为极地或沙漠等特殊地区而开发的,必须具备搬迁、安装方便的特点。目前这类钻机仅有宝鸡石油机械厂与长城钻井公司合作开发生产的 GW－M1000 钻机。

6)沙漠钻机

沙漠钻机是一种用于在沙漠或沼泽地带勘探采油区防止钻机设备沉陷的石油钻机,包括主基础和辅助基础两部分。主基础由多个箱形薄壳金属单元块构成,这些单元块并排密集摆放并通过楔销连接件相互拼装连接成一个整体;辅助基础由分设并联装在主基础外围的多个窄条箱形薄壳金属单元块构成。与目前所用的钢筋混凝土浇灌钻机基础相比,沙漠钻机具有重量轻、投资少、制造安装方便、可随钻机设备搬迁而重复使用等优点。

7）丛式井石油钻机

丛式井石油钻机属大型机械设备。一般钻机体积巨大，重量达 300～2000t。而深井和超深井钻机以及海洋模块钻机的外形尺寸与重量更大，钻机拆装移运较为困难。根据石油开采需要，在海洋钻井平台以及陆地油田特定区域，石油钻机需采用近距离网状或直线状多井口丛式井钻井作业，该作业模式要求钻机必须进行整体移动，即丛式井石油钻机。目前，国内外实现钻机整体移动的途径是：在钻机模块下方设置移动导轨，并利用由液压系统、滑移机构、电液控制系统组成的移动装置来完成石油钻机的整体移动，满足丛式井的钻井作业要求。目前，国内外较先进的丛式井石油钻机移动装置包括棘轮棘爪式移动装置、摩擦式移动装置、有轨滚动式移动装置、无轨滚动式全方位移动装置四种模式。

8）海洋钻机模块成套设备

这种钻机从产品设计和制造工艺入手，成功地解决了海上工况复杂，产品可靠性、耐用性要求高，以及海水盐分腐蚀、防火、防台风、隔热、隔音、通信、监控报警、环保处理等诸多前沿尖端技术，将井架独创为瓶颈式塔形结构，栓装连接。这样，不仅安装方便、结构紧凑，而且使用空间大，整体稳定性好，承载能力强。目前宝鸡石油机械有限责任公司首次研制的海洋钻机模块成套设备打破了这一领域内长期由国外公司垄断的局面。该公司根据海上作业的特点，在钻机的另一关键产品——绞车上集成了 SCR 直流电驱动、液压盘式主刹车、贝勒电磁涡流辅助刹车、自动送钻系统、水冷却循环系统等一系列先进技术。

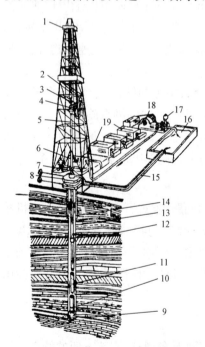

图 1-1 旋转钻井法示意图
1—天车；2—游动滑车；3—大钩；4—水龙头；
5—方钻杆；6—绞车；7—转盘；8—防喷器；
9—钻头；10—钻井液；11—钻铤；12—钻杆；
13—井眼；14—表层套管；15—钻井液槽；
16—钻井液池；17—空气包；18—钻井泵；
19—动力机

三、钻井工艺对钻机的要求

钻机设备的配置与钻井方法密切相关，目前，世界各国普遍采用的钻井方法是旋转钻井法（图 1-1）。即利用钻头旋转破碎岩石，形成井身；利用钻杆柱将钻头送到井底；利用大钩、游车、天车、绞车起下钻杆柱；利用转盘或顶部驱动装置带动钻头、钻杆柱旋转；利用钻井泵输送高压钻井液，带出井底岩屑。

显然，旋转钻井法要求钻井机械设备具有以下三方面的基本能力：

（1）旋转钻进的能力：钻井工艺要求钻井机械设备能为钻具（钻杆柱和钻头）提供一定的转矩和转速，并维持一定的钻压（钻杆柱作用在钻头上的重力）。

（2）起下钻具的能力：钻井工艺要求钻井机械设备应具有一定的起重能力及起升速度（能起出或下入全部钻杆柱和套管柱）。

（3）清洗井底的能力：钻井工艺要求钻井机械设备应具有清洗井底并携带岩屑的能力，能提供较高的泵压，使钻井液通过钻杆柱中孔，冲击清洗井底，并将岩屑带出井外。

此外,考虑到钻井作业流动性大的特点,钻机设备要容易安装、拆卸和运输。钻机的使用维修工作必须简便易行,钻机的易损零部件应便于更换。

钻机设备的配置和各种设备的工作能力、技术指标都是根据钻井工艺对钻机的以上三项基本要求确定的。在钻机的基本参数中对转盘的转矩与功率、大钩起重量及功率、钻井泵的许用泵压与功率提出了要求。在这三组参数中,转盘的转矩、大钩的起重量和钻井泵的许用泵压,都是受到机件强度限制的。

在强度满足使用要求的条件下,转盘应具有一定的转速;大钩应具有一定的提升速度;钻井泵应具有一定的排量,否则钻井作业就不能顺利进行。对转矩与转速,起重量与升速,泵压与排量的联合要求,就是工作机对功率的要求。为了保证一定的转速、升速、排量,应该供给一定的功率。钻机的能量传递与运动转换过程如图1-2所示。

四、钻机的特点

根据钻井工艺的要求和钻井场所的特殊性,钻机表现出与一般通用机械不同的特点,概括起来如下:

(1)为了完成钻进与起下钻等钻井作业,钻机必须是一套大功率的重型联合工作机组。由于发动机是单一的特性,而工作机与井底钻具则

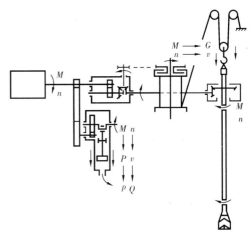

图1-2　钻机能量传递与运动转换
过程示意图
M—转矩;n—转速;v—速度;Q—流量;
p—压力;G—拉力

要求具有不同的特性,所以从发动机到工作机与井底钻具间就有着不同的能量转换、运动变化和很长的能量传递路线,如图1-2所示。这就必然造成钻机的传动机构庞大、整体效率低、控制机构复杂、自动化程度低。

(2)钻井作业是不连续的。在深井钻井中,起下钻这一非生产性质的辅助操作跃居主要地位,所以,起升机组变成了主要的工作机组。起钻时必须付出很大的能量,而下钻时所产生的能量又不能回收,造成了很大的能量损耗。

(3)钻机的工作场所与一般机器不同。钻机是在矿场、山区、沙漠、沼泽地带及海洋上进行流动性作业的。这就要求钻机必须具有高度的运移性,即设备拆装简易,尺寸和重量适于大块装运或整体拖运。为了适应各地区的载运条件,钻机应具有不同的底座结构形式。

第二节　钻机的组成及类型

一、钻机的组成

现代钻机,也就是目前世界各国通用的常规钻机,是一套大型的综合性机组,整套钻机是由动力与传动系统、工作系统、控制系统、辅助系统等若干系统和相应的设备所组成。

(1)动力系统:为整套机组提供能量的设备。

(2)传动系统:为工作机组传递、输送、分配能量的设备。

（3）工作系统：按工艺的要求进行工作的设备。

（4）控制系统：控制各系统、设备按工艺要求进行工作的设备。

（5）辅助系统：协助主系统工作的设备。

钻机的工作系统比较庞大，各机组的工作状况和工作特点各不相同，因而人们按照钻机工作机组的工作特点，把钻机的工作系统分成三部分，即旋转系统、起升系统和循环系统，另外，还把钻机底座单独列为一个系统。这样看来，整套钻机就是由下述八大系统设备组成的。

1. 旋转系统设备

为了转动井中钻具，带动钻头破碎岩石，钻机配备了旋转系统。它主要由转盘、水龙头、钻杆柱及钻头组成。另外，水龙头、钻杆柱和钻头也起着循环高压钻井液的作用。转盘是旋转系统的核心，是钻机的三大工作机之一。

顶部驱动钻机配备了顶部驱动钻井装置，代替转盘驱动钻杆柱和钻头旋转。

2. 循环系统设备

为了及时清洗井底、携带岩屑、保护井壁，钻机配备了钻井液循环系统。主要有钻井泵、地面高压管汇、钻井液净化设备和钻井液调配装置（固控设备）等。当采用井下动力钻具钻进时，循环系统还担负着提供高压钻井液，驱动井下涡轮钻具或螺杆钻具带动钻头破碎岩石的任务。钻井泵是循环系统的核心，是钻机的三大工作机之一。

3. 起升系统设备

为了起下钻具、下套管、控制钻压及钻头送进等，钻机配备了起升系统，以辅助完成钻井作业。起升系统设备主要由钻井绞车、辅助刹车、游动系统（如钢丝绳、天车、游动滑车）、大钩和井架组成。另外，还有用于起下操作的井口工具及机械化设备（如吊环、吊卡、卡瓦、动力大钳、立根移运机构等）。绞车是起升系统的核心，是钻机的三大工作机之一。

旋转、循环、起升三大系统设备是直接服务于钻井生产的，是钻机的三大工作系统。绞车、转盘、钻井泵称为钻机的三大工作机。

4. 动力驱动系统设备

动力驱动系统设备是指为整套机组（三大工作机组及其他辅助机组）提供能量的设备，可以是柴油机及其供油设备，或是交流电动机、直流电动机及其供电、保护、控制设备等。

5. 传动系统设备

传动系统设备是指连接动力机与工作机，实现从驱动设备到工作机组的能量传递、分配及运动方式转换的设备。传动系统设备包括减速、并车、倒车及变速机构等。

钻机中常用的机械传动副主要是链条、三角胶带、齿轮和万向轴。此外，不少钻机还采用了液力传动、液压传动、电传动等传动形式。

6. 控制系统和监测显示仪表

为了指挥、控制各机组协调地进行工作，整套钻机配备有各种控制装置，常用的有机械控制、气控制、电控制、液控制和电、气、液混合控制。机械驱动钻机普遍采用集中统一气控制。现代钻机还配备各种钻井仪表及随钻测量系统，监测显示地面有关系统设备的工作状况，测量井下参数，实现井眼轨迹控制。

7. 钻机底座

钻机底座包括钻台底座和机房底座,用于安装钻井设备,方便钻井设备的移运。钻台底座用于安装井架、转盘,放置立根盒及必要的井口工具和司钻控制台,多数还要安装绞车。钻台底座应能容纳必要的井口装置,因此,必须有足够的高度、面积和刚性。机房底座主要用于安装动力机组及传动系统设备,因此,也要有足够的面积和刚性,以保证机房设备能够迅速安装找正、平稳工作且移运方便。丛式井钻机底座必须满足丛式钻井的特殊要求。

8. 辅助设备

成套钻机还必须具有供气设备、辅助发电设备、井口防喷设备、钻鼠洞设备及辅助起重设备,在寒冷地带钻井时还必须配备保温设备。

二、钻机的类型

世界各国的各大石油公司、各钻机制造厂家按照各自的特点,对石油钻机的分类不尽相同。一般来说,可按以下方法对石油钻机进行分类。

1. 按钻井方法分类

按钻井方法的不同,钻机可分为冲击钻机和旋转钻机。冲击钻机,也称为顿钻钻机,最初用来打水井。1859 年,美国人德雷克把它引入石油钻井。旋转钻机,也称为常规钻机,是目前世界各国通用的钻机,其代表是转盘旋转钻机。

2. 按驱动钻头旋转的动力来源分类

按驱动钻头旋转力来源的不同,钻机可分为转盘驱动旋转钻机、井底驱动旋转钻机(转盘旋转钻机加井底动力钻具)、顶部驱动旋转钻机(转盘旋转钻机加顶部驱动钻井装置)。

3. 按驱动设备类型分类

按驱动设备类型的不同,钻机可分为柴油机驱动钻机、电驱动钻机和液压驱动钻机。柴油机驱动钻机又可分为柴油机驱动—机械传动钻机和柴油机驱动—液力传动钻机。电驱动钻机又可分为直流电驱动钻机和交流电驱动钻机。

直流电驱动钻机包括:直—直流电驱动钻机(DC – DC)和交—直流电驱动钻机(AC – SCR – DC)。

交流电驱动钻机包括交流发电机(或工业电网)—交流电动机驱动钻机(AC – AC)和正在发展中的交流变频电驱动钻机,即交流发电机—变频调速器—交流电动机驱动钻机(AC – VFD – AC)。

4. 按工作机分组分类

按工作机分组的不同,钻机可分为统一驱动钻机、单独驱动钻机、分组驱动钻机。

5. 按主传动副类型分类

按主传动副类型的不同,钻机可分为"V"型胶带钻机、链条钻机和齿轮钻机。

6. 按钻井深度分类

按钻井深度的不同,钻机可分为浅井钻机(钻井深度不大于 1500m)、中深井钻机(钻井深度为 1500～3000m)、深井钻机(钻井深度为 3000～5000m)、超深井钻机(钻井深度大于 5000～9000m)和特深井钻机(钻井深度大于 9000m)。

7. 按移动方式分类

按移动方式的不同,钻机可分为块装式、自行式、拖挂式。

8. 按使用地区和用途分类

按使用地区和用途的不同,钻机可分为海洋钻机、浅海钻机(适用与 0～5m 水深或沼泽地区)、常规钻机、丛式井钻机、沙漠钻机、直升机吊运钻机、小井眼钻机、连续柔管钻机等。

三、典型钻机介绍

1. 大庆－130 钻机及其改造

大庆－130 钻机是我国自主研发的机械式中型钻机,长期以来一直是我国的主力钻机,在石油勘探开发领域发挥了巨大的作用,随着石油行业钻机的技术发展,该钻机与 20 世纪 90 年代研发生产的电驱动钻机和复合式驱动钻机相比较,逐渐露出一些弊端,如传动复杂、工作效率低,动力分配不合理,公认的劳动强度大,不符合现在钻井 HSE 的规定等。90 年代经过改造,目前仍有三个方面不足:

(1)安全性差,爬坡和传动链条护罩,联动机离合器和皮带等护罩由于没有采用全密闭结构,存在不安全因素,特别是链条断裂时易伤人;高位安装,转盘和立根盒要高出钻台面 20cm 左右,转盘链条护罩安装在钻台面上,造成钻台面狭小、不平整、操作空间不足,机械化工具的使用使钻台面更加拥挤杂乱,这些给井口操作带来很大不便,成为安全隐患;绞车采用机械猫头,操作中容易出现事故,联动机传动轴断裂时有发生,故障概率高,机房底座为桥式结构,稳定性差,柴油机运转时抖动严重等。

(2)钻机拆安工作量大,绞车在钻台上高位安装,联动机组皮带传动结构复杂等搬家十分不便,钻机的运移性低。

(3)自动化程度低,工人劳动强度大,绞车使用带刹车无法安装自动送钻装置,绞车使用刹把户外操作绞车,远离指重表,不但劳动强度大而且不能保证钻压。

为此,2003 年通过中国石油天然气集团公司批准,由江汉机械研究所负责设计,由西安长庆石油天然气设备制造有限公司负责制造,在技术上有了较大改观,其具体特点如下:

(1)通过交流变频电动机、西门子变频器和摆线针轮减速器,实现恒钻压,恒转速功能自动送钻,提高了转盘性能。

(2)采用液压盘式刹车制动平稳,能耗低。

(3)使用操作简单方便,安全可靠,便于维修,维修费用低,符合长庆—鄂尔多斯盆地施工要求。

(4)优化结构设计,采用模块化设计,构件单体尺寸和重量满足山区搬迁的条件。

(5)尽量利用钻机原有的设备和部件,即先进可靠有经济实惠。

(6)进一步改善了操作环境,降低劳动强度,符合 HSE 规范要求。

(7)功率配备合理,保证运行高效。

(8)既能打气井又能打油井。

(9)钻机配套能打丛式井。

2. 12000m 钻机简介

2007 年 11 月 16 日宝鸡石油机械有限责任公司研制的 12000m 特深井交流变频石油钻机研制成功,它是荣获了 9 项专利技术的国家"865"计划项目。

1)12000m 钻机的主要参数

12000m 钻机的主要参数见表 1-1。

表 1-1 12000m 钻机的主要参数

最大钻井深度,m	12000
绞车额定功率,hp	4500
间隙最大功率,hp	6000
额定提升能力,lb	2000000
提升系统绳系,绳	16(8×9)
钻井钢丝绳直径,mm(in)	45(1¾)
钻井泵额定功率及台数	2200hp,3 台 LEWCO 钻井泵
钻井泵额定工作压力,MPa(psi)	52(7500)
柴油发电机组	5 台 Cat3516 涡轮增压柴油发电机组 + 1 台 3412 柴油发电机组
电气控制系统	OEM 交流发电机组控制系统和 VFD 交流变频驱动系统
转盘开口直径,in	49½
顶部驱动	1000t 交流驱动

注:1hp = 0.746kW。

2)12000m 钻机的主要特点

(1)该钻机采用先进的交流变频技术,其外特性比直流驱动更适合钻机工况,且传动效率高,控制精确、方便。

(2)井架、底座和钻台设备低位安装,整体起升,井架支点安装在底座的基座上,有效提高了井架底座的抗风载能力。

(3)绞车将两台大功率的交流变频电动机分别安装在滚筒轴的两端,没有复杂的传动系统,结构简单,体积小,重量轻,运输、拆迁和维修方便,适合于陆地钻机使用。

(4)充分利用交流电动机的特性,绞车采用能耗制动作为绞车的主刹车,盘式刹车将作为钻机的辅助和紧急制动刹车,淘汰了庞大的电磁刹车和复杂的冷却系统,同时操作方便简单。

(5)利用能耗制动特性,安装游动系统的防上碰下砸的装置和自动送钻装置,提高钻具施工的可靠性和安全性;同时有效地利用了钻机下钻能量,将下钻能量回馈给电网,供其他设备应用,节约了钻机燃油消耗。

(6)利用交流变频驱动技术的优越性,将钻机的机械设备参数、钻井参数和钻井液参数的采集、转换融为一体,触摸显示和跟踪,系统传输和记录,实现机电仪一体化管理。

(7)配置 1000t 顶部驱动钻井系统和 2200hp、52MPa 钻井泵,以及 105MPa 的井控设备,使整套钻机配套协调,超深井钻井的作业能力能有效发挥。

(8)充分利用电动钻机的优良控制特性,安装钻井泵脉冲控制装置,使 2~3 台钻井泵的脉冲呈 60°均匀分布,同步运行。

(9)动力采用我国 50Hz 电力标准,井场电气设备、设施可使用国产件,使用成本大幅降低。

3）12000m 钻机的系统配置

（1）4500hp 双电动机直接驱动绞车。

① 使用两个 HDT－3000 交流电动机驱动,去掉了笨重的齿轮减速箱机构,使特深井钻机可以充分地满足陆地搬迁的需要。

② 由于充分利用交流变频驱动技术的优越性,钻机绞车不需要配备大功率的电磁刹车,可以用两个交流电动机实现悬吊系统的"空中悬停",将能量充分利用的同时,减轻了绞车的重量,整台绞车的重量为72t。在搬迁时可将两个电动机拆下,仅仅利用两个车次即可将全部绞车运走。这对于其他所有的钻井深度超过10000m 的钻机来说都是不可能实现的。

③ 由于绞车的主刹车是利用交流电动机四象限作为工作原理,盘式刹车仅用驻车制动和紧急刹车,最大程度减少了刹车片的磨损,降低了钻机绞车维护工作量。

（2）1000t 直接驱动顶部驱动系统。

① 可以提供最大 165310N·m 的连续钻井扭矩和 203250N·m 的间隙钻井扭矩。

② 双导轨可以在为顶驱提供更大扭矩保障的同时最大程度减小井架的负荷。

③ 可以提供最高 300r/min 的转速,为特深井钻井提供设备上的保障。

④ 作为陆地特深井钻机,搬迁是首先应该考虑的,应尽量减轻部件重量以利于搬迁,由于该顶驱驱动采用空心交流电动机驱动,重量仅 50000lb（22680kg）,基本可以满足搬迁需要。

⑤ 由于去掉了齿轮箱和润滑系统,减少了设备维护工作量,进一步提高了设备可靠性。

⑥ 由于游动系统重量的减轻,减少了钢丝绳的切断频率。

（3）先进可靠的动力系统。

① 5 台 3512B 型和 1 台 3412 型卡特比勒柴油发电机组可以为整个系统提供最大的动力保障。

② 可靠的柴油发电机组运行保护系统可以使柴油发电机组运行平稳,动力强劲,同时可以保护其他电子控制系统,防止损坏。

③ 全数字化动力控制系统可以为故障查找和排除提供最为简捷的途径。

④ 在数字变频基础上,为了防止电动钻机小电网给整个电控系统造成危害,特别加入了电动钻机电控系统电涌保护装置,避免了由于电动钻机小电网电压波动太大而对变频控制系统造成损坏,但增加了电动钻机配件的消耗费用。

⑤ 通过 4 块触摸显示一体屏,为司钻提供最大的操作便利。

⑥ 全部通信均采用上位机控制的数字化通信方式,减少了电缆数量,既方便了安装,又减少了投资和维护费用。

⑦ VFD 房与 MCC 房采用分体式设计,减少了单房重量,充分满足了陆地搬迁需要。

⑧ VFD 房与 MCC 房均采用两端出线方式,方便布线并且可以充分利用场地,减少电路损耗。

（4）一体化的钻井仪表。

① 充分利用了数字化变频的特点,采用一体化的仪表,为司钻提供几乎所有的钻井和设备参数,并且避免了数据在转换过程中的损失。司钻可以更加直观准确地判断井下状况,减少了钻井事故,为我国特深井施工提供了更大的保障。

② 由于采用了一体化的仪表,从而不必再配其他钻井仪表,减少了设备投资的同时提高了设备安装效率。

③ 一体化仪表采用"冗余"设计,充分考虑了钻井施工的特殊性,防止了由于设备意外损坏对钻井施工造成的影响,尽量减少了停机损失。

(5)先进的进口作业工具。

配备了自动卡瓦、自动吊卡等先进的井口作业工具,配合顶部驱动的使用。最大程度上减轻了钻井工人的作业强度,提高了钻井作业效率。

第三节　钻机的基本参数及我国钻机系列标准

一、钻机的基本参数

钻机的基本参数是反映钻机基本工作性能的技术指标,如井深度、最大钻柱重量、最大钩载等,是设计、制造、选择、使用、维修和改造钻机的主要技术依据。

钻机的基本参数按系统分类主要由主参数、起升系统参数、旋转系统参数、循环系统参数、驱动系统参数等构成。

1. 主参数

在基本参数中,选定一个最主要的参数作为主参数。主参数应具备以下特征:能最直接地反映钻机的钻井能力和主要性能;对其他参数具有影响和决定作用;可用来标定钻机型号,并作为设计、选用钻机的主要技术依据。

我国钻机标准采用名义钻井深度 L(名义钻深范围上限)作为主参数。因为钻机的最大钻井深度影响和决定着其他参数的大小。

俄罗斯和罗马尼亚钻机标准采用最大钩载 Q_{hmax} 作为主参数,美国钻机没有统一的国家标准,但各大公司生产的钻机基本上以名义钻深范围为主参数。

1)名义钻井深度 L

名义钻井深度儿是钻机在标准规定的钻井绳数下,使用 127mm(5in)钻杆柱可钻达的最大井深。

2)名义钻深范围 $L_{min} \sim L_{max}$

名义钻深范围 $L_{min} \sim L_{max}$ 是钻机可经济利用的最小钻井深度 L_{min} 与最大钻井深度 L_{max} 之间的范围。名义钻井深度范围下限 L_{min} 与前一级的 L_{max} 有重叠,其上限即该级钻机的名义钻井深度($L_{max} = L$)。

2. 起升系统参数

1)最大钩载 Q_{hmax}

最大钩载 Q_{hmax} 是钻机在标准规定的最大绳数下,下套管或进行解卡等特殊作业时,大钩上不允许超过的最大载荷。

Q_{hmax} 决定了钻机下套管和处理事故的能力,是核算起升系统零部件静强度及计算转盘、水龙头主轴承静载荷的主要技术依据。

2)最大钻柱质量 Q_{stmax}

最大钻柱质量 Q_{stmax} 是钻机在标准规定的钻井绳数下,正常钻进或进行起下作业时,大钩所允许承受的最大钻柱在空气中的质量。

$$Q_{stmax} = q_{st}L$$

式中 q_{st}——每米钻柱质量,kg;

L——名义钻井深度,m。

标准规定:127mm(5in)钻杆,接80~100m的7in钻挺,平均取 $q_{st} = 36$kg/m,化整即为系列钻机的 Q_{stmax} 值。Q_{stmax} 是计算钻机起升系统零部件疲劳强度和转盘、水龙头主轴承动载荷的主要技术依据。

Q_{hmax}/Q_{stmax} 称为钩载储备系数,用 K_h 来表示。一般 $K_h = 1.8 \sim 2.08$。钩载储备系数越大,表明该钻机下套管、处理事故能力越强;但钩载储备系数过大会导致起升系统零部件过于笨重,不利于搬运。

3)起升系统钻井绳数 Z 和最大绳数 Z_{max}

起升系统绳数 Z 是指正常钻井时游动系统采用的有效提升绳数。最大绳数 Z_{max} 是指钻机配备的游动系统轮系所能提供的最大有效绳数,用于下套管或解卡等重载作业。

另外,起升系统参数还包括绞车各挡起升速度 v_1、v_2、$\cdots$、v_k,绞车挡数 K,绞车最大快绳拉力 p_e,钢丝绳直径 D_w,绞车额定输入功率 N_{de},井架有效高度 H_m,钻台高度 H_{df} 等。

3. 旋转系统参数

旋转系统参数包括转盘开口直径 D_r,转盘各挡转速 n_1、n_2、$\cdots$、n_k,转盘挡数 K_r,转盘额定输入功率 N_{re} 等。

4. 循环系统参数

循环系统参数包括钻井泵额定压力 p_e、钻井泵额定流量 Q_e、钻井泵额定输入功率 N_{pe} 等。

5. 驱动系统参数

驱动系统参数包括:单机额定功率 N,总装机功率 N_t 等。

二、我国石油钻机标准系列

为了适应我国石油工业发展的需要,缩小我国石油钻采设备与国际先进水平的差距,使我国的钻采设备标准与国际标准和通用技术要求接轨,国家发展和改革委员会于2009年4月2日发布标准 GB/T 23505—2009《石油钻机和修井机》,2010年1月1日开始实施。

石油钻机按名义最大钻井深度和最大钩载分为10个级别,其主要基本参数见表1-2。

1. 钻机的驱动形式

(1)机械驱动钻机:以柴油机为动力,通过液力变矩器、链条、齿轮三角胶带等不同组合的传动方式所驱动的钻机。

(2)电驱动钻机:用电动机驱动的钻机。

(3)全液压钻机:一种用油压驱动和控制所有运转部件的钻机。

2. 钻机的型号

根据 GB/T 23505—2009《石油钻机和修井机》,我国石油钻机型号的表示方法如下:

表 1 – 2　石油钻机的基本参数①

基本参数 \ 钻机级别		ZJ10/600	ZJ15/900	ZJ20/1350	ZJ30/1800	ZJ40/2250	ZJ50/3150	ZJ70/4500	ZJ90/6750	ZJ120/9000	ZJ150/11250
名义钻深范围,m	127mm 钻杆	500 ~ 800	700 ~ 1400	1100 ~ 1800	1500 ~ 2500	2000 ~ 3200	2800 ~ 4500	4000 ~ 6000	5000 ~ 8000	7000 ~ 10000	8500 ~ 12500
	114mm 钻杆②	500 ~ 1000	800 ~ 1500	1200 ~ 2000	1600 ~ 3000	2500 ~ 4000	3500 ~ 5000	4500 ~ 7000	6000 ~ 9000	7500 ~ 12000	10000 ~ 15000
最大钩载,kN		600	900	1350	1800	2250	3150	4500	6750	9000	11250
绞车额定功率	kW	110 ~ 200	257 ~ 330	330 ~ 500	400 ~ 700	735(1100)	1100(1470)	1470(2210)	2210(2940)	2940(4400)	4400(5880)
	hp	150 ~ 270	350 ~ 450	450 ~ 680	550 ~ 950	1000(1500)	1500(2000)	2000(3000)	3000(4000)	4000(6000)	6000(8000)
游动系统绳数③	钻井绳数	6	8	8	8	8	10	12	14	14	16
	最多绳数	6	8	8	10	10	12	14	16	16	18
钻井钢丝绳直径③	mm	19,22	22,26	26,29	29,32	32,35	35,38	42,45	48,52		
	in	$\frac{3}{4}$,$\frac{7}{8}$	$\frac{7}{8}$,1	1,$1\frac{1}{8}$	$1\frac{1}{8}$,$1\frac{1}{4}$		$1\frac{1}{4}$,$1\frac{3}{8}$	$1\frac{3}{8}$,$1\frac{1}{2}$	$1\frac{5}{8}$,$1\frac{3}{4}$	$1\frac{7}{8}$,2	
钻井泵单台功率不小于	kW	368	558		735		956	1176		1617	1617,2205
	hp	500	800		1000		1300	1600		2200	2200,3000
转盘开口直径	mm	381, 444.5		444.5, 520.7, 698.5			698.5,952.5		952.5,1257.3,1536.7		1257.3,1536.7
	in	15,$17\frac{1}{2}$		$17\frac{1}{2}$,$20\frac{1}{2}$,$27\frac{1}{2}$			$27\frac{1}{2}$,$37\frac{1}{2}$		$37\frac{1}{2}$,$49\frac{1}{2}$,$60\frac{1}{2}$		$49\frac{1}{2}$,$60\frac{1}{2}$
钻台高度,m		3, 4	4, 5		5, 6, 7.5		7.5, 9, 10.5		10.5,12		12,16
井架	各级钻井采用可提升 28m 立柱的井架,对 10/600,15/9000,20/1350 三级钻井也可采用提升 19m 立柱的井架,对 120/900 一级钻机也可采用提升 37m 立柱的井架										

① 本表参数不适用于自行式钻机、拖挂式钻机。
② 114mm 钻杆组成的钻柱的名义平均质量为 30kg/m,127mm 钻杆组成的钻柱的名义平均质量为 36kg/m。以 114mm 钻杆标定的名义钻深范围上限作为钻机型号的表示依据。
③ 绞车额定功率参数后面括号中的数值为非优选值。

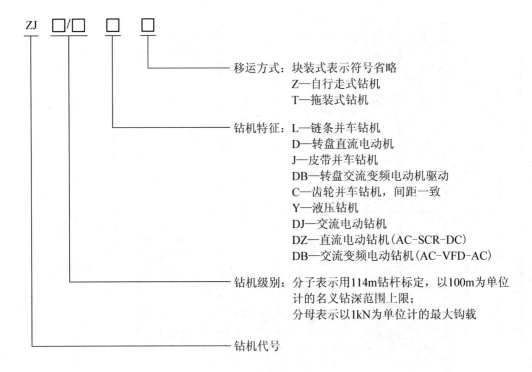

移运方式：块装式表示符号省略
　　　　　Z—自行走式钻机
　　　　　T—拖装式钻机

钻机特征：L—链条并车钻机
　　　　　D—转盘直流电动机
　　　　　J—皮带并车钻机
　　　　　DB—转盘交流变频电动机驱动
　　　　　C—齿轮并车钻机，间距一致
　　　　　Y—液压钻机
　　　　　DJ—交流电动钻机
　　　　　DZ—直流电动钻机（AC-SCR-DC）
　　　　　DB—交流变频电动钻机（AC-VFD-AC）

钻机级别：分子表示用114m钻杆标定，以100m为单位
　　　　　计的名义钻深范围上限；
　　　　　分母表示以1kN为单位计的最大钩载

钻机代号

思　考　题

1. 钻井工艺对钻机有哪些要求？
2. 简述石油钻机组成及各系统的主要部件。
3. 石油钻机的基本参数有哪些？什么是主参数？什么是名义钻井深度？
4. 我国石油钻机的标准序列中有哪些钻机？
5. 简述钻机的分类及各类钻机的特点。
6. 钻机型号 ZJ70/4500DB 中的字母和数字分别代表什么含义？

第二章 钻机的起升系统

钻机的起升系统是钻机的核心,它主要由井架、天车、游车、大钩、游动系统钢丝绳和绞车等设备组成。本章将介绍这些设备的结构原理、特点、使用及维护。

第一节 井 架

井架是钻机起升系统重要组成部分之一。它在钻井和采油生产过程中,用于安放和悬挂天车、游车、大钩、吊环、吊钳、吊卡等起升设备与工具,并承受井中管柱重量,以及起下、存放钻杆、油管或抽油杆。所以它是一种具有一定高度和空间的金属桁架结构。因此,井架必须具有足够的承载能力、足够的强度、刚度和整体稳定性。

一、概述

1. 井架的功用

(1)安放天车,悬挂游动滑车、大钩以及吊钳、各种绳索等提升设备和专用工具。

(2)在钻井作业中,支持游动系统并承受井内管柱的全部重量,进行起下钻具、下套管等作业。

(3)在钻进和起下钻时,用以存放钻杆单根、立根、方钻杆或其他钻具。

(4)遮挡落物,保护工人安全生产。

(5)方便工人高空操作和维修设备。

2. 井架的基本组成

石油矿场上使用的各种井架主要由主体、人字架、天车台、二层台、工作梯、立管平台等组成,如图2-1所示。

(1)主体:包括井架大腿、横拉筋、斜拉筋,多为型材组成的空间桁架结构,是主要的承载部分。若主体失去几何形状或桁架结构被破坏,则整个井架就失去了整体稳定性和承载能力。使用中,井架大腿一般不易变形,但横拉筋或斜拉筋常被扭曲或折断,在此情况下,井架的承载能力将会减小。

(2)人字架:位于井架的最顶部,其上可悬挂滑轮,用以在安装、维修天车时起吊天车。

(3)天车台:在井架顶部,用来安放天车。天车台上有检修天车的过道,周围围有栏杆。

(4)二层台:位于井架中间,塔形井架二层台在井架内部,其余井架二层台在井架外前侧,为井架工提供起下

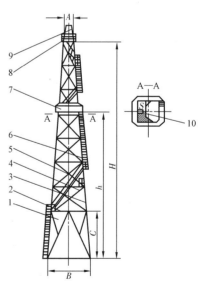

图2-1 井架基本组成示意图

1—主体;2—横杆;3—弦杆;4—斜杆;
5—立管平台;6—工作梯;7—二层台;
8—天车台;9—人字架;10—指梁;
A—井架上底尺寸;B—井架下底尺寸;
C—井架大门高度;H—井架有效高度;
h—二层台高

钻操作的工作场所,包括井架工进行起下操作的工作台和存靠立根的指梁。

（5）工作梯:有盘旋式和直立式两种,是井架工上下井架的通道。

（6）立管平台:装拆水龙带操作台。

此外还有钻台和底座,钻台是井架底座上面用铁板或木板铺成的一块可供钻工在井口操作并摆放井口工具的地方。底座有两个主要作用:支承钻台和转盘,并为钻台上的设备提供工作场所;使井口距地面有一定高度,为钻台下放防喷器组提供空间。

3. 井架的使用要求

（1）应有足够的承载能力,以保证起下一定长度的管柱。

（2）应有足够的工作高度和空间,使之能迅速安全地进行起下操作,并便于安装有关设备、工具、钻具。井架工作高度太小,会增加起下操作的次数并限制起升速度,而井架内部空间狭窄,对于某些井架不仅会使游车上下运行不便,而且还会影响司钻的视野,并相应地减小钻台的操作面积。这些都会影响起下操作的速度和工作的安全。

（3）应便于拆装、移运和维修。为此要求采用合理的结构以减轻重量,并便于采用分段或整体移运、水平安装以及整体起放等快速而安全的安装移运方法。

4. 井架的基本参数

井架的基本参数是反映井架特征和性能的技术指标,是设计、选择和使用井架的依据。

1）最大钩载

最大钩载是钻机的一个主要参数,井架的最大钩载是指死绳固定在指定位置,用标准规定的钻井绳数,在没有风载荷和立根载荷的条件下井架所能承受大钩的最大起重量。最大钩载中不包括游车、大钩的重量,这一参数表明井架承受垂直载荷的安全承载能力。

2）井架的高度

井架的名义高度是井架大腿支脚底板底面到天车梁底面的垂直距离,但这个参数不能完全反映井架提供游动系统操作空间高度的指标。为了表示游动系统可上下运动的空间,往往用井架有效工作高度这个指标。井架的有效高度是指钻台面到天车梁底面的垂直距离。井架高度可根据钻台上安装的设备及起下钻操作要求确定。

对海洋井架,由于装有升沉补偿装置,计算有效高度时还应考虑由该装置增加的附加高度。

3）二层台容量

二层台容量是在二层台内所能靠放的钻杆、油管的数量,通常用一定尺寸的钻杆、油管的总长度表示。

二层台的指梁应能满足存放钻进到名义井深时所需规定尺寸的全部立根。因此二层台容量这个参数主要取决于指梁的围抱面积,要求的围抱面积可根据所要存放的立根数和钻杆直径(取接头直径)计算确定。考虑处理事故及附加作业的需要,应在理论计算的基础上增大15%。

4）井架的最大抗风能力

井架的最大抗风能力是指井架在一定工况下抵抗最大风载的能力,常用 km/h 表示。最大抗风能力一般按两种工况考虑,即井架内无立根、无钩载工况和井架内排放一定数量立根、无钩载工况。在井架内无立根、无钩载工况下抗风能力宜确定为180～200km/h;排放立根、无钩载工况下的抗风能力宜确定为120～144km/h。

5）其他参数

井架的其他参数包括二层台高度、上底尺寸和下底尺寸、理论自重及动态井架的动力特性参数。

井架的二层台高度是指钻台面到二层台底面的垂直距离。二层台高度取决于立根的长度和二层台操作台的位置,为了便于井架工在二层台上摘挂吊卡,应使二层台的底面比存放在立根盒上的立根高度低1.8～2.0m。

塔形井架上底尺寸、下底尺寸分别是指井架相邻大腿在井架顶面和底面上的大腿轴线间的水平距离。上底尺寸要保证天车能自由通过井架顶部,游车在井架内能上下运行方便。下底尺寸则要保证具有尽量宽敞的操作空间及设备工具的安放位置。

井架的理论自重是根据设计图纸计算出所有构件重量的总和,它是井架整体经济性能的指标。

对钻井船和半潜式钻井平台上工作的井架,需要结合井架工作海域的海象、气象资料及井架的工作性能确定其动力参数:横摇 $\theta(°)$ 及其周期 $TR(s)$;纵摇 $\psi(°)$ 及其周期 $TP(s)$;升沉 $H(m)$ 及其周期 $TH(s)$。

5. 井架代号

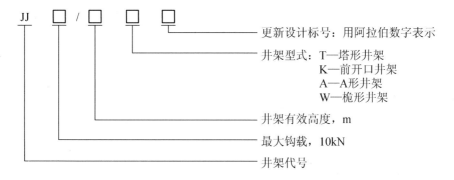

国产钻机井架的基本参数见表2－1、表2－2。

表2－1　国产钻机井架的基本参数及尺寸

结构类型	型号	井架高度 m	最大钩载 tf(kN)	5in钻杆立根容量 m	井架可承受最大风速 km/h
桅形井架	JJ30/18－W	18	30(294)	—	80
	JJ50/18－W	18	50(490)		80
	JJ30/24－W	24	30(294)		80
	JJ50/29－W	29	50(490)		80
	JJ100/30－W	30	100(980)		80
闭式塔形井架	TJ₂－41	41	220(2160)	3200	80

结构类型	型号	井架高度 m	最大钩载 tf(kN)	5in 钻杆立根容量 m	井架可承受最大风速 km/h
开式塔形井架	JJ90/39 – K	39	90(880)	1500	120
	JJ120/39 – K	39	120(1180)	2000	120
	JJ220/42 – K	42	220(2160)	3000	120
	JJ300/43 – K	43	300(2940)	4500	120
	JJ450/45 – K	45	450(4410)	6000	120
	JJ600/45 – K	45	600(5880)	8000	120
A 形井架	JJ90/39 – A	39	90(880)	2500	120
	JJ20/39 – A	39	120(1180)	2000	120
	JJ220/42 – A	42	220(2160)	3200	120
	JJ300/43 – A	43	300(2940)	4500	120
	JJ450/45 – A	45	450(4410)	6000	120
	JJ600/45 – A	45	600(5880)	8000	120
海洋闭式塔形井架	JJ450/45 – H	45	450(4410)	6000	160
	JJ450/49 – H	49	450(4410)	6000	160

表 2 – 2   国产新型整体起放钻机井架基本参数

钻机型号	ZJ40/2250CJD	ZJ50/3150L	ZJ50/3150DB – 1	ZJ70/4500DZ
井架型号	JJ225/43 – KC₁	JJ315/44.5 – K2	JJ450/45 – K4	JJ450/45 – K7
最大钩载,kN	2250	3150	4500	4500
井架型式	K	K	K	K
工作高度,m	43	44.5	45	45.72
顶跨(正×侧),m	2	2.1×2.05	2.2×2.2	2.2×2.2
底跨(正×侧),m	6	9.11×2.7	9.0×2.6	9.0×2.7
二层台容量,m	4000	5000	7280(5in 钻杆 260 柱)	7280(5in 钻杆 260 柱)
二层台高度,m	26.5、25.5、24.5	26.5、25.5、24.5	26.5、25.5、24.5、22.5	26.5、25.5、24.5、22.5
无立根抗风	>12 级	>12 级	>12 级	>12 级
满立根抗风	12 级	12 级	12 级	12 级
起放井架抗风	5 级	5 级	5 级	5 级
起升三角架高,m	–	9.175	4.5	7.6
井架主体段数	6	5	4	5
质量,kg	–	61114	95743	88742
配套底座	DZ225/7.5 – ZT	DZ315/7.5 – XD1	DZ450/9 – S1	DZ450/10.5 – S1

二、井架的结构类型及基本参数

1. 塔形井架

塔形井架是最古老的一种井架结构形式。塔形井架是横截面为正方形或矩形的空间桁架结构,主体部分是一个封闭的四棱锥体桁架结构,每扇平面桁架又分成若干桁格,同一高度的四面桁格在空间构成井架的一层,因此,整个井架可看作是由多层空间桁架所组成的四棱截锥空间桁架结构。典型的塔形井架结构外形如图 2 - 1 所示。

20 世纪 40 年代以前,世界各国几乎全部采用塔形井架,40 年代后,因井架的四个大腿与横、斜拉筋都是通过螺栓连接而成的,安装和搬迁工作量大;高空作业危险性大,在陆地井架中,A 形和 K 形井架开始取而代之,但由于它具有很宽的底部基础支持和很大的组合截面惯性矩,因此其整体稳定性最好。这一特点决定了塔形井架仍是陆地超深井钻机井架和海洋钻机井架的最主要的一种结构形式。

我国生产的塔形井架有 TJ$_2$ -41 型、JJ450/45 - H 型和 JJ450/49 - H 型钻机井架。

2. K 形井架

K 形井架截面呈 Ⅱ 形,即前扇敞开,两侧分片或块焊成 3 ~ 6 段,背部为桁架体系,各段及杆件间用抗剪销和螺栓连接。第一部 K 形井架是在 1939 年由 Lee·C. Moore 公司制造的。

K 形井架的结构外形如图 2 - 2 所示。

整个 K 形井架在地面或接近地面处水平组装,依靠绞车的动力,通过起升人字架将井架整体起升到工作位置。K 形井架整体刚性好、制作成本低,在我国发展很快。为了满足运输的需要,井架的截面尺寸不能太大。

按照使用、制造等工艺要求的不同,可以将大腿做成没有坡度、坡度不变和坡度成折线变化(即下段没有坡度,上段坡度不变)等三种形式。

我国生产的 K 形井架有 JJ90/39 - K 型、JJ120/39 - K 型、JJ220/42 - K 型、JJ450/45 - K 型等。

图 2 - 2 K 形井架

JJ225/43 - KC$_1$ 型井架属前开口垂直起升的井架,与整体起升的井架不同,井架的安装即为起升。其突出特点是井架前大门的前面不需要有很大的空间,而整体起放的井架,该空间必须大于井架高度。

该井架分为左右两片,每片由六节组成,上段为整体焊接结构,下段即是井架主体的一部分(支撑转盘驱动装置),其余各段均由背横梁和斜拉杆组成一个门形结构。主要受力件立柱由宽翼缘 H 型钢制造,井架四角落地,稳定性好,承载能力强,井架从底部到顶部开裆均为 6m,操作空间大,视野开阔。

JJ225/43 - KC$_1$ 型井架安装时,在井架前面的场地上,在欲起升的一段井架上安装好配件,然后用专用小车将其运到井口的地面处,在井口处已提前安装好带有导轨的左右安装支架,再用液压绞车起升该段井架至钻台面以上并固定,然后再将欲起升的井架段与已起升的井架段在钻台以上连接。这样,安装一段,起升一段,最后完成井架的安装和起升。可见,该井架并不是地面水平组装,整体起放,而是分段起放。因此,大大减少了井场占地面积,特别适合于场地受限制的场所钻井。

3. A 形井架

A 形井架是美国 Ideco 公司在 1948 年研究设计出的一种特殊类型井架。它由两个格构式或管柱式大腿,靠天车台与井架上部的附加杆件和二层台连接成"A"字形的空间结构,如

图 2 - 3 所示。A 形井架与 K 形井架一样,在地面或接近地面处组装,用起升人字架法或撑杆法将其整体起升到工作位置。

A 形井架的结构组成除井架主体由两条大腿代替外,其余与 K 形井架相同。A 形井架的主要特点是:井架前后敞开,钻台上井架只有两组焊大腿支脚,钻台面宽敞。多数组焊大腿采用矩形截面,腹杆采用单斜布置,大腿稳定性好,但其总体稳定性不够理想。杆件结构大腿的截面按照井架的使用要求、受力状态及其制造工艺的不同可选取不同的截面形式,如矩形、等边三角形、等腰三角形和直角三角形等。一般井架及起升人字架在高度仅为 1.2 ~ 1.5m 的基座上安装起升,井架可直接从运输拖车上起升,从而节省了安装运输时间和费用。我国生产的 A 形井架有 JJ90/39 - A 型、JJ120/39 - A 型、JJ220/42 - A 型、JJ330/43 - A 型、JJ450/45 - A 型和 JJ600/45 - A 型等。

4. 桅形井架

桅形井架主要作为车装钻机井架和修井机井架。桅形井架是由一段或几段格构式柱或管柱式大腿组成的空间结构。它在工作时多向井口方向倾斜,一般为 3° ~ 8°,需要用绷绳来保持结构的稳定性。图 2 - 4 为车装钻机桅形井架示意图。桅形井架可分为伸缩式和不伸缩式。车装钻机和修井机井架多为伸缩式。由于载运车辆条件限制,整个井架的横截面积尺寸不能太大。为了避免因井架内部空间狭小而造成游动系统上下运行不便,并适应井架伸缩的需要,往往将井架的前扇做成部分或全部敞开的结构,同时使井架向井口方向倾斜,以保证游动系统上下行方便。因此,绷绳是桅形井架不可缺少的基本支承。我国生产的桅形井架有 JJ30/18 - W 型、JJ50/18 - W 型、JJ30/24 - W 型、JJ50/29 - W 型和 JJ100/30 - W 型等。

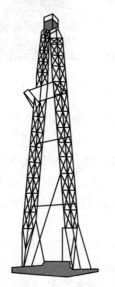

图 2 - 3　A 形井架

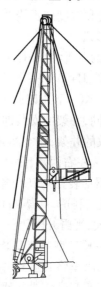

图 2 - 4　桅形井架

除上述四种基本类型井架外,尚有一些特殊类型的井架,如斜井钻机井架、丛式井钻机井架等。

各种海上井架绝大多数也是采用上述几种基本类型,但为了适应海上的工作条件,在结构上相应地做了如下一些变动:

(1)由于井架在海上工作不便于拉绷绳,为了保证井架在工作中的稳定性,往往将塔形井架的上下底尺寸增大。至于椭形井架,一般也不再倾斜,而只将整个井架的横向尺寸加大(但仍保留陆上椭形井架的其他各种特点)。

(2)为了合理利用平台的面积,某些井架的前后有同样的大门,以适应井架前后井场排放钻杆的需要,而绞车和立根盒则分别布置在井架的另外两侧。

(3)对于在钻井船上工作的井架(因在计算这类井架时必须计入动力载荷,故一般称之为动力井架),为了保证在海上颠簸的情况下仍能保证工作的正常进行,一般在井架上必须装备控制游车运行的导轨,它构成井架的一部分。同时,在二层台还必须设置锁住立根的机构。

(4)对于在固定平台上工作的井架,为了适应打多口井的需要,往往应要增大井架上下底尺寸,以便于改变天车和钻台上相应设备的安装位置,其上下底尺寸的大小主要取决于井数和井距。

三、井架的整体起升方法

井架的整体起升方法基本上可以归纳为两种:撑杆法和人字架法。

1. 撑杆法

撑杆法是利用井架本身的撑杆来起升井架,安装方便,起升平稳。它一般只适用于采用前撑杆和大腿具有一定截面形式的井架,采用这种方法的井架大腿结构往往比较复杂,从而会相应地增大大腿尺寸,使整个井架的重量增加。

井架整体起升时,利用钻机动力驱动绞车使游车上升,钢丝绳通过井架底座穿绳滑轮、撑杆顶端穿绳滑轮,使撑杆以下支座为支点逐渐竖起,如图 2 - 5 所示。撑杆顶端铰接一横杆,如图 2 - 6 所示,两头有导轮在井架起升部分的导轨上滚动并托起井架,使其逐渐直立。当井架到达工作位置时,通过自动锁卡装置将撑杆顶端与井架锁紧,并通过人工上紧锁紧螺钉加固。

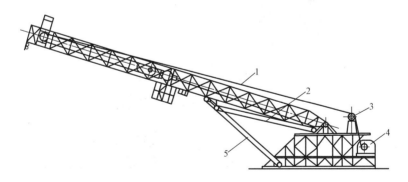

图 2 - 5　井架整体起升示意图
1—快绳;2—起升钢丝绳;3—猫头轴中间滑轮;4—绞车;5—前撑杆

起升钢丝绳分左右对称布置与绳锚牢固接好。钢丝绳绕过井架底座双滑轮、撑杆顶端双滑轮再回到井架底座单滑轮上。

2. 人字架法

人字架法是利用井架本身的人字架起升井架,不需另安装起升设备,起升平稳、安装方便。但它要求人字架的支座尽量靠近地面,否则人字架会因本身的起升负荷过大而增大其尺寸和重量。人字架法井架整体起升如图 2 - 7 所示。

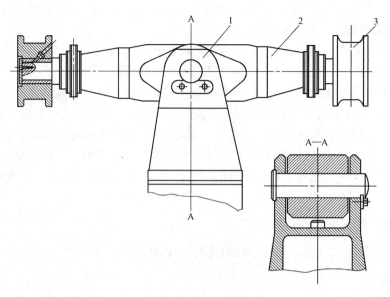

图 2-6 撑杆顶端
1—撑杆；2—顶杆；3—导轨滑轮

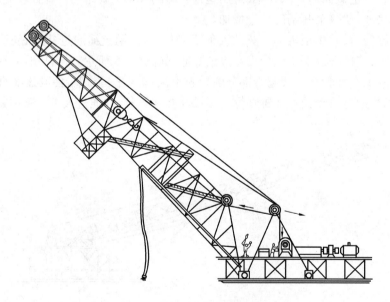

图 2-7 人字架法井架整体起升示意图

四、井架的维护和保养

1. 润滑

定期向井架旋转部位加注锂基润滑脂，注油期限为每次起升前及每次下放前必须各注油一次。每三个月必须注油一次。

2. 维护及保养

（1）井架工应每天对井架进行安全检查。内容包括检查螺栓、销子、别针等紧固件是否连接牢固，是否有损失现象，焊缝是否开裂；井架构件是否有弯曲、变形、裂纹；梯子栏杆和走台是否完好、安全,连在井架上的零件及悬挂件是否有跌落的危险等,若发现问题应及时维修。

(2)对井架缓冲装置系统中的管线、液压源等,起升或下放完井架后应拆卸入库,而两只液缸固定在人字架上不拆卸,且用防护帽保护管线接口。

(3)二层台舌台、指梁架在翻转时应防止冲击,特别是在井架起升后将舌台翻下时应采用棕绳拉住,使其无冲击地放到工作位置。

(4)在操作中应防止大钩、吊环、吊卡等游动部件碰撞二层台舌台等部件。

(5)井架上的梯子一般仅供井架工操作及保养时上下井架使用,不允许两人以上同时登梯。非井架工上井架需经井队领导同意,并注意当一人上到二层台或天车台时,另一人方可开始登梯。

(6)井架在一年内必须按 API - 4F 的检查内容由安全技术部门进行一次检查,发现问题应及时修复。

第二节　钻机的游动系统

钻机的天车、游动滑车、大钩用钢丝绳把它们连接起来,称为钻机的游动系统,又称为复滑轮系统。它可以大大降低快绳拉力,从而大大减轻钻机绞车在起下钻、下套管、钻进、悬持钻具等钻井各个作业中的负荷和起升机组发动机应配套的功率。本节将分析它们的结构原理、特点、使用及维护。

一、概述

天车是固定在井架顶部的定滑轮组。游动滑车(简称游车)是在井架内部上下往复运动的动滑轮组。

1. 游动系统的命名

游动系统是根据游车和天车的滑轮数目命名的,表示方法如下:

天车滑轮数目:用阿拉伯数字表示
游车滑轮数目:用阿拉伯数字表示
游动系统名称:用YX或游动系统表示

如:游动系统6×7表示游车有6个滑轮、天车有7个滑轮、有效绳数为12的游动系统结构。

2. 天车、游车、大钩的型号的表示方法

天车、游车、大钩的型号的表示方法如下:

变型序号:用阿拉伯数字表示,原型不标
产品级别:以10kN为单位计的最大钩载
名称代号:TC—天车
　　　　　YC—游车
　　　　　DG—大钩

3. 游动系统设备的基本参数

游动系统设备的基本参数见表2-3。

表2-3 石油钻机主要提升设备的基本参数

设备级别	基本参数			
	最大钩载, kN	钻井钢丝绳直径, mm(in)	游车滑轮数	天车滑轮数
60	600	22(⅞)	3	4
90	900	26(1)	4	5
135	1350	29(1⅛)	4	5
170	1700	32(1¼)	5	6
225	2250	32(1¼)	5	6
315	3150	35(1⅜)	6	7
450	4500	38(1½)	6	7
675/858	6750/5850	42	8/7	9/8
900	9000	52	8	9

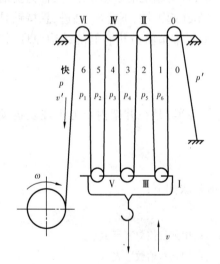

图2-8 游动系统的运动和钢绳拉力

二、游动系统中钢绳与滑轮的运动分析

1. 运动分析

图2-8为游动系统运动和钢丝绳拉力示意图。

设 ν 为大钩的速度, $\nu_1, \nu_2, \cdots, \nu_6, \cdots, \nu_z$ 为各段钢丝绳的速度, $\nu'_0, \nu'_1, \cdots, \nu'_6, \cdots, \nu'_z$ 为各滑轮的切向速度, z 为有效绳数(除死绳、快绳以外的游绳数), $D_{轮}$ 为滑轮直径,则钢丝绳速度为

$$\nu_1 = \nu_{死} = 0$$

$$\nu_2 = \nu_3 = 2\nu$$

$$\nu_4 = \nu_5 = 4\nu$$

$$\nu_6 = \nu_{快} = 6\nu$$

即

$$\nu_i = \begin{cases} (i-1)\nu & (\text{当 } i \text{ 为奇数时}) \\ i\nu & (\text{当 } i \text{ 为偶数时}) \end{cases} \quad (i = 1,2,3,\cdots,z) \quad (2-1)$$

假设滑轮与绳索之间无相对滑动,即钢丝绳无打滑现象,游动系统滑轮的切向速度及转速分别为

$$\nu'_0 = 0, n_0 = 0$$

$$\nu'_1 = \nu, n_1 = \frac{60}{\pi D_{轮}}\nu$$

$$v'_2 = 2v, n_2 = \frac{60}{\pi D_{\text{轮}}} 2v$$

$$\cdots$$

$$v'_6 = 6v, n_6 = \frac{60}{\pi D_{\text{轮}}} 6v$$

即

$$v'_i = iv, n_i = \frac{60}{\pi D_{\text{轮}}} iv \quad (i = 1,2,3,\cdots,z) \tag{2-2}$$

通过上述分析可见:(1)在起下钻过程中,快绳一侧的滑轮转速要比死绳一侧的高数倍,所以当天车、游车进行检修时应将其滑轮及轴承倒换一下,以使轴承的使用寿命均衡。在做轴承选型计算时,应以快绳侧的轴承工况作为依据。(2)在快绳侧的钢丝绳由于弯曲次数比死绳侧多出数倍,快绳侧的钢丝绳更易疲劳而断丝,所以钢丝绳工作一定时间后,应从死绳端储绳卷筒中放出新绳,从滚筒上斩掉一段旧钢丝绳重新固定缠好,即倒大绳。

2. 动力分析

在钻井作业中游动系统有三种工况:即大钩静止、大钩起升、大钩下放。下面分别讨论此三种工况的游动系统钢丝绳拉力和效率。

设 Q_{ts}、η_{ts} 为起升时游动系统的起重量和效率,Q'_{ts}、η'_{ts} 为下钻时游动系统的起重量和效率,p、p' 为快绳和死绳的拉力,$p_1,\cdots,p_z$ 为各游绳的拉力,η 为单个滑轮效率,如图 2-8 所示。

(1)当大钩静止悬重时,各段游绳拉力相等,即

$$p = p_1 = \cdots = p'$$

$$p = \frac{Q_{\text{ts}}}{z} \tag{2-3}$$

(2)当大钩起升时,由于滑轮轴承的摩擦阻力和钢丝绳通过滑轮时的弯曲阻力,使各绳拉力发生了变化,则

$$p\eta = p_1, p_1\eta = p_2, \cdots, p_{z-1}\eta = p_z$$

$$Q_{\text{ts}} = p_1 + p_2 + \cdots + p_z = p\frac{\eta(1-\eta^z)}{1-\eta}$$

则

$$p = \frac{1-\eta}{\eta(1-\eta^z)} Q_{\text{ts}}$$

由于

$$p = \frac{Q_{\text{ts}}}{z} \frac{1}{\eta_{\text{ts}}}$$

所以起升时的游动系统效率为

$$\eta_{\text{ts}} = \frac{\eta(1-\eta^z)}{z(1-\eta)} \tag{2-4}$$

(3)当大钩下放时,情况与起升时相反,即

$$p = p_1\eta = p_2\eta^2 = \cdots = p_z\eta^z$$

$$Q_{\text{ts}} = p_1 + p_2 + \cdots + p_z = p\frac{1-\eta^z}{\eta^z(1-\eta)}$$

则
$$p = \frac{\eta^z(1-\eta)}{1-\eta^z}Q'_{ts}$$

由于
$$p = \frac{Q'_{ts}}{z}\eta'_{ts}$$

所以下放时的游动系统效率为

$$\eta'_{ts} = \frac{z(1-\eta)\eta^z}{1-\eta^z} \tag{2-5}$$

一般情况下,η_{ts} 与 η'_{ts} 比较接近,可看作 $\eta_{ts} = \eta'_{ts}$,根据式(2-4)、式(2-5),有

$$\eta_{ts}^2 = \eta_{ts}\eta'_{ts} = \frac{\eta(1-\eta^z)z(1-\eta)\eta^{z+1}}{z(1-\eta)(1-\eta^z)} = \eta^{z+1}$$

则
$$\eta_{ts} = \eta^{\frac{z+1}{2}}$$

可见游动系统的效率主要取决于游动系统有效绳数 z,z 越多,η_{ts} 越低;其次与单轮效率 η 有关,η 的大小则取决于滑轮轴承类型和钢丝绳特性。

当装滚动轴承、较大的滑轮和用较软的钢绳时,$\eta = 0.98$,当装滚动轴承和用较硬的钢丝绳时,$\eta = 0.96 \sim 0.97$,当装滑动轴承和滑轮较小时,$\eta = 0.95$。

表 2-4 中给出了常用的 η_{ts} 值,可直接选用。对于柔性钢绳(麻芯、顺绞者)和滚动轴承的滑轮,经常取 $\eta = 0.98$,对于硬性钢绳(钢丝芯、逆绞者)则取 $\eta = 0.96 \sim 0.97$,对于滑动轴承的滑轮,则取 $\eta = 0.95$。

表 2-4 起下钻时游动系统效率

游动系统结构	有效绳数 z	η_{ts}				
		$\eta = 0.98$	$\eta = 0.97$	$\eta = 0.96$	$\eta = 0.95$	美国石油协会
2×3	4	0.95	0.93	0.90	0.88	—
3×4	6	0.93	0.90	0.87	0.84	0.874
4×5	8	0.91	0.87	0.83	0.79	0.841
5×6	10	0.90	0.85	0.80	0.75	0.81
6×7	12	0.83	0.82	0.77	0.72	0.77

三、天车

天车主要是由天车架、滑轮组和辅助滑轮等零部件组成。

1. 天车的结构特点

尽管天车的种类繁多,但主要可分为三种基本结构形式:滑轮轴共轴线,且各滑轮相互平行;滑轮轴线平行,快绳滑轮在另一根轴上;滑轮轴不共轴线,且快绳滑轮偏斜。

1)TC-350、TC-250 天车

这两种天车结构形式相同,主要由天车架、滑轮组和辅助滑轮等组成,均属于滑轮轴线平行天车。因快绳滑轮在另一根轴上,且位于两组滑轮中间,所以只能采用交叉法穿绳。TC-350 主要配备于 ZJ45J 和 ZJ45 钻机,TC-250 主要配备于 ZJ32L-1、ZJ45、2250L 钻机,如图 2-9 所示。

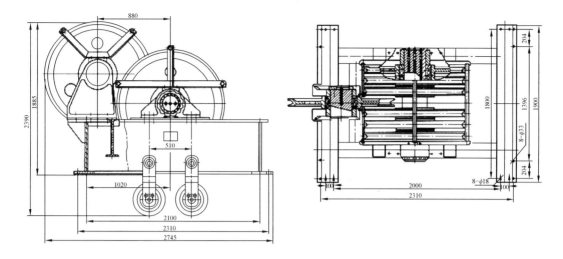

图 2 - 9 TC - 350 天车结构图

（1）天车架（天车底座）：是一个由两根横梁及两至三根纵梁焊接成的方形框架结构，两根横梁座在井架天车梁上，用 4 个 U 形螺栓固定。

（2）滑轮组：TC - 350（TC - 250）天车共有 7 个滑轮，滑轮结构完全相同，可以互换。

每个滑轮都是由两个双列圆锥滚子轴承支撑在滑轮轴上，采用注油隔环和弹簧圈对每个滑轮两轴承进行润滑和定位。每个滑轮的两副轴承都有 1 个单独的润滑油道，通过安装在滑轮轴两端的黄油嘴进行脂润滑。在两根纵梁之间同一根滑轮轴上有 6 个滑轮，每 3 个滑轮为一组，两组滑轮之间用 1 个轴套隔开，每组滑轮用螺母固定在天车轴上，并用止动垫圈止动，防止螺母松动。快绳滑轮则单独安装在两组滑轮之间的前方，这样可以使快绳直接从井架外侧引向滚筒。滑轮轴通过轴承座固定在天车底座上，为了防止天车轴转动，采用止动板固定。天车轴的转动固定主要有三种形式：止动板固定（如 TC - 350 型、TC - 90 型）、稳钉固定（如 TC$_1$ - 130 型）、平键固定。

为保护滑轮和人身安全并防止钢丝绳跳槽，每组滑轮都装有护架。

（3）辅助滑轮：又称为高悬猫头绳轮。3 个辅助滑轮都是通过吊架用销子悬挂在天车底座上，滑轮内装有两副圆柱滚子轴承，销轴的一端装有 1 个黄油杯，用来向轴承加注润滑脂。

TC - 350 天车和 YC - 350 游车，可配用 4 种不同规格的轮槽，分别配用直径为 1¼in，1⅜ in 或 32.5mm，33.5mm，34.5mm 的钢丝绳，以适应我国油田目前所用钢丝绳规格较多的状况。

2）TC - 200 天车

该天车是 TC$_1$ - 130 型天车的变形，配备于大庆 Ⅱ 型钻机。其结构主要由天车架、滑轮组和辅助滑轮等组成，但属于滑轮轴共轴线天车，故即可采用顺穿法，又可采用交叉法穿绳。TC - 200 天车共有 7 个滑轮装在一根轴上（TC$_1$ - 130 天车有 6 个滑轮，分别装在同一轴心线的两根轴上），各滑轮相互平行。其余与 TC - 350 相似。

3）TC$_{10}$ - 450、TC$_7$ - 315 天车

这两种天车均属于滑轮轴不共轴线且快绳滑轮偏斜型天车，因快绳滑轮在另一根轴上，且快绳滑轮是偏斜的，故只能采用顺穿法穿绳。TC$_{10}$ - 450 天车主要配备于 ZJ70/4500DZ、ZJ70/4500L 钻机，TC$_7$ - 315 天车主要配备于 ZJ50/3150DZ 系列钻机和 ZJ50/3150L 钻机。其结构如图 2 - 10 所示，主要由天车架、轴承座、天车轴、双列圆锥滚子轴承、滑轮、辅助滑轮、天车滑轮起重架及栏杆等组成。

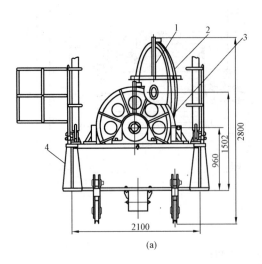

(a)

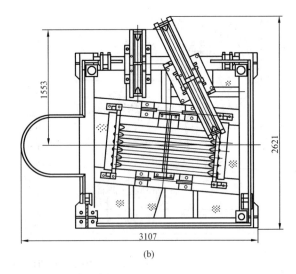

(b)

图 2 - 10 TC$_7$ - 315 天车

1—滑轮架;2—快绳滑轮;3—主滑轮;4—底座

(1)天车架:是由两根横梁及两根纵梁焊接成的方形框架结构,天车和井架之间的连接靠 2 个 ϕ40mm 的定位销定位后,用 12 个螺栓固定在井架上。天车上部有滑轮起重架,用于天车滑轮及其轴和轴承的换修。

(2)滑轮组:TC$_{10}$ - 450(TC$_7$ - 315)天车共有 7 个主滑轮和 1 个导向滑轮,7 个主滑轮结构相同,可以互换。

最大绳系为 6 × 7,钢丝绳直径 ϕ38mm。主滑轮和导向轮的轴承都是双列圆锥滚子轴承。导向轮安装在主滑轮组前方纵梁上,其轴线与天车架对称中心线平行。每个滑轮中的轴承都通过安装在滑轮轴两端的黄油嘴进行单独脂润滑。6 个相互平行的主滑轮为 1 组,装在同一根轴上,每两个滑轮之间装一个间隔环,对滑轮轴向定位。主滑轮组轴两端通过轴承座固定在天车底座上,为了防止天车轴转动,采用止动板固定。而快绳滑轮则单独安装在该组滑轮之前,快绳滑轮的轴线与天车轴中心线偏斜 45°,这样可以使快绳直接从井架外侧引向滚筒,因此也就决定了配备此种天车的钻机游动系统绳系必须采用顺穿法。为了使游车与井架大门相平行,滑轮组的天车轴中心线与天车架的对称中心线偏斜 4.3°。滑轮上方护架可防止钢丝绳从滑轮绳槽内脱出,保护人身安全。

(3)辅助滑轮:天车下部悬挂有两个辅助滑轮,用于气动绞车悬绳。

2. 天车的技术规范

我国常用钻机天车的技术规范见表 2 - 5。

表 2 - 5 天车的技术规范

钻机型号	ZJ40/2250CJD	ZJ50/3150L	ZJ45	ZJ40/4500DZ	ZJ60
天车型号	TC$_1$ - 225	TC$_7$ - 315	TC - 350	TC$_{10}$ - 450	TC - 450
最大钩载,kN	2250	3150	3500	4500	4500
滑轮数,个	6	7	6 + 1	7	7
滑轮外直径,mm	1120	1270	1260	152	152

滑轮槽底直径,mm	—	1150	1150	1410	1410
滑轮绳槽宽,mm	32	35	32.5	38	38
捞砂滑轮直径,mm	—	610 槽宽 14.5	320	610 槽宽 14.5	—
质量,kg	1981	8635	5830	9723	9723
长,mm	2000	3280	2745	3068	3068
宽,mm	1780	3653	1900	2906	2906
高,mm	1670	3700	2390	3576	3576

3. 天车的维护保养及故障排除

（1）检查各滑轮转动是否灵活,有无阻滞现象,以一个人用手能自由旋转为宜。当旋转任一滑轮时,其相邻滑轮不应随着转动。

（2）检查各螺母是否松动,防止螺栓松动用的开口销、铁丝是否装配牢固。在解卡、顿钻等重大事故后,要仔细对天车进行全面检查。

（3）检查护架、栏杆是否可靠,管座上的焊缝有无碰裂现象。

（4）要按规定时间用1、2号锂基润滑脂对各滑轮轴承进行润滑。

（5）检查各润滑轴承的温升,不得大于50℃。

（6）应定期用检查滑轮槽磨损的量规对滑轮槽测量,测量滑轮槽的槽宽和深度,当滑轮槽产生偏磨或严重磨损时,应将滑轮倒转180°使用或更换滑轮。

四、游车

1. 游车的结构

游车的结构主要由横梁、左、右侧板组、滑轮、滑轮轴、提环(吊环)、护罩等零部件组成,如图2-11所示。

滑轮用双列圆锥滚子轴承支撑在滑轮轴上,每个轴承都通过安装在滑轮轴两端的油杯单独进行润滑。侧板组上部用螺杆与横梁连接,提环被两个提环销连接在销座上。销座用销轴与侧板组连接,提环销的一端用开槽螺母及开口销固定。当摘挂大钩时,可以拆掉游车上的任何一个或两个提环销。为使两侧板组夹紧滑轮轴,通过两侧板组的中部和上部的调节垫片进行调节。用止动块(或键)将轴固定在侧板上,以防止轴转动。游车上部的横梁用来吊升和安装游车。

2. 游车的技术规范

游车的技术规范见表2-6。

表2-6 游车的技术规范

钻机型号	ZJ40/2250CJD	ZJ45	ZJ60	ZJ50/3150L	ZJ70/4500DZ	ZJ50/3150DB-1
游车型号	YC-225	YC-350	YC-450	YC-315	YC-450-2	YC-450
最大钩载,kN	2250	3500	4500	3150	4500	4500
滑轮数,个	5	6	6	6	6	6

滑轮直径,mm	1120	1260	1542	1270	1542	1524
滑轮槽底直径,mm	900	1150	1410	1150	1410	1410
滑轮绳槽宽,mm	32	32.5	35	35	38	38
质量,kg	3788	6710	7978	3842	8135	8135
长,mm	2294	974	1600	1350	1600	1600
宽,mm	1190	1350	800	2680	3075	3075
高,mm	630	2710	3075	974	800	800

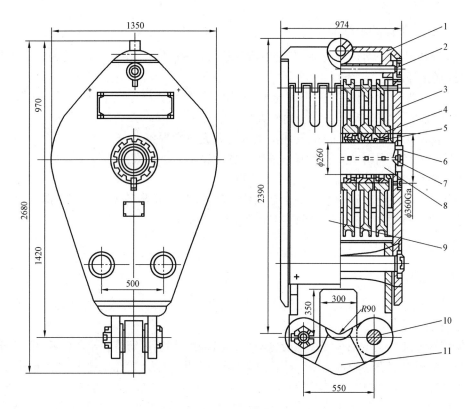

图 2-11 YC-350 游车

1—横梁;2—调节垫片;3—侧板;4—滑轮;5—间隔环;6—螺母;
7—黄油杯;8—滑轮轴;9—护罩;10—提环销;11—提环

3. 使用与维护保养

(1)游车在使用前及使用过程中,应经常检查,如发现故障,应立即排除。

(2)在使用期间,滑轮轴承发出噪声和由于不平稳转动造成的滑轮抖动,表明轴承的间隙过大,应及时更换磨损的轴承。

(3)滑轮槽应定期用专门工具检查,当滑轮槽半径磨损至规定的滑轮槽半径数值时,应该更换滑轮。

(4)定期润滑,用油枪向轴两端油杯注入 1、2 号锂基润滑脂,每周 1 次。

五、大钩

1. 大钩的结构特点

大钩有单钩、双钩和三钩。石油钻机用大钩一般都是三钩式(主钩及两吊环钩)。钻井大钩有两类,一类是独立大钩,其提环挂在游车的吊环上,可与游车分开拆装,中型、重型和超重型钻机大多采用此大钩;另一类是游车大钩,将游车和大钩做成整体结构,二者不能分开。轻便钻机和车载钻机大多采用此种大钩。尽管大钩种类繁多,结构形状各异,但按减震形式可分为:单弹簧减震大钩、单弹簧减震加液压减震和双弹簧加液压减震大钩。

1)DG-350、DG-315型大钩

这两种大钩结构相同,均属于双弹簧加液压减震的独立大钩。DG-350大钩主要配备于ZJ45J钻机和ZJ45钻机,DG-315型大钩主要配备于ZJ50/3150DZ钻机和ZJ50/3150L钻机。DG-315型大钩主要由钩身、筒体、吊环座、内外弹簧、钩杆、吊环、安全锁紧装置和转动锁紧装置等组成,如图2-12所示。

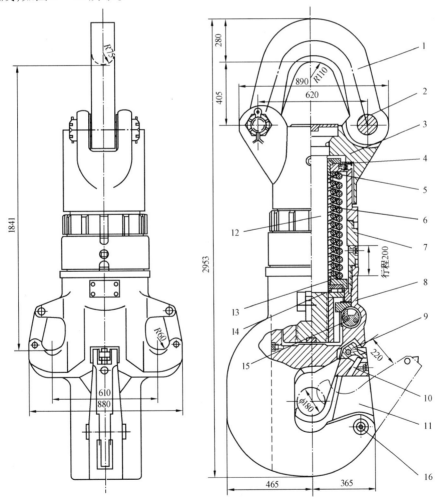

图 2-12 DG-350 型大钩

1—吊环;2—吊环销;3—吊环座;4—定位盘;5—外弹簧;6—内弹簧;7—筒体;8—钩身;9—安全锁块;
10—安全锁插销;11—安全锁体;12—钩杆;13—座圈;14—止推轴承;15—转动锁紧装置;16—安全锁转轴

（1）钩身：有锻造的、钢板组焊的（DG-130型）和铸造的，后者轻便些。并加工有左旋螺纹，与下筒体连接，并用止动块防松，构成大钩的主钩部分。在钩身上部中空部分安装转动锁紧装置，钩身的下部安装安全锁紧装置，钩身的中部有左右对称的两个副（侧）钩及闭锁装置。

（2）安全锁紧装置：由安全销体（钩舌）、安全锁块、安全插销和弹簧等组成。安全销体通过销轴连接在钩身上，并可绕销轴转动，相对钩身的最大开口尺寸是220mm，其功用是闭锁水龙头提环。安全锁块通过销轴连接在安全锁体顶部，并可绕销轴转动，安全插销在弹簧作用下始终顶在安全锁块上，使安全锁块始终处于锁紧位置。当用专用工具或钩子钩住安全销块下拉时，安全销块压迫安全插销及弹簧，安全销体即可打开；挂上水龙头上提时，安全锁体就能自动闭锁。

（3）转动锁紧装置：主要由制动轮、制动轮轴、掣子、掣子轴、掣子弹簧、壳体和锁环等组成。锁环外径上加工有8个均布的凹槽，锁环内径加工有母花键，与固定不动的钩杆螺母上的外花键配合，锁环可相对螺母上下移动，但不能转动，当制动轮进入锁环的任意一个凹槽时，则钩身被制动。掣子通过锥销与掣子轴连接，制动轮与制动轮轴也通过锥销连接。

制动轮在其弹簧作用下始终具有转出圆形轮廓的趋势（图示为逆时针转动），掣子在其弹簧作用下始终具有图示顺时针转动趋势。当用专用扳手将"止"端的手把向下拉时，掣子轴带动掣子克服弹簧力转动，使掣子端部脱离制动轮台肩，制动轮在其弹簧作用下转出圆形轮廓，嵌入大钩锁环的凹槽内，使钩身不能转动。当将"开"端的手把向下拉时，制动轮在其轴带动下克服弹簧力转动，当掣子落入制动轮台肩时，制动轮被掣子卡住，钩身就可以自由转动。

（4）安全定位装置：该定位装置位于上筒体顶端，由6个小弹簧和1个定位盘组成。6个小弹簧均布安装在上筒体顶端，其上支撑定位盘。定位盘上表面和钩座环形下表面的加工质量很高，通过二者接触时产生的摩擦力，来限制钩身转动。当大钩提升空吊卡时，定位盘与钩座环形面形成一定的摩擦力，来阻滞钩身转动，这样可避免吊卡转位，便于井架工在二层台上操作。当大钩悬挂有钻柱时，定位盘与钩座脱离，钩身自由转动。

（5）缓冲减震装置：该大钩采用双弹簧和减震油双重减震形式，外弹簧左旋，内弹簧右旋，筒体内装有减震油。位于轴承上面的弹簧座把钩身和筒体内腔分为两部分，减震油可以通过轴承和弹簧座与筒体之间的环隙上下窜动，形成一定阻尼作用，使大钩具有较好的液力缓冲性能。

2）游车大钩

游车大钩主要由游车总成、缓冲减震总成和大钩总成三部分组成，如图2-13所示。这种结构的特点是减少了大钩和游动滑车的总高度，充分利用了井架的有效高度，但穿钢丝绳和维修不便。

（1）游车总成：由5个滑轮、滑轮轴、外壳等组成。每个滑轮通过双列圆锥滚子轴承支撑在滑轮轴上。用支撑套将滑轮轴、外壳连为一体并固定在外壳的两侧板上。用键防止滑轮轴转动和移动。

（2）缓冲减震总成：主要由内弹簧、外弹簧和减震油等组成。当大钩全负荷时，与钩杆固定为一体的承载盘压缩内、外弹簧迅速坐在承压套内部台肩上，钩杆下行一定行程。当钩杆卸载时，弹簧力足以使刚卸开的钻杆立根自动从钻柱中跳出。

（3）大钩总成：由钩身、钩杆等零件组成。钩身上装有安全锁紧装置，钩身两侧铸有挂吊环的副钩，为了防止吊环从副钩中脱出，用月牙挡板闭锁。钩身通过轴与提帽相连，提帽通过带螺纹的帽盖悬挂在装有单向推力滚子轴承的提杆上。

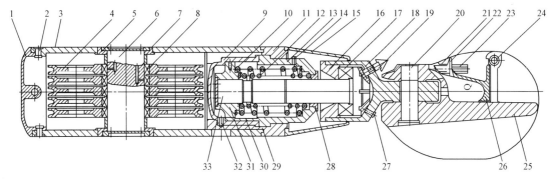

图 2-13　游车大钩

1—顶盖;2—小销轴;3—右侧板;4—滑轮;5,30—键;6—滑轮轴;7—衬套;8,17—轴承;9—承压套上盖;
10—外弹簧;11—连接体;12—内弹簧;13—承压套;14—丝堵;15—护罩;16—轴承盖;18—杯形提帽;
19—钩身锁紧装置;20—钩体销轴;21—锁销;22—拉手;23—弹簧;24—安全舌销轴;25—钩身;26—安全舌;
27—油杯;28—承压套下盖;29—密封圈;31—承载盘;32—加油丝堵;33—钩杆

2. 大钩及游车大钩的技术规范

大钩及游车大钩的技术规范见表2-7。

表2-7　大钩的技术规范

钻机型号	ZJ40/2250CJD	ZJ45	ZJ60	ZJ50/3150L	ZJ70/4500DZ	ZJ50/3150DB-1
大钩型号	DG-250	DG-350	DG-450	DG315	DG450	DG450
最大钩载,kN	2250	2940	3920	3150	4500	4500
大钩开口宽,mm	190	180	—	220	220	220
弹簧工作行程,mm	180	200	—	200	200	200
弹簧行程开始时负荷,kN	26.6	30.0	—	30.6	30.6	30.6
弹簧行程终了时负荷,kN	52.5	55.4	—	56.5	56.5	56.5
弹簧数量	2	2	—	2	2	2
长,mm	2524	830	880	2953	2953	2953
宽,mm	780	890	880	890	890	890
高,mm	750	2953	2953	880	880	880
质量,kg	2180	3340	3430	3410	3496	3496

3. 大钩维护保养

(1)当水龙头提环挂入钩口后,应检查掣子是否闭锁完好。

(2)起下钻时,应注意侧钩耳环螺母是否紧固,防止耳环轴移动,致使吊环脱出。

(3)钻进中要经常检查钩口安全装置锁紧及各紧固件螺栓是否松动。在处理井下复杂事故时,若钩口安全舌闭不紧,应在挂好水龙头后用钢丝绳绑住大钩钩口和安全舌。

六、钻井游动系统钢丝绳

钻机游动系统钢丝绳起着悬持游车、大钩和井中全部钻具的作用。钢丝绳的一端缠绕和固定在绞车滚筒上,另一端交替绕过天车和游车滑轮,最后固定在死绳固定器上。当游车上下运动,钢丝绳在经由滑轮槽时须反复弯曲和伸直,同时在绞车滚筒上须反复缠绕和释放,它在润滑条件恶劣的情况下承受着拉、剪、扭、弯曲、挤压和冲击的联合作用。因此,钢丝绳是钻井工程中大量消耗的器材之一。

我国钻机标准中规定:各级石油钻机应保证在钻井绳数和最大钻柱重量的情况下,钢丝绳的安全系数 $n \geqslant 3$,在最大绳数和最大钩载情况下,钢丝绳的安全系数 $n \geqslant 2$。

各级钻机均选用 $6 \times (19)$ 纤维绳芯[图 2 - 14(c)]或 $6 \times (19) + 7 \times 7$ 金属绳芯[图 2 - 14(d)]的圆股钢丝绳,"6"钢丝绳由 6 个绳股围绕绳芯绕制而成;"19"股结构为 $(1 + 9 + 9)$,即每个绳股都由 19 根钢丝捻制,从里层到外层依次为 1 根粗钢丝,9 根细钢丝,9 根粗钢丝;"7×7"金属绳芯共有 7 股,每股由 7 根钢丝捻制。

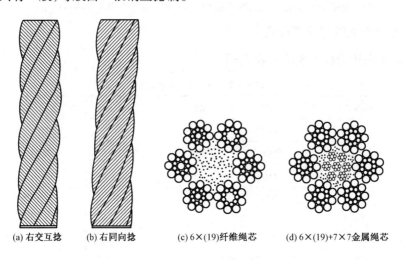

(a) 右交互捻　　(b) 右同向捻　　(c) 6×(19)纤维绳芯　　(d) 6×(19)+7×7金属绳芯

图 2 - 14　钢丝绳的分类

6×21、6×26SW 等结构钢丝绳已在现场成功应用,此结构有助于提高使用性能和寿命。随着超深井的发展,钢丝绳结构向着多丝线接触、多元化方向发展。

1. 钢丝绳的结构及分类

钢丝绳先由钢丝围绕一根中心钢丝制成绳股,再由绳股围绕绳芯捻成绳。钢丝绳的绳芯分为油浸纤维芯、油浸麻绳芯和金属绳芯。绳芯的作用是支撑绳股、储油、润滑钢丝、减少钢丝间的磨损、使钢丝受力均匀。石油钻机钢丝绳的绳芯不允许使用黄麻,因为黄麻支撑绳股和储油性能差。

钢丝绳的捻制方法有:(1)交互捻,股捻的方向与股内钢丝捻的方向相反;(2)同向捻,股捻的方向与股内钢丝捻的方向相同。

钢丝绳按照捻制方法可分为:(1)右交互捻(ZS),如图 2 - 14(a)所示,股向右捻,丝向左捻;(2)左交互捻(SZ),股向左捻,丝向右捻;(3)右同向捻(ZZ),如图 2 - 14(b)所示,股和丝均同向右捻;(4)左同向捻(SS),股和丝均同向左捻。

钢丝绳按其结构型式可分为普通型、外粗型、填充型和异型等。

2. 钢丝绳的合理使用

（1）钢丝绳在滚筒上要规则排列，不得在钢丝绳缠乱情况下承受负荷。

（2）钢丝绳的直径应与滑轮绳槽相匹配，滑轮绳槽半径应略大于钢丝绳半径 1mm 左右。

（3）滑轮或滚筒直径与钢丝绳直径的比例要合理，二者的比值一般不得小于 18。因为钢丝绳经过滑轮时不但承受弯曲交变应力，而且承受弯曲阻力，所以钢丝绳所通过的轮径越小，钢丝绳受力越大，其寿命越短。

（4）切割钢丝绳时应先用软铁丝缠好两端，缠绕长度为绳径的 2～3 倍，再用氧气切割或用剁绳器切断钢丝绳。

（5）上绳卡时，两绳卡间距离不应小于绳径的 6 倍，上卡子时，要正上，卡子的拧紧程度应在拧紧螺母后，钢丝绳被压扁 1mm 左右为宜。

（6）每周应检查一次钢丝绳润滑状态，如无润滑剂挤出应涂抹润滑脂。

钢丝绳最易损坏的部位有三处：（1）快绳在滚筒上缠绕的左旋和右旋的交叉处，特别是第一层；（2）游车处于最低位置时，钢丝绳与天车和游车滑轮的接触处，起下钻时的最大动载发生在此处；（3）死绳与滑轮槽接触部位和死绳固定端拐点处，死绳的不断摆动很容易使这两处产生疲劳。钢丝绳往往仅因为这些部位磨损严重而不得不全部换用新绳，换绳标准为在一捻距内断丝约为总数的 10% 时，绳即作废。因此，钢丝绳的正确使用方法是定期从快绳端切除一段钢丝绳，而从死绳端放出一段新钢丝绳加以补充。

七、游动系统钢丝绳穿绳方法

1. 顺穿法

如图 2－15（a）所示，以自升式井架绳系 5×6 为例。

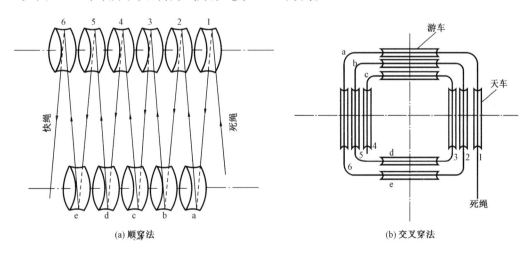

(a) 顺穿法　　　　　　　　　　　　(b) 交叉穿法

图 2－15　钢丝绳穿绳方法

（1）天车轮自死绳端编号为 1、2、3、4、5、6；游车自靠近井口一侧编号为 a、b、c、d、e。

（2）引绳的一端与钢丝绳相连，另一端穿过游车轮，用牵引设备按 1→a→2→b→3→c→4→d→5→e→6 的顺序完成穿绳。穿完绳后将钢丝绳放出约 60m。

（3）将钢丝绳一端固定在滚筒绳座上，死绳端用死绳固定器固定。

顺穿法的优点是绕绳方式简单，对顶驱的安装基本无限制；其缺点是受力不平衡，游车易晃动,高速启动和急刹车时游车的倾斜趋势比较明显。

2. 交叉穿法

如图 2 – 15(b)所示,以塔形井架 5×6 滑轮组为例。

(1)天车轮自死绳端编号为 1、2、3、4、5、6;游车自靠近井口一侧编号为 a、b、c、d、e。

(2)背引绳上天车台,并把引绳搭在天车死绳轮上(即天车 1 号轮)。

(3)引绳的一端与钢丝绳相连,另一端穿过游车轮(从井架 2 号大腿向 1 号大腿方向穿),然后拴在上行的大绳上。第一次、第二次引绳头都拴在天车滑轮上行绳上;第三次拴在 a 轮至 6 号轮的上行绳上;第四次拴在 e 轮至 2 号轮的上行绳上;第五次拴在 b 轮至 5 号轮的上行绳上。

(4)穿完大绳,解去引绳,活绳头固定在滚筒上,另一端固定在死绳固定器上。

交叉穿法的优点是钢丝绳分四角提升游车,形成吊篮式提升,因而游车运行平稳,游车的侧向力小。缺点是绕绳方式复杂,钢丝绳的偏角比顺穿法的偏角大,运行时钢丝绳与滑轮摩擦较为严重,钢丝绳寿命较短,滑轮偏磨严重,游车运行至高位时,这种缺陷尤其突出,甚至使钢丝绳脱槽。

第三节　钻 井 绞 车

绞车是起升系统的重要设备,也是一部钻机的核心设备,是钻机的三大工作机之一。

一、概述

1. 绞车的功用

(1)在钻进过程中,悬挂钻具,送进钻柱、钻头,控制钻压。

(2)在起下作业中,起下钻具和下套管。

(3)利用绞车的猫头机构紧、卸钻具和起吊重物。

(4)作为转盘的变速机构和中间传动机构。

(5)对于自升式井架钻机,用来起放井架。

(6)利用绞车的捞砂滚筒,进行提取岩心筒、试油等工作。

2. 绞车型号

目前,我国钻井绞车已形成标准化、系列化产品,其型号表示如下:

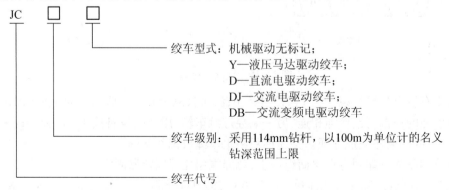

38

3. 钻井工艺对绞车的要求

（1）绞车要有足够大的功率，在最低转速下钢丝绳能产生足够大的拉力，保证游动系统能起升最重的钻具，并应具有一定超载解除卡钻事故的能力。因此要求绞车起升部件在大钩最大起重量的作用下要有足够的强度、刚度，在绞车的使用期限内（15年）滚筒、滚筒轴、轴承及易损件要有足够长的寿命。

（2）绞车滚筒要有足够的尺寸和容绳量保证缠绳状态良好以延长钢丝绳寿命；要缠得下相当于井深长度的细钢丝绳。

（3）绞车要适应起重量的变化，有足够的起升挡数，用以提高功率利用率、时间。

（4）绞车要有灵敏而可靠的刹车机构及强有力的辅助刹车，能准确地调节钻压，均匀送进钻具，在下钻过程中能随意控制下放速度和省力地将最重载荷刹住。滚筒刹车鼓及刹带片应耐热、耐磨。

（5）绞车应有两个或一个自动猫头，猫头绳拉力最大可达3t，以满足用大钳紧扣和其他辅助起重的需要。

（6）绞车应具有刚劲的支架和底座。中型绞车整体运输，其重量应在10t以内；重型和超重型绞车要使拆散运输的单元在15t以内。传动部分要有严密的防护罩，并应润滑充分；在结构安排上应保证易损件拆修简便。

（7）绞车的控制手柄、刹把、指重表等应相对集中于司钻控制台，以便于操作。

4. 绞车技术规范

绞车技术规范见表2－8。

表2－8　绞车的技术规范

钻机型号	ZJ40/2250CJD	ZJ50/3150L	ZJ40/4500DZ	ZJ50/3150DB－1	ZJ45J ZJ45L
绞车型号	JC40－3	JC50	JC70D	JC50DB	JC45
输入功率，kW	735	1100	1470	1840	1103
快绳拉力，kN	280	340	485	340	343
钢丝绳直径，mm	32	35	38	38	32.5
滚筒（直径×长度），mm×mm	462×1175	685×1130	770×1361.15	770×1556	685×1245
刹车盘（直径×厚度），mm×mm	—	1600×76	1600×76	1400×75	—
提升挡数	4＋4R	4＋2R	无级变速	无级变速	6＋2R
主刹车	伊顿236WCB2	PSZ751	PSZ751	液压盘刹	带刹车
辅助刹车	伊顿336WCS	DS50. YS50	伊顿436WCB	能耗电机	DS50
上扣猫头最大拉力，kN	—	35	60	—	30
卸扣猫头最大拉力，kN	—	100	100	—	100
质量，kg	—	36000	54000	40900	29520
绞车尺寸（长×宽×高），mm×mm×mm	5190×2484×2181	765×2995×2580	7670×3080×2890	8000×2946×2625	7000×3600×2725

5. 绞车基本参数

1）绞车滚筒转速和大钩提升速度

在某挡位下，绞车滚筒的转速为

$$n_i = n_e i_i \qquad (2-6)$$

式中　n_e——提升的柴油机的输出轴转速，r/min；

　　　i——绞车第 i 挡提升时从柴油机输出轴到滚筒轴的总传动比，是变矩器或减速器本身传动比传至绞车输入轴，经变速轴再传至滚筒轴的各分传动比的连乘积。

在某挡位下，大钩的提升速度为

$$v_i = \frac{\pi D_i n_i}{z60} \qquad (2-7)$$

式中　D_i——提升时滚筒缠至第 i 层钢丝绳时的工作直径，m；

　　　z——游动系统有效绳数。

由于 D_i 的变化，所以当 n_i 一定时，在起升一立根过程中起升速度呈阶梯形变化。

2）滚筒缠绳直径的确定

（1）无槽滚筒的缠绳。

如图 2-16 所示，滚筒的外径和钢丝绳的直径分别为 D_0 和 d，缠第一层绳时，则滚筒工作直径 $D_1 = D_0 + d$，第一层绳一般不松开工作，以利于排绳。

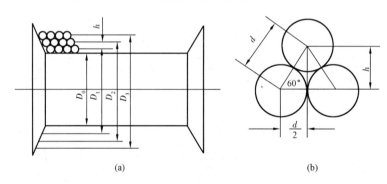

图 2-16　缠绳滚筒直径的变化

当第一层为左旋缠绳时，第二层必为右旋缠绳。钢丝绳在拉力作用下约有 3/4 圈落入前一层的绳槽中，如图 2-16（b）所示，则 $h = 0.866d$，还有约 1/4 圈必须由一槽跳向另一相邻槽中，这时钢丝绳直径重叠起来，$h = d$，由此，可近似认为每一整圈缠绳在滚筒半径上的增量平均值为 $h = \varphi d$，其中

$$\varphi = \frac{3}{4} \times 0.866 + \frac{1}{4} \times 1 \approx 0.9$$

因此，滚筒缠绳直径变化依次为：

滚筒的原始直径 D_0；

第一层缠绳直径 $D_1 = D_0 + d$；

第二层缠绳直径 $D_2 = D_0 + d + 2\varphi d$；

任意 i 层缠绳直径 $D_i = D_0 + d + 2(i-1)\varphi d$；

末层缠绳直径 $D_e = D_0 + d + 2(e-1)\varphi d$。

设从第二层开始缠绳,缠至第末层,则平均缠绳直径为

$$D_{\Psi} = \frac{D_2 + D_e}{2} = D_0 + (e\varphi + 1)d \qquad (2-8)$$

式(2-8)中的缠绳总层数 e 取决于提升立根的总长度和有效绳数 z 的多少。

根据 $zl = \pi D_{\Psi} n(e-1)$,故

$$e^2 + \frac{D_0 + (1-\varphi)d}{\varphi d}e - \frac{D_0 + d}{\varphi d}\frac{zl}{\pi n} = 0$$

其中

$$n = \frac{L}{d + \Delta}$$

式中　l——立根长度,m;

　　　n——每层的排数;

　　　L——滚筒长度,mm;

　　　Δ——排绳间隙,取 $1 \sim 1.5$mm。

实际工作中,滚筒的最少缠绳量是留一层的基础上加10圈左右的裕量。

(2)带槽滚筒的缠绳。

现代滚筒多采用 Lebus 绳槽,其结构如图 2-17 所示,由于滚筒有槽,导致钢丝绳大部分做环状缠绕,并在 $180°$ 对侧有两次跳槽。这就避免了一侧跳槽带来的该筒旋转质量不均匀现象,这是一个优点。再者,这种带槽滚筒的第一层缠绳可以松开工作,这就减少了总的缠绳层数,一般缠绳 3 层即可起一立根。因此,第二层缠绳直径也就是平均缠绳直径,即

$$D_m = D_2 = D_1 + 2\varphi d = D_0 + 0.6d + 2\varphi d = D_0 + (2\varphi + 0.6)d \qquad (2-9)$$

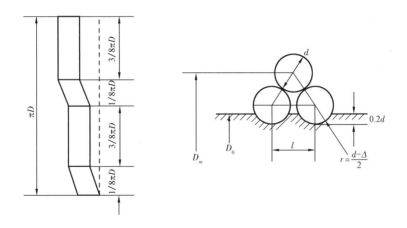

图 2-17　带 Lebus 绳槽的滚筒

滚筒的长度也是由缠 3 层的要求来决定的,其结果是减小滚筒的受力及结构尺寸。

Lebus 绳槽的第三个优点是在轮毂板内侧焊有舌形板,避免了靠边的钢丝绳嵌入内层绳槽的现象,以免夹伤钢丝。

Lebus 绳槽有三种制造方法:① 两瓣拼焊结构,用铸造好的两瓣开槽环筒,拼焊在光筒上

面;② 整体加工成形结构,利用专用机床在光滚筒表面加工成开槽滚筒;③ 四瓣拼焊结构,将专门加工好的四瓣环筒拼焊在光筒上面。

3)滚筒的设计

(1)滚筒的结构类型。

按整体结构分,有铸造组装滚筒和焊接滚筒。铸造组装滚筒分三件铸造,加工好再组焊在一起,属于易损件的刹车鼓用螺栓连接。由于受制造工艺的限制,各处断面只能铸造得较厚,所以质量较大。焊接滚筒是把筒体和轮辐用钢板焊成一整体,刹车鼓可局部采用铸件或锻件。

(2)滚筒直径 $D_{筒}$ 与滚筒长度 $L_{筒}$。

这两者是绞车的主要几何参数,它基本上决定了绞车的滚筒尺寸大小,同时由于滚筒的缠绳层数有限制,所以这两个参数也决定了滚筒的缠绳容量。

$D_{筒}$ 主要根据钢丝绳的结构和直径的大小来决定。对于钻井绞车

$$D_{筒} = (17 \sim 30)d_{绳} \tag{2-10}$$

式中 $d_{绳}$——钢绳的直径,mm。

对于重型钻机,建议 $D_{筒} \geq d_{绳}$。只有对于轻型、中型钻机,当钢丝绳的安全系数较大时(如 $n > 5$),允许选用 $D_{筒} = (17 \sim 23)d_{绳}$。总的原则是在不使钢绳过于弯曲的前提下,应将 $D_{筒}$ 设计得偏小一些,这对于减轻绞车重量,减小绞车起升动载都有好处。

根据使用经验,有

$$L_{筒} = (1.6 \sim 2.1)D_{筒} \tag{2-11}$$

$L_{筒}$ 设计得过大有两个缺点:一是快绳进天车轮的倾斜角过大,排绳不利;二是滚筒轴的弯矩加大,所以同时应用下式来复核 $L_{筒}$,看它是否过长:

$$L_{筒} \leq 2H\tan\lambda \tag{2-12}$$

式中 H——滚筒轴至天车轴之间的高度,mm;

 λ——快绳的倾斜角,$\lambda = 1°15' \sim 1°30'$。

当滚筒转速 $n > 100 \text{r/min}$ 时,选 $\lambda \leq 1°15'$;滚筒转速 $n < 100 \text{r/min}$ 时,$\lambda \leq 1°30'$。

(3)刹车鼓直径 $D_{鼓}$。

这一几何参数既说明绞车的高度,又表明绞车刹车能力的大小。根据经验

$$D_{鼓} = (1.8 \sim 2.3)D_{筒} \tag{2-13}$$

$D_{鼓}$ 对滚筒的启动动载影响最大,所以,一般应选偏小的数值。

二、绞车的类型与选用

1. 绞车的类型

钻井绞车种类繁多,最能体现绞车结构特点的是它的传动方案。按绞车轴数,对各种绞车传动方案稍加归纳和分析,可揭示出其结构类型及特点,便于认识各种绞车。

1)单轴绞车

图 2-18 为 C-1500 单轴绞车。这类绞车的特点是:

(1)猫头直接装在滚筒两端,滚筒安装在轴上。

（2）绞车外变速，如 C－1500 单轴绞车，另有一齿轮变速箱，结构简单，移运方便，但使用猫头不方便，且滚筒高挡不能独立安排，影响其下钻速度。

2）双轴绞车

图 2－19 为 ZJ15D 双轴绞车结构示意图，由滚筒轴外加一猫头轴组成，仍为绞车外变速，猫头轴的转速通过滚筒轴转换而来，比单轴绞车方便。

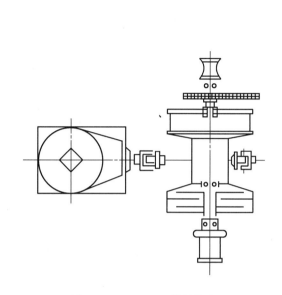

图 2－18　C－1500 单轴绞车

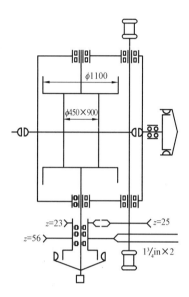

图 2－19　ZJ15D 双轴绞车

单、双轴绞车一般适用于浅井或中深井。

3）三轴绞车

图 2－20 为 ZJ130－Ⅰ三轴绞车结构示意图，其传动方案特点是：多加了一根引入动力的传动轴，绞车用链条变速传动，并兼顾转盘。取消了外带的变速箱，但绞车本身变得复杂了，重达 20t，运输时一般要拆成三轴一架 4 个单元，安装也不方便。

4）多轴绞车

将四轴以上的绞车称为多轴绞车。图 2－21 为 ZJ45、ZJ45J 钻机用的 JC－45 四轴绞车结构示意图，内变速、链条传动，由输入轴、中间轴（变速轴）、猫头轴、滚筒轴组成。绞车内齿轮倒车，水刹车装滚筒轴上，通过齿套离合器实现离合。图 2－22 为 JC－45 绞车滚筒轴总成结构示意图。

5）独立猫头轴多轴绞车

现代深井、超深井用钻机的钻台越来越高。要把重达 30t 左右的绞车，吊升到 4～11m 高钻台上是不容易的，由于钻台与机房高差越来越大，传递大功率的爬坡链条不能适应要求，于是出现了独立猫头轴多轴绞车结构，如图 2－23 所示。JC－50 钻机绞车一般由独立猫头轴与转盘传动装置构成一个单元，置于钻台上，因猫头只进行紧卸螺纹和辅助起重作业，功率小、结构简单、重量轻、上钻台容易，而将主滚筒连同链条变速箱组成另一单元，置于机房底座上，这就大大改善了大功率链传动的工作条件，便于安装和移运。

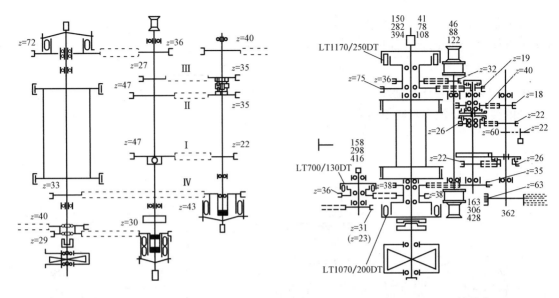

图 2-20　ZJ130-I 三轴绞车(JC-14.5)　　　　图 2-21　JC-45 四轴绞车

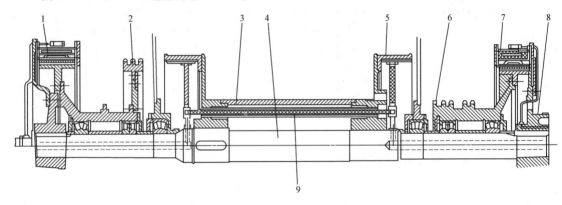

图 2-22　JC-45 绞车滚筒轴总成

1,7—离合器;2—低速链轮($z=75$);3—滚筒;4—滚筒轴;5—刹车冷却水套;6—高速链轮($z=38$);8—外齿圈

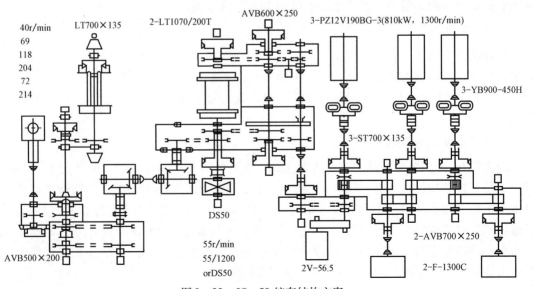

图 2-23　JC-50 绞车结构方案

6）电驱动绞车

　　某些电驱动的超深井钻机,利用直流电动机或交流变频电动机为动力,分别驱动滚筒轴和猫头轴,主滚筒和猫头轴均自成独立单元,或将绞车分解为滚筒绞车和猫头绞车(轴上装有捞砂滚筒)两个独立单元。ZJ60D 绞车结构方案如图 2-24 所示。近年来发展了自升式高钻台,绞车仍可以低位安装,使深井、超深井电驱动钻机仍采用一体式双直流电动机驱动的四轴绞车。

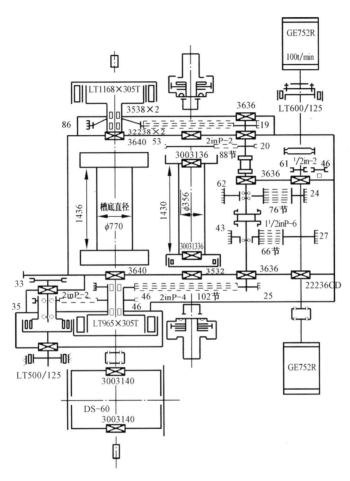

图 2-24　ZJ60D 绞车

2. 绞车的选用

一台钻机采用何种结构类型的绞车与多种因素有关,这些因素如下:

（1）功率大小,以及主滚筒是否上钻台,如何安装移运。

（2）绞车变速在内还是在外,这与整机传动方案有关,要统一考虑,轻型钻机多为绞车外变速;重型钻机、超重型钻机则多采用绞车内变速。

（3）绞车倒车在外还是在内。

（4）猫头种类与数量、猫头轴是否为惯性刹车、离合器的数量及布置。

（5）是否充当转盘中间机构、变速机构。

（6）采用黄油润滑、滴油润滑、飞溅润滑还是强制润滑。

（7）控制方式一般都采用集中气控制、气排挡。

（8）驱动类型。

三、典型绞车介绍

1. JC-50 绞车

JC-50 绞车主要由绞车架、输入轴、中间轴、滚筒轴、角传动箱、液压盘式刹车、换挡机构、润滑系统、绞车气管道、绞车水管道及 DS50 电磁涡流刹车等主要部件组成,如图 2-23 所示。

1）绞车的结构特点

（1）独立猫头轴—多轴自变速双墙板闭式箱体绞车,绞车挡数 4+2R 换挡采用气胎离合器换挡方式,倒挡则由两位气缸及顶杆阀联合实现,换挡方便。

（2）滚筒上开有符合 API RP9B 推荐的两级螺旋槽,采用过卷阀式防碰天车装置。

（3）配有 DS50 电磁刹车或伊顿刹车,制动性能好。

（4）滚筒轴、中间轴高低速离合器均为通风型气胎离合器,并设有事故螺栓。

（5）主绞车和猫头绞车通过上、下角传动箱锥齿轮和万向轴连接,传动效率高。

2）绞车的传动机构

（1）输入轴:绞车通过此轴输入动力,轴上装有通过紧配合固定的三个链轮,一个倒挡齿轮,两副双列向心球面滚子轴承和一个轴套。轴承用润滑脂润滑。所有空套轴都由轴端润滑。

（2）中间轴:又称为绞车变速轴,中间轴上装有两个链轮,一个倒挡齿轮,两个通风型气胎离合器。这两个离合器和滚筒高、低离合器配合,实现绞车的 4+2R 挡速。

（3）滚筒轴:由滚筒低速通风型离合器、低速空套链轮、三段铸、焊结构并开有双阶螺旋绳槽的滚筒体、两个刹车盘、合金钢锻造轴、高速空套双联链轮和高速通风型离合器等主要零部件组成。滚筒体法兰的外侧,铸有特殊锥度的快绳入口槽,正好与卡绳座相匹配,更换钢丝绳相当方便。滚筒轴主轴承采用承载能力大、扶正性能好的双列向心球面滚子轴承。润滑轴承的黄油杯装在绞车前方的集中润滑板上,并有特殊标志。

刹车盘直径 φ1600mm,厚度 76mm,材料为 ZG35CrMo 特种合金钢,耐热性能良好、摩擦系数高,再加上刹车盘表面经高频淬火后,再进行磨削加工,具有表面粗糙度低、耐磨性好等优点,其最大允许磨损量为 10mm。刹车盘内部设有冷却水道,在刹车盘内径处设有进、出水口,外径上设有放水口,用来放尽通道内的水,防止寒冷气候冻裂刹车盘。正常工作时,放水口用螺塞封住。由水气葫芦给刹车盘通冷却水,以平衡摩擦副产生的热量。

注意:冷却水一定要在下钻一开始就通水,以免由于刹车盘温度高,突然通水,由于汽化造成较高的内压,致使冷却水不能正常循环;同时,冷却水要有专门的水泵供水,推荐供水压力为 0.35MPa,供水量为 300~380L/min,最好采用软水,以免水腔内积有水垢,影响热传导。

3）绞车的制动系统

主刹车采用 PSZ75 液压盘式刹车,其结构主要由常开式工作钳、安全钳、刹车盘、钳架、液压站等组成。辅助刹车可采用 336WCB 伊顿刹车,其结构主要由外壳、安装法兰组件、静摩擦盘、动摩擦盘、压紧组件、气缸、密封件等组成。

4）绞车的提升能力

绞车的提升能力见表 2-9。

表 2 – 9　ZJ50/3150L 大钩提升速度与载荷表

绞车挡数	绳数 $z = 10$		绳数 $z = 12$	
	提升速度, m/s	提升载荷,10kN	提升速度, m/s	提升载荷,10kN
Ⅰ	0.29	284 ~ 167	0.242	315 ~ 190
Ⅱ	0.493	167 ~ 87	0.411	190 ~ 100
Ⅲ	0.947	87 ~ 51	0.789	100 ~ 59
Ⅳ	1.61	51 ~ 15	1.34	59 ~ 15

5）绞车的安装与固定

绞车吊上大底座后,以大底座上的预先画好的井眼中心线和滚筒中心线为基准(两线相互垂直),与绞车架底座上的井眼中心绞车底座两端的滚筒轴线(均有标记)对准找正,找正时可用千斤顶移动绞车,绞车就位后,将绞车用压板、螺栓或其他方法可靠地紧固在大底座上,如果绞车底座与大底座之间有间隙,需用垫片调平后,方可紧固。垫片要选用合适的厚度,不推荐采用多层垫片,必要时将垫片焊在大底座上。

6）辅助刹车的安装与找正

辅助刹车通过齿式离合器与滚筒轴连接,辅助刹车的外齿圈与滚筒轴的轴端跳不大于0.38mm,径跳在直径430mm 范围内不大于0.2mm。绞车固定好后,以滚筒轴为基准进行检查,如果径跳和端跳均超过公差范围,则必须重新找正。

2. JC – 50DB 绞车

JC – 50DB 绞车为单轴绞车,主要由滚筒轴、齿轮减速箱、转盘传动箱、绞车架及润滑、气控、水冷却系统等组成,如图 2 – 25 所示。其传动形式为电动机通过齿轮减速箱直接传动滚筒轴。钻台上配有液压猫头,以满足钻进和起下作业的要求。绞车的主刹车为液压盘式刹车,两个刹车盘集中布置在轴左端;辅助刹车既可用能耗制动,也可用 336WCB 型伊顿盘式气刹车。转盘由独立驱动电动机通过链条传动箱、锥齿轮箱及传动轴驱动,独立驱动电动机置于钻台面上并与绞车电动机通过右侧伊顿 CH1250 离合器连接,这样,既可实现两台电动机并车传动绞车,也可在一个电动机出故障时替换使用,以提高绞车和转盘的可靠性。

1）绞车的特点

（1）滚筒轴是由一台交流变频电动机通过齿轮减速箱驱动的,在特殊情况下,可由两台电动机并车驱动。滚筒提升速度,通过电动机实现无级变速。

（2）减速箱中间轴上装有伊顿 CH1940 离合器,以满足下放空吊卡和起下钻操作。

（3）下钻时电动机反转,则变成发电机,可充当绞车的辅助刹车进行能耗制动。实现对电网能量反馈,减少制动装置的能量损耗,节约能源。根据需要也可在滚筒轴右端安装一个伊顿336WCB2 盘式气刹车,作为绞车的第二辅助刹车。

（4）采用双联电动齿轮油泵装置,对齿轮减速箱强制润滑。

（5）减速箱采用收缩盘式结构与滚筒轴相连,安全可靠,可以减小轴向尺寸。

（6）主刹车采用液压盘式刹车,两个刹车盘集中布置在轴左端,每个刹车盘上装有两个工作钳和一个安全钳,由司钻房集中控制。

（7）装有过卷阀式防碰装置,使起下作业安全可靠。

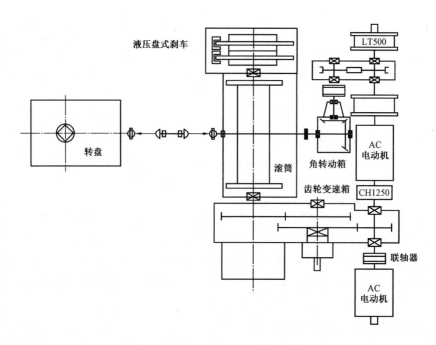

图 2 - 25　JC - 50DB 绞车传动图

（8）油气水管线布置于铺板下易于检修的地方。

2）绞车的提升能力

如表 2 - 10 所示，ZJ50/3150DB - 1 钻机的最大钩载 3150kN，此时，必须两台电动机并车。当单台电动机超载 1.5 倍时的提升能力为：大钩载荷 1857kN，提升速度 0.7m/s。交流变频电动机额定转速 803r/min，额定转矩 11876N·m。

表 2 - 10　ZJ50/3150DB - 1 大钩提升速度与载荷关系表

电动机转速,r/min	大钩载荷(12 绳),kN	提升速度(12 绳),m/s
803	1238	0.7
930	1070	0.82
1009	986	0.88
1128	882	0.99
1207	825	1.06
1387	628	1.22
1567	493	1.38
1737	402	1.52

3）绞车的主要部件

（1）滚筒轴总成：滚筒轴总成主要由水气葫芦、两个刹车盘、滚筒体、轴和轴承等组成。两个刹车盘直径 φ1400mm，厚度 75mm，刹车盘内有冷却水道以及进、排水口和放水口。开槽滚筒体由三段铸、焊而成，滚筒体直径 φ790mm，缠绳部位长度 1555.6mm，总长度 2108mm。滚筒轴的动力由两台 YJ31F（1000kW，800r/min）交流变频电动机通过绞车齿轮减速机传至滚筒轴。

（2）绞车齿轮减速机：该减速机的作用是将绞车电动机的动力通过减速器输入轴与绞车电动机之间的齿式联轴器传至滚筒轴，绞车电动机也可以通过伊顿离合器并车共同驱动滚筒轴。因此，减速机是 JC－50DB 单轴绞车的外变速机构。该减速机为二级平行轴直齿圆柱齿轮减速器，第一级小齿轮齿数 35，大齿轮齿数 69，第二级小齿轮齿数 34，大齿轮齿数 75，齿数比为 4.394，额定功率 1840kW，输入转速 803～1800r/min。齿轮箱齿轮和轴承由电动油泵循环润滑系统强制润滑和冷却，为了保证润滑油能正常工作，在环境温度低于 0℃ 时启动设备应对润滑油进行预热，预热温度不小于 8℃。润滑油工作温度为 5～85℃，最大工作温升不大于 45℃，齿轮箱的工作环境温度为 －40～45℃。润滑油应 3～9 个月检查油质 1 次。

（3）转盘链条箱和角传动箱：其作用是将转盘电动机的动力通过离合器和齿式联轴器传给角传动箱。角传动箱通过传动轴和两根万向轴传动转盘，采用三个双列调心滚子轴承支撑。

4）绞车的安装与固定

（1）起吊绞车前，先试找好起吊中心，然后调整好吊钩和钢丝绳位置，将绞车吊起 200mm 高，若绞车平稳不倾斜，则可将绞车吊到底座上就位。

绞车吊上底座后，应以底座上预先定好的井眼中心线和滚筒轴中心线（两中心线相互垂直）为基准，与绞车底座前后梁及两端头的滚筒中心线（焊接的标记牌）对准找正。找正时，用千斤顶移动绞车，在绞车架前梁、后梁下翼板上有 10 个 φ40mm 的孔与对应大底座梁上的孔对准，找正后用 10 个 M36 螺栓与大底座连接固定。

（2）减速箱安装时，应使用减速箱配套专用安装工具，齿轮箱输出轴收缩盘 φ230mm 传扭矩配合孔部位及滚筒轴相应配合部位安装前，应彻底清洗脱脂并干燥，轴孔其余部位也应用干净棉纱擦拭干净，保证安装时无油性物质进入传扭配合面，以保证传扭工作可靠。齿轮箱输入轴齿式联轴器在与电动机调整安装时，应找正齿式联轴器外齿套，其相对端跳不大于 0.05mm，径跳不大于 0.01mm。安装拧紧螺栓，带负荷工作一段时间后，应复查螺栓是否松动，轴线对中是否变化，如有异常应及时调整。

（3）滚筒轴在与绞车架墙板安装固定后，首先将减速箱安装就位，再用垫片调整电动机及转盘传动箱中心高，使之端跳不大于 0.13mm，径跳不大于 0.15mm（间隔90°检查 4 点）。将电动机地脚螺栓把紧后，再检查 1 次，端跳不大于 0.13mm，径跳不大于 0.15mm。

（4）转盘传动箱输入轴法兰中心必须与传动轴、角传动箱输出轴同心，确保传动轴转动自如，然后拧紧螺栓固定。

第四节　绞车的刹车机构

绞车的刹车机构包括主刹车和辅助刹车。主刹车用于各种刹车制动，辅助刹车仅用于下钻时将钻柱刹慢，吸收下钻能量，使钻柱匀速下放。

一、机械刹车功用与使用要求

1. 功用

下钻、下套管时，刹慢或刹住滚筒，控制下放速度，悬持钻具；正常钻进时，控制滚筒转动，以调节钻压，送进钻具。

2. 使用要求

机械刹车机构安全可靠,灵活省力,寿命长。

现场因刹车不可靠导致重大溜钻事故,造成设备损失、井下事故,甚至危及工人的人身安全。钻井过程中司钻总是手不离刹把,如果刹车机构不灵活、不省力,将大大加重司钻的体力劳动强度,带来操作的不方便,所以必须重视刹车机构。

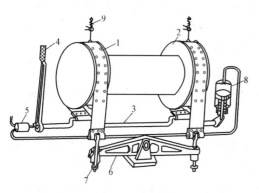

图 2 – 26 单杠杆刹车机构示意图
1—刹带;2—刹车鼓;3—杠杆;4—刹把;5—司钻阀;
6—平衡梁;7—调整螺钉;8—刹车气缸;9—弹簧

二、主刹车

主刹车系统按作用原理可分为带式刹车、块式刹车、盘式刹车等,石油矿场主要用带式刹车和盘式刹车。

1. 带式刹车

1)带刹车的组成和润滑

(1)带刹车的结构。

图 2 – 26 为单杠杆刹车机构示意图。该刹车机构是由控制部分(刹把 4)、传动部分(传动杠杆或称刹车曲轴 3)、制动部分(刹带 1、刹车鼓 2)、辅助部分(平衡梁 6、调整螺钉 7)、气动刹车等组成。

刹车时,操作刹把 4 转动传动杠杆 3(图 2 – 27),通过曲拐拉拽刹带 1(图 2 – 28)活动端使其抱住刹车鼓 2。扭动刹把手柄可控制司钻阀 5 启动气刹车(气刹车起省力作用)。平衡梁 6(图 2 – 29)用来均衡左、右刹带松紧程度,以保证受力均匀。调整螺钉 7 用来调整刹带与刹车鼓之间的间隙。

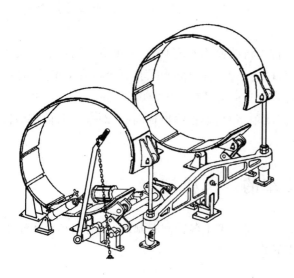

图 2 – 27 双杠杆刹车机构

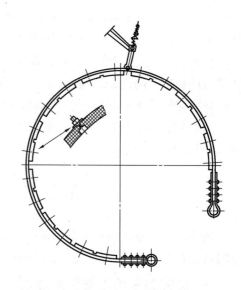

图 2 – 28 绞车刹带

两根刹带完全相同,一般为 6mm 厚的圆形钢带。钢带的两端分别铆接活端吊耳,钢带的内壁衬用有石棉改性树脂材料压制而成的刹车块,刹车块用沉头铜螺钉固定在钢带上。一般沉头铜螺钉沉入深度为 16mm,因此,当刹车块磨损 16mm 时必须更换。

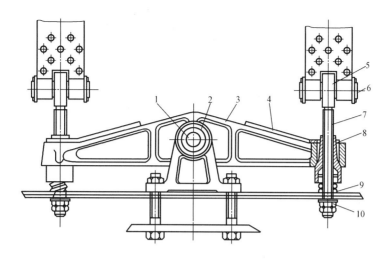

图 2 – 29　绞车平衡梁

1—轴;2—立柱;3—平衡梁;4—专用扳手;5—拉环;6—小轴;7—螺杆;8—套筒;9—弹簧;10—调整螺母

（2）刹把的调节与刹带、刹车块的更换。

① 刹把的调节:在钻井过程中随着刹车块磨损量的增加,刹把终刹位置逐渐降低,当刹把终刹位置与钻台面夹角小于30°时,操作不便,因此,必须对刹带进行调节。调节时,先用平衡梁上的专用扳手松开调整螺母,调节螺杆的长度,直到刹紧刹车鼓时,刹把与钻台面的夹角为45°时为止,然后拧紧调整螺母。

② 更换刹带:更换刹带时,先卸下刹带拉簧、托轮和刹带吊耳,然后将刹带向内移到滚筒上,再往下将其取出。决不能用猫头绳硬将其拉出,以免造成刹带失圆。若刹带失圆或新刹带不满足圆度要求,应对刹带进行整圆。刹带整圆方法是:以刹带半圆为半径在钻台上画圆,将卸下的刹带与该圆比较,用大锤对刹带不圆处敲击,直到刹带与所画半圆一致为止。调节或更换刹带后,都应调节刹带上方的拉簧及后面和下面的托轮位置。

③ 更换刹车块:当刹车块磨损量达到其厚度的一半时,就要更换刹车块。更换时,最好单边交叉更换,以免由于新刹车块贴合度差而刹不住车。

下钻制动操作对刹车块的要求:摩擦系数要高;耐热性要好,在高温下仍能保持其性能;在允许的比压、温度、速度范围内耐磨性要好;容易加工,制造成本低。

（3）刹车机构的润滑。

刹车机构上除平衡梁上支座上的润滑点外,其余所有润滑点均集中在平衡梁下面左、右两块润滑孔板上,用锂基润滑脂对各润滑点每天注油1次。刹车机构的各销轴铰接处及平衡梁两端的球面支座处应经常浇30号机械油润滑。

滚筒轴承座的润滑点也分别分布在左、右孔板上,由$\phi10mm$的紫铜管连接至轴座上。

2）带刹车机构的基本计算

（1）绞车的制动计算。

图 2 – 30 为下钻操作示意图。当下钻开始时,司钻抬起刹把,刹带松开,钻柱在自重的作用下加速下落,下钻速度逐渐加快。这时司钻在刹把上加力,使刹带与刹车鼓之间产生摩擦力（或辅助刹车产生的制动力,也可能是二者共同作用的结果）。当摩擦力在滚筒上构成的制动

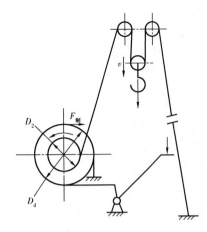

图 2 – 30 下钻操作示意图

力矩与悬持钻柱的静力矩平衡时,钻柱匀速下落。当钻柱下放接近立根行程终点时(距钻台面 2 ~ 3m),司钻压住刹把,使钻柱减速下放,直到完全刹住为止。由于减速下放所产生的惯性力矩使得制动力矩大大超过悬持钻柱的静力矩,因此,最大制动力矩 M_{bmax} 发生在刹住钻柱的一瞬间。

① 制动力的确定。

设使钻柱匀速下落,刹车摩擦副所产生的静制动力矩为 $M_{静}$,静制动力为 F_b。刹住钻柱瞬间的最大制动力矩为 M_{bmax},最大制动力为 F_{bmax},则

$$M_{静} = \frac{Q'_{ts}D_2}{2z}\eta_{ts}\eta_d = F_b\frac{D_d}{2} \qquad (2-14)$$

$$F_b = \frac{Q'_{ts}D_2}{zD_d}\eta_{ts}\eta_d \qquad (2-15)$$

$$M_{bmax} = \beta M_{静} = \beta\frac{Q'_{ts}D_2}{2z}\eta_{ts}\eta_d = \beta F_b\frac{D_d}{2} \qquad (2-16)$$

$$F_{bmax} = \beta F_b = \beta\frac{Q'_{ts}D_2}{zD_d}\eta_{ts}\eta_d \qquad (2-17)$$

式中　D_2——滚筒第二层缠绳直径;

　　　η_d——滚筒效率,一般取 0.97;

　　　Q'_{ts}——下钻游动系统总载荷,一般取 $Q'_{ts} = 70\% Q_{ts}$;

　　　β——动载系数,一般取 $\beta = 1.5 \sim 2$;

　　　D_d——刹车鼓直径。

② 刹带两端的拉力的确定。

设刹带固定端(送入端)的总拉力为 T,活动端(送出端)的总拉力为 t,刹带对刹车鼓的围抱角为 α,如图 2 – 31 所示。若忽略刹带的弹性伸长和弯曲阻力,则根据欧拉公式

$$T = te^{\mu\alpha} \qquad (2-18)$$

式中　e——自然常数,e = 2.718;

　　　α——刹带包角,一般 $\alpha = \frac{3\pi}{2} \sim \frac{11\pi}{6}$

　　　　　(270° ~ 330°);

　　　μ——刹带片与刹车鼓之间的摩擦系

　　　　　数,一般 $\mu = 0.35 \sim 0.45$。

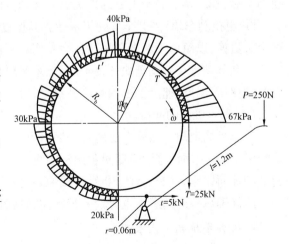

图 2 – 31　刹车块作用原理

在整个刹带的弧长上,刹带拉力由 T 逐渐递减为 t,其差值为摩擦力或制动力 F_b,即

$$F_b = T - t = t(e^{\mu\alpha} - 1) \qquad (2-19)$$

故两端总拉力为

$$t_{\text{bmax}} = \frac{F_{\text{tmax}}}{e^{\mu\alpha} - 1} \tag{2-20}$$

$$T_{\text{bmax}} = \frac{F_{\text{tmax}} e^{\mu\alpha}}{e^{\mu\alpha} - 1} \tag{2-21}$$

所求得的 T 与 t 值作为刹车机构的设计计算根据：即根据 T 来设计刹带的厚度和刹带固定端的联结；根据 t 设计刹车杠杆；根据 T、t 之平均值核算刹车块的强度和寿命。

（2）刹车杠杆工作分析。

刹车杠杆是指刹把、曲拐轴、曲拐连杆等组成的机构。其作用是将刹把上的操作力放大若干倍，以满足刹住重载时刹带活动端总拉力 t 的需要。可将杠杆力放大的倍数 i 称为杠杆的增力倍数。杠杆可分为单杠杆和双杠杆两种，如图 2-32 所示。至于其他曾有过的杠杆型式如凸轮传动等，目前已很少用。

① 单杠杆刹车机构。

设图 3-32(a) 的刹把力为铅直方向的 P，刹住刹带活动端总拉力为 t，刹把长度为 l，曲拐臂长为 r，考虑传动效率 $\eta_{\text{杆}}$ 的影响时，计算公式为

$$P\cos\theta \cdot l\eta_{\text{杆}} = t\sin(\theta + \beta) \cdot r \tag{2-22}$$

$$P = t \frac{r}{l} \frac{\sin(\theta + \beta)}{\eta_{\text{杆}} \cos\theta} \tag{2-23}$$

$$i = \frac{t}{P} = \frac{l}{r} \eta_{\text{杆}} \frac{\cos\theta}{\sin(\theta + \beta)} \tag{2-24}$$

由式（2-23）、式（2-24）可知，P 或 i 的大小主要取决于 l 与 r 的比值，其次由于刹车块的磨损情况不同，致使刹车块与刹车鼓间的间隙由小变大，所以刹把的刹住角 θ 也在变，因而 P 与 i 也随 θ 发生变化，β 和 $\eta_{\text{杆}}$ 是定值。

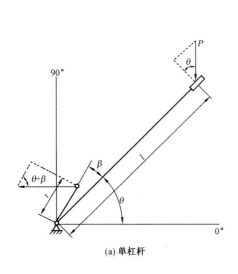

(a) 单杠杆

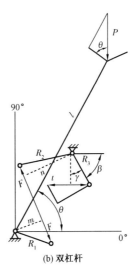

(b) 双杠杆

图 2-32　刹车机构

根据司钻的操作情况,刹把的最合适的倾角应为 $\theta = 45° \sim 30°$,130 型钻机用单杠杆的 $i = 20 \sim 30$,而这时刹把力却要 $450 \sim 670N$,这显然是一个人力所不能胜任的。所以单杠杆机构一般只用于轻型和中型钻机。重型和超重型钻机为了保证当气刹车出故障时仍能安全可靠地刹住钻具,就必须采用更高 i 值的双杠杆刹车机构。

② 双杠杆刹车机构。

如图 3 - 32(b) 所示,在两套单杠杆之间,用浮动连杆将他们铰连在一起,组成双杠杆机构。设 P 为铅直向下的刹把力,t 为刹住刹带活动端总拉力,F 为连杆上的拉力,m、n 分别为二轴心至连杆间的垂直距离(虚线所示),从力矩关系看

$$P\cos\theta \cdot l\eta_{杆} = Fm \qquad (2-25)$$

$$t\cos\gamma \cdot R_3 = Fn$$

所以
$$i = \frac{t}{P} = \frac{l}{R_3}\eta_{杆}\frac{n}{m}\frac{\cos\theta}{\cos\gamma} \qquad (2-26)$$

式(2 - 26) 中 l/R_3 为定值 n/m 随 θ 而变化。在 θ 逐渐减小时,n 加大,m 减小,即 n/m 越来越大。R_3 的转角 γ 随 θ 的加大而减小。这样就使增力倍数在单杠杆的 $i = 48$ 的基础上进一步增加为 $i = 80$,确保 $\theta = 45° \sim 30°$ 时,$P = 250 \sim 400N$,这样刹车就比较省力。

3)带式刹车的优缺点

(1)带式刹车的优点。

① 包角可达到 270° 甚至 330°,其制动力矩可随包角的增大而增大,以适应重型绞车的需要。

② 采用双杠杆刹车机构既省力又安全。

③ 机构简单紧凑,便于维修。

(2)带式刹车的缺点。

① 刹车时滚筒轴受一弯曲力,其值为 T、t 的向量和。

② 只能用于单向制动,因其反向制动力矩要小 $e^{\mu\alpha}$ 倍,所以在钻机方案设计时,要注意滚筒的旋转方向。

③ 活动端和固定端的刹车块磨损不均衡。

2. 盘式刹车

盘式刹车于 19 世纪初问世以来,获得了飞速的发展。目前,液压盘式刹车已在钻机绞车中得到了广泛应用。

1)液压盘式刹车的结构组成

如图 2 - 33 所示,液压盘式刹车可分为常开型杠杆钳液压加压式、常闭型杠杆钳弹簧加压式、常开型固定钳液压加压式、常闭型固定钳弹簧加压式等。

液压盘式刹车由刹车盘、开式刹车钳(安全钳)、闭式刹车钳(工作钳)、钳架、液压动力源、控制系统等组成。

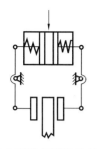 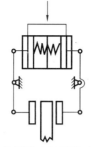 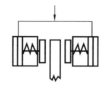 

(a) 常开型杠杆钳液压加压式　(b) 常闭型杠杆钳弹簧加压式　(c) 常开型固定钳液压加压式　(d) 常闭型固定钳弹簧加压式

图 2-33　刹车钳结构方案

2）刹车装置总成

刹车装置总成由钳架、刹车盘、刹车钳等组成。刹车盘通过滚筒轮缘与滚筒组装成一体，刹车钳安装在钳架上，它是盘式刹车实现刹车的主要部件，如图 2-34 所示。

（1）刹车盘。

刹车盘是直径为 1500～1650mm，厚为 65～75mm，带有冷却水道的圆环，其内径与滚筒轮缘配合，装配成一体，由刹车盘连接法兰和滚筒相连。刹车盘环形侧表面与刹车钳上的刹车块构成摩擦副，实现绞车的刹车，如图 2-35 所示。

刹车盘按结构形式分为水冷式刹车盘、风冷式刹车盘和实心刹车盘三种。水冷式刹车盘内部设有水冷通道，在刹车盘内径处设有进、出水口；外径处设有放水口，用来放尽通道内的水，以防止寒冷气候时刹车盘冻裂；正常工作时，放水口用螺塞封住。风冷式刹车盘内部有自然通风道，靠自然通风道和表面散热。实心刹车盘靠表面散热，主要用于修井机和小型钻机。

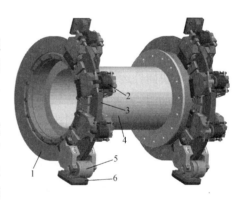

图 2-34　液压盘式刹车总成图
1—刹车盘；2—工作钳；3—钳架；4—滚筒；
5—安全钳；6—过渡板

（2）刹车钳架。

钳架是一个弯梁，工作钳及安全钳均安装在其上。通常配备两个钳架，钳架上下端通过螺栓分别固定在绞车横梁和绞车底座上，位于滚筒两侧的前方，如图 2-36 所示。

（3）刹车钳。

刹车钳共有 8 副，一侧 4 副。每副刹车钳有一对刹车块。

刹车钳由浮式杠杆开式钳（常开钳）和浮式杠杆闭式钳（常闭钳）组成。常开钳是工作钳，用于控制钻压、各种情况下刹车。常闭钳用于悬持情况下的驻刹。

开式钳的工作原理是：当向钳缸供给压力油时，液压力推动活塞左移动，由于钳缸的浮式放置，活塞与缸体通过上销分别推动左右钳臂的上端向外运动，减少了左右下销之间的距离，带动刹车块向内运动，从而将刹车块以一定的正压力压在旋转中的刹车盘上，在刹车盘与刹车块之间产生摩擦力，对刹车盘实施制动。可见，开式钳的刹车力来源于液压力，且压力油的压力越高，刹车力越大。

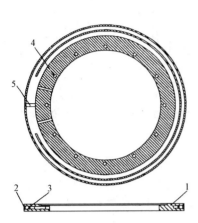

图 2 - 35　液压刹车盘

1—刹车盘体；2—外封闭环；3—支承环；

4—沉头螺钉；5—隔环

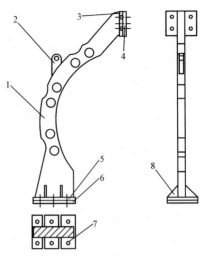

图 2 - 36　刹车钳架

1—弯梁；2—吊耳；3—连接顶板；4—上连接板；

5—连接底板；6—下连接板；7—六角螺栓；

8—加强筋板

如果进入钳缸压力油的压力等于零,活塞与缸体通过安装在左右上销端部的回位弹簧向内运动,刹车块向外运动与刹车盘脱离接触,刹车钳松刹。开式钳是有油压刹车、无油压松刹,称为常开钳,如图 2 - 37、图 2 - 38 所示。

闭式钳的工作原理是:当向钳缸供给压力油时,液压力推动活塞左移压缩碟簧,同时拉动左右钳臂的上端向内运动加大了左右下销之间的距离,带动刹车块向外移动,刹车块与刹车盘脱离接触,刹车钳松刹。当钳缸泄油时,碟簧反弹推动活塞右移,左右钳臂上端向外运动,减少了左右下销之间的距离,使刹车块与刹车盘接触。此时,刹车块作用在刹车盘上的力为碟簧力,该力形成的摩擦力实施刹车。闭式钳的刹车力来源于碟簧的弹簧力。闭式钳是有油压松刹、无油压刹车,称为常闭钳,如图 2 - 39、图 2 - 40 所示。

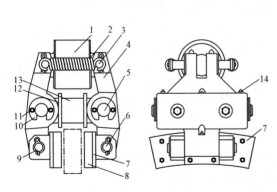

图 2 - 37　常开式工作钳（Ⅰ）

1—钳缸；2—复位弹簧；3—上轴销；4—钳臂；5—中销轴；

6—下销轴；7—背板；8—刹车块；9—弹簧卡销；10—挡板；

11—螺栓；12—挡圈；13—支承轴；14—油嘴

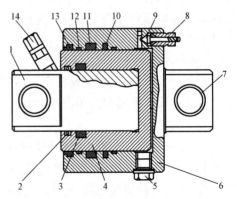

图 2 - 38　常开式工作钳（Ⅱ）

1—调节柱塞；2—O 形密封圈；3,11—BA 型密封圈；

4—工作柱塞；5—六角螺栓；6—缸体；7—含油轴承；

8—排气阀座；9—排气阀；10—OD 形密封圈；

12—F3 型导向带；13—A5 型防尘圈；

14—单向注油阀

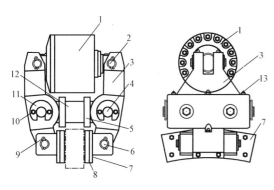

图 2-39　常闭式安全钳(Ⅰ)

1—钳缸;2—上轴销;3—钳臂;4—中销轴;5—挡圈;
6—下销轴;7—背板;8—刹车块;9—弹簧卡销;
10—螺栓 M10;11—挡板;12—支承轴;13—油嘴

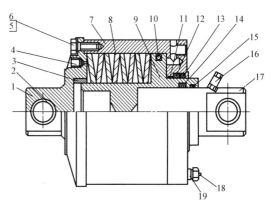

图 2-40　常闭式安全钳缸(Ⅱ)

1—缸盖;2—含油轴承;3—导向套;4—螺塞 M14×1.5;
5—螺栓;6—弹簧垫 φ12;7—缸体;8—碟簧 φ180;
9—活塞;10—OE 形密封圈;11、14—BA 形密封圈;
12—导向带;13—A5 形防尘圈;15—O 形密封圈 N674-70;
16—单向注油阀;17—调节柱塞;18—排气阀;19—排气阀座

3)液压动力源

液压动力源由油箱组件、泵组、控制块总成、加油组件、电控箱等组成。

(1)油箱组件:包括油箱、吸油阀、放油阀、液位液温计、冷却器等元器件。吸油阀的功能为维修油泵时,关闭该阀,使油箱与油泵吸油口断开,防止液压油外泄;正常工作时,处于开启状态。放油阀是为了更换液压油而设;正常工作时,处于关闭状态。液位液温计可供观察油箱液面高低及油箱油温。冷却器为列管式水冷冷却器,用来平衡整个系统的发热,可根据系统的工作温度确定是否投入使用。需冷却时,将旁路截止阀关闭,冷却水接通;不需冷却,则将旁路截止阀开启,冷却水关闭。

(2)泵组:系统配备两台同样的柱塞泵,分别由防爆电动机驱动,一台工作,另一台备用,工作时可交替使用。

(3)控制块总成:主要由油路块、蓄能器、截止阀、单向阀、安全阀和高压滤油器等元器件组成。蓄能器可降低液压回路的压力脉动,并在无法正常工作时提供一定的储存能量。截止阀是用来释放蓄能器油压的,在正常工作时,截止阀一定要关严,否则,系统压力将建立不起来。单向阀的作用是把两台泵的出油口隔开,使其形成三个相互独立而又相互联系的油路,保持蓄能器的油液不回流。安全阀是一个溢流阀,起安全保护作用。

(4)加油组件:加油组件由一台手摇泵、一台过滤器组成。油箱加油时,通过加油泵组完成,以保证油液的清洁度。

(5)电控柜:液压站的电控箱主要用来控制电动机和加热器的启、停。

4)操作台

操作台由刹车阀组件、驻刹阀组件、控制阀组、管路、压力表等组成。操作台位于钻台操作室中,司钻通过操作台上的控制手柄对 SY 型盘式刹车集中控制。

5)盘式刹车的刹车系统的工作原理

SY 型盘式刹车的刹车系统可实现以下五种情况的刹车:

(1)工作刹车(由开式钳承担)。操作司钻阀向开式钳输入不同压力的压力油,即产生不同的刹车力。工作刹车的刹车力仅是液压力。

(2)驻刹车(由闭式钳承担)。实施驻刹车时闭式钳泄油刹车。驻刹车的刹车力是碟簧力。

(3)紧急刹车(由开式钳与闭式钳共同承担)。实施紧急刹车时,闭式钳泄油刹车,同时开式钳充入压力油也可进行刹车。

(4)防碰天车刹车(由闭式钳承担)。当过卷阀启动送来的气压信号传递给盘式刹车系统的控制元件时,闭式钳自动泄油刹车。

(5)在系统失电情况下刹车。蓄能器分别向开式钳和闭式钳提供刹车压力油,可分别进行6~8次刹车。

6)盘式刹车的优缺点

盘式刹车与带式刹车相比有以下优点:

(1)刹车盘可为中空带通风叶轮式,散热性好,整个盘的面积只有不到1/10在摩擦发热,而其余面积都在交替散热。盘和块的热稳定性好(热衰退小),摩擦系数稳定,制动力矩平稳。

(2)由于盘块间的比压大和盘的离心作用,盘块间不易存水和油污物,所以刹车块的吃水稳定性好。

(3)刹车盘的热变形小,热疲劳寿命较长。

(4)比压分布均匀,摩擦副的寿命较长。

(5)正反向刹车力矩一样,带式刹车则差 $e^{\mu\alpha}$ 倍。

(6)刹车盘的飞轮矩(GD^2)比刹车鼓小,刹止的时间短,反应灵敏。

(7)刹把力只有100N左右,操作省力。

(8)每个刹车钳皆可独立刹止全部钻杆柱重量,且有应急钳,刹车的可靠性大大提高。

(9)更换刹车只需20min。

但盘式刹车存在以下两个缺点:

(1)比压比带式刹车的比压大2倍,摩擦表面温度高,对块的材料要求高;

(2)多了液压装置及其密封圈等易损件。

7)盘式刹车的维护和保养

(1)工作钳。

在交接班时需检测刹车块的厚度及油缸的密封性能。随着刹车块的磨损(单边磨损1~1.5mm),需调节拉簧的拉力,使刹车块在松刹时能返回,且间隙适当。

(2)安全钳。

需经常检测松刹间隙(至少一周一次)、刹车块的厚度及油缸的密封性能。如果刹车盘与刹车块之间的间隙大于1mm,必须调整松刹间隙使其小于0.5mm;当施行紧急刹车操作后,也必须重新检查调整松刹间隙。

(3)刹车盘。

刹车盘的保养检查要点如下:

① 磨损。刹车盘允许的最大磨损量为10mm;应定期检查测量每个刹车盘工作面的厚度。

② 热疲劳龟裂。刹车盘在制动过程中因滑动摩擦而产生大量热量使盘面膨胀,而冷却时又趋于收缩,这样冷热交替容易产生疲劳应力裂纹。随着使用时间的延长,如果最初的微小应力裂纹扩展较大时,应引起足够重视,并采取修补措施。例如,可以用工具沿裂纹处磨掉一些,

以便检查裂纹深度,对裂纹进行焊接修补,最后用砂轮打磨平整。

③ 油污。工作盘面上不允许沾染或溅上油污,以免降低摩擦系数,降低刹车力,以致造成溜钻事故。但滚筒在运动过程中,钢丝绳上的油有时难免会飞溅到刹车盘的工作面上,因此要经常检查清除。

④ 循环水。对于水冷式刹车盘,在使用过程中,应经常检查冷却循环水,确保冷却循环水存在,并管线畅通。

三、辅助刹车

辅助刹车的功用是帮助主刹车进行下钻,在下钻时通过制动滚筒轴来制动下钻载荷。过去,钻机的辅助刹车多为水刹车,但由于其低速性能差,制动力矩无法自动调节,不能独立制动绞车,水刹车已逐渐被电磁刹车和伊顿盘式刹车所取代,下面主要介绍电磁涡流刹车和伊顿盘式辅助刹车。

1. 电磁涡流刹车

电磁刹车可分为感应式电磁刹车(又称为电磁涡流刹车)和磁粉式电磁刹车。目前钻机中应用的几乎全是电磁涡流刹车。

1)电磁涡流刹车的代号

电磁涡流刹车的代号形式如下:

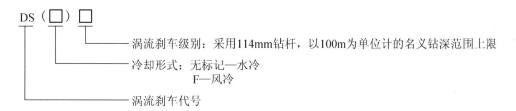

2)电磁涡流刹车的技术参数

电磁涡流刹车的技术参数见表 2 – 11。

表 2 – 11　涡流刹车的基本参数

基本参数	型　号					
	DS(F)30	DS(F)40	DS(F)50	DS(F)70	DS90	DS120
额定制动扭矩,kN·m	23	33	55	98	110	130
适用井深,m	3000	4000	5000	7000	9000	12000
最高空载转速,r/min	500	500	500	500	500	500
最大励磁功率,kW	9	12	23	25	25	—
冷却水流量,L/min	150	285	560	600	600	—
冷却风量,m³/h	4000	12000	15000	—	—	—
最高出水(风)温度,℃	72	70	72	70	72	70	72	70	72	72
最高进水(风)温度,℃	42	40	42	40	42	40	42	40	42	42

3）电磁涡流刹车的工作原理

如图 2-41 所示，涡流刹车主要由左、右定子和转子组成。定子中固定嵌装着激磁线圈，当三相380V交流电源经过三相变压器降低电压后，输入桥式整流器，便可输出连续可调的直流电至电磁涡流刹车的激磁线圈，在线圈周围产生固定磁场，转子处于此磁场中。当转子与绞车滚筒轴一起旋转时，转子切割磁力线，转子内磁通密度发生变化，在转子表面产生感应电动势，从而产生感生电流，即涡流。转子成为带涡流感应电流的导体，带涡流感应电流的转子在原来的固定磁场中产生旋转磁场，此旋转磁场在转子的不同半径上产生与转子转动方向相反的电磁力，亦即对旋转轴的电磁制动力矩。显然，输入直流电的电流强度越大，固定磁场强度越强，所产生的电磁力矩也越大，以此来平衡不同下钻载荷的能量。

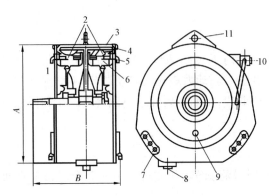

图 2-41 电磁涡流刹车
1—导入导线；2—磁极；3—水套；4—转子；5—激磁线圈；
6—定子；7—底环联板；8—出水口；9—进水口（两侧）；
10—接线盒；11—提环

电磁涡流刹车在工作过程中将机械能转化为热能。为了迅速带走转子中的热量，从离合器侧面送进冷却水，流经转子的外表面后，由周围的水套下面的出水口排出。对冷却水质要求较高，矿物质含量要低，一般 pH 值不超过 7~7.5。电磁涡流刹车与滚筒刹车通常用一个冷却系统。如图 2-42 所示。

4）电磁涡流刹车的特性

电磁涡流刹车的机械特性如图 2-43 所示，与并激直流发电机的 $M—n$ 特性相似。除去一小部分低速段外，中、高速段具有较大的几乎不变的止动扭矩。

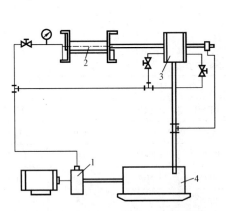

图 2-42 电磁涡流刹车的水冷却系统
1—泵；2—绞车滚筒；3—涡流刹车；4—水箱

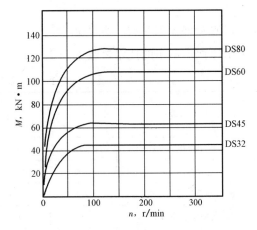

图 2-43 电磁涡流刹车的 $M-n$ 特性

当转速变化时，止动扭矩可以保持恒定，图 2-43 中的曲线为100%激磁。通过改变激磁电流大小，获得较低的 $M-n$ 特性曲线。也就是在任何下钻载荷下，可调得任意的下钻速度，并可以不用带式刹车就可以将钻柱刹慢，但由于有转速差才能产生电磁力矩，因而不能刹死。平滑调节激磁电流，改变制动力矩，实现无级调速。调节激磁电流非常灵活省力。电磁涡流刹车

产生的制动力矩 $M_{制}$ 始终与滚筒轴的旋转方向相反,因而轴的转向改变无需改变激磁电流方向。

2. 盘式辅助刹车

美国伊顿公司生产的 WCB 系列水冷却盘式刹车(图 2 - 44),是目前比较理想的辅助刹车,它特别适用于大转动惯量的制动及快速散热。WCB 刹车可以安装在轴的中间,也可以安装在轴的末端。坚固的结构可以确保其长时间无故障运行。

图 2 - 44　伊顿刹车

1)伊顿刹车的代号

伊顿刹车的代号,形式如下:

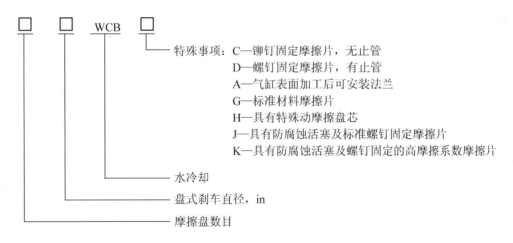

特殊事项:C—铆钉固定摩擦片,无止管
　　　　　D—螺钉固定摩擦片,有止管
　　　　　A—气缸表面加工后可安装法兰
　　　　　G—标准材料摩擦片
　　　　　H—具有特殊动摩擦盘芯
　　　　　J—具有防腐蚀活塞及标准螺钉固定摩擦片
　　　　　K—具有防腐蚀活塞及螺钉固定的高摩擦系数摩擦片

水冷却

盘式刹车直径,in

摩擦盘数目

2)伊顿刹车的技术参数

伊顿刹车的技术参数见表 2 - 12。

表 2 - 12　WCB 型盘式气刹车技术参数

型号	摩擦盘的最大转速,r/min		静摩擦盘拧紧扭矩 N·m	静摩擦盘尺寸,mm		进出水尺寸螺纹代号
	最大磨合转速	摩擦盘最大转速		内径	外径	
8WCB	2150	3580	7	106	212.7	1/2 - 14NPT
14WCB	1260	2045	16	181	365.1	1/2 - 14NPT

型号	摩擦盘的最大转速,r/min		静摩擦盘拧紧扭矩 N·m	静摩擦盘尺寸,mm		进出水尺寸螺纹代号
	最大磨合转速	摩擦盘最大转速		内径	外径	
18WCB	955	1600	28	279	463.5	1/2 – 14NPT
24WCB	715	1200	28	324	619.1	3/4 – 14NPT
36WCB	475	700	54	419	932.1	11/4 – 11NPT

3)伊顿刹车的结构组成

伊顿刹车主要由安装法兰组件(左定子)、气缸(右定子)、静摩擦盘、动摩擦盘、复位弹簧、活塞、齿轮转子等组成,如图2-45所示。

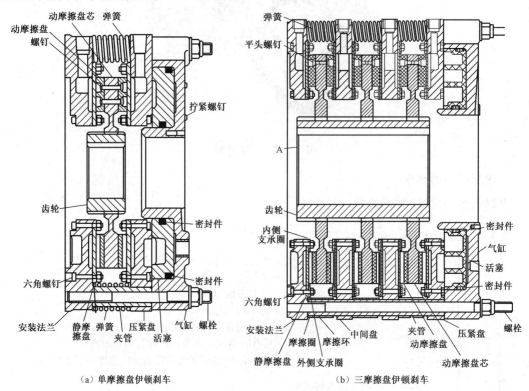

（a）单摩擦盘伊顿刹车　　　　　　　（b）三摩擦盘伊顿刹车

图2-45　伊顿刹车的结构

（1）安装法兰组件:由安装法兰盘、静摩擦盘、连接螺栓等组成,安装法兰组件构成该辅助刹车的定子。静摩擦盘通过螺栓固定在安装法兰盘上,二者皆是圆环件,在安装法兰盘顶部设置有冷却水出口（90°直角孔）。

（2）摩擦盘组件:由动摩擦盘、动摩擦盘芯、齿轮等组成。动摩擦盘通过螺栓固定在动摩擦盘芯上,每个动摩擦盘芯上固定两个动摩擦盘。动摩擦盘芯是圆盘件,其内径是内齿圈,与齿轮啮合,因此,摩擦盘组件构成该辅助刹车的转子。若有两个动摩擦就称之为双摩擦盘的WCB,依此类推。

（3）气缸总成:由气缸、活塞、压紧盘组件、复位弹簧等组成。气缸的下部有锥螺纹进气孔,在气缸的环形空间中装有活塞,活塞可沿气缸内孔左右移动,从而推动压紧盘压紧摩擦盘。压紧盘组件由压紧盘、静摩擦盘、螺栓等组成,静摩擦盘通过螺栓固定在压紧盘上。在压紧盘的顶部设有冷却水排出口。压紧盘可沿螺栓上的夹管左右移动,其作用是推动摩擦盘,产生制动力矩。复位弹簧安装在安装法兰与压紧盘之间,其作用是使压紧盘复位,使静、动摩擦盘脱离。

4)伊顿刹车的工作原理

当来自钻机气控制系统的压缩空气从气缸上的进气孔进入气缸后,推动活塞向左移动,活塞推动压紧盘移动,压紧盘克服弹簧力向左移动,将动摩擦盘压紧,从而产生制动力矩。当切断气缸进气孔处的压缩空气时,压紧盘在弹簧的作用下向右移动,推动活塞复位,同时动摩擦盘脱离两个静摩擦盘,使得盘式刹车处于非工作状态。

3. 电动机能耗刹车

利用交流变频电动机调速的固有特性,适合于交流电驱动钻机。它具有设备少、维护费用低、整机体积和质量小等独特优点,是石油钻机理想的辅助刹车装置。在变频调速系统中异步电动机的减速或停止是通过逐渐降低变频器的输出频率来实现的,随着变频器输出频率的降低,电动机的同步转速降低,但是由于机械惯性的存在,电动机转子的转速不会突变。当同步转速小于转子转速时,电动机属于再生发电状态,因此产生的大量再生能量必须及时消耗掉,否则破坏电动机或导致工作暂停。使再生电流通过制动电阻以热能方式消耗掉,达到变频器制动的目的,这就是能耗制动。能耗制动结构简单,控制方便,制动效果好;但是运行效率低,特别是在频繁制动时将要消耗大量的能量且相应的制动电阻的容量大。

第五节　起下钻及起升时间

一、起下钻操作

1. 起钻操作

更换钻头时,需将井中的全部钻柱取出,称起钻作业,包括以下操作:

(1)上提钻具全露方钻杆,用卡瓦将钻柱坐在转盘上。

(2)旋下方钻杆,将方钻杆、水龙头置于大鼠洞中。

(3)用吊环扣住钻杆接头。

(4)挂合绞车滚筒,带动钻柱起升,提出卡瓦,将井中整个钻柱起升一个立根高度,然后摘开离合器,刹车。

(5)稍松刹车,下放钻柱,用卡瓦将钻柱卡在转盘上,或扣牢下卡瓦坐在转盘上。

(6)用大钳和猫头或上卸扣气缸,拉大钳崩松顶部立根接头螺纹。

(7)用转盘带动钻柱正转或用旋绳器卸扣。

(8)移立根入钻杆盒并靠在二层台指梁中,摘开吊卡。

(9)下放空吊卡至转盘上方刹住。

起另一立根时重复上述操作,每起一立根构成一个起钻循环,直至将井中钻柱全部取出为止。

2. 下钻操作

将钻头、钻铤、方钻杆组成的钻杆柱下入井中,称下钻作业。下钻包括以下操作:

（1）挂吊卡，以高速挡提升至一立根高度。

（2）二层台处扣吊卡，稍提立根，移至井眼中心，对扣。

（3）拉猫头旋绳或用旋绳器上扣。

（4）用猫头和大钳紧扣。

（5）稍提钻柱，移出或提出卡瓦。

（6）用机械刹车和辅助刹车控制下放速度，将钻柱下放一立根的距离。

（7）借助吊卡或卡瓦，将钻柱坐在转盘上，从吊卡上将吊环脱开。

下另一立根，重复上述操作。

二、绞车各挡起重量 Q_i 和各挡所起立根数 S_i 的确定

绞车各挡所起的立根数应当符合起钻时间与动力利用的最经济要求，即起钻时间最短、功率利用率最高的最恰当数目。

在一定绞车功率和一定起升挡速度下，绞车各挡可能起升的载荷为

$$Q_i = \frac{N \cdot \eta}{V_i} \times 10^3 \qquad (2-27)$$

式中　Q_i——各挡起重量，N；

　　　N——绞车输入功率，kW；

　　　η——绞车和游动系统的总效率。

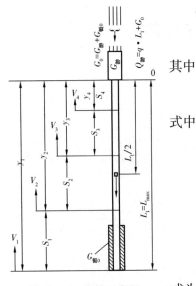

图 2 - 46　换挡示意图

L_1——挡起升井深或立根总长度；

L_{max}——最大钻井深度

参考图 2 - 46，则

$$Q_i = y_i q l + G_0 \qquad (2-28)$$

其中

$$G_0 = G_{ts} + G_{铤0}$$

$$G_{铤0} = L_{铤}(q_{铤} - q)$$

式中　q——钻杆每米平均重量，N/m；

　　　l——立根长度（24m 或 27m）；

　　　G_0——不随井深变化的重量，N；

　　　G_{ts}——吊卡、吊环、大钩、游车和钢丝绳的重量，N；

　　　$G_{铤0}$——井下钻铤比等长度钻杆多出的重量，N；

　　　$q_{铤}$——钻铤单位长度重量，N/m；

　　　y_i——i 挡所能起升的立根数。

i 挡所能起升的立根数和各挡所起升的立根数的计算公式为

$$y_i = \frac{Q_i}{ql} - \frac{G_0}{ql} = \frac{N\eta \times 10^3}{v_i q l} - \frac{G_0}{ql} \qquad (2-29)$$

$$S_i = y_i - y_{i+1} = \frac{N\eta \times 10^3}{ql}\left(\frac{1}{v_i} - \frac{1}{v_{i+1}}\right) \qquad (2-30)$$

最高挡速度 v_k 由于安全的考虑，限制在一定值，所以最高挡所起升的立根数为

$$S_k = y_k = \frac{N\eta \times 10^3}{v_k q l} - \frac{G_0}{ql} \qquad (2-31)$$

[例 2 – 1] 用大庆 I – 130 型钻机,绞车本身效率 = 0.9,立根长 $l = 25m$,5½in 钻杆 $q \approx 382N/m$,当用 5×6 游动系统起升时,$\eta_{ts} = 0.9$,$v_1 = 0.25$,$v_2 = 0.4$,$v_3 = 0.7$,$v_4 = 1.4m/s$,试确定绞车输入功率和各挡所起立根数。

解: 吊环吊卡约重 49kN,大钩重 14.7kN,钢绳重 11.8kN,游车重 21.6kN,所以游动系统运动件重量 $G_{ts} = 53kN$。

7in(178mm)钻铤 $q_{钻铤} = 1607N/m$,如用 100m 钻铤,则多出的钻铤重量 $G_{铤0} = 100(1607 – 382) \times 10^{-3} = 122.5kN$,$G_0 = G_{ts} + G_{铤0} = 122.5 + 53 = 175.5kN$。

$$Q_1 = Q_{柱} + G_{ts} = 130 \times 9.8 + 53 = 1327(kN)$$

绞车输入功率
$$N = \frac{Q_1 v_1}{\eta_{绞} \eta_{ts}} = \frac{1327 \times 0.25}{0.9 \times 0.9} = 410(kW)$$

最大井深 $\quad L_{max} = \frac{Q_{柱} - G_{铤0}}{q} = \frac{(130 \times 9.8 - 122.5) \times 10^3}{382} \approx 3000(m)$

折合立根数
$$S_{\Sigma} = \frac{l_{max}}{l} = \frac{3000}{25} = 120(根)$$

常系数
$$\frac{N\eta \times 10^3}{ql} = \frac{410 \times 0.9 \times 0.9 \times 10^3}{382 \times 25} \approx 34.8$$

第一挡所起立根数 $\quad S_1 = 34.8\left(\frac{1}{0.25} - \frac{1}{0.4}\right) \approx 52(根)$

第二挡所起立根数 $\quad S_2 = 34.8\left(\frac{1}{0.4} - \frac{1}{0.7}\right) \approx 37(根)$

第三挡所起立根数 $\quad S_3 = 34.8\left(\frac{1}{0.7} - \frac{1}{1.4}\right) \approx 25(根)$

第四挡所起立根数 $\quad S_4 = 34.8 \times \frac{1}{1.4} - \frac{175500}{382 \times 25} \approx 6(根)$

总立根数 $\quad S_{\Sigma} = 52 + 37 + 25 + 6 = 120(根)$

通过以上分析可见,对于一定功率和转速的钻机,必须弄清它各挡所起的立根数(或各挡的起重量),用以指导司钻在起钻过程中及时换挡,以保证较充分地利用所配备的功率,保证起升时间最少。

三、机动起升时间

机动起升时间是指用绞车卷扬起升立根所用的时间。

用绞车第 i 起升挡速度 v_i 起升一个立根所用的理论机动起升时间为

$$t_{起i} = \frac{l}{v_i} \qquad\qquad (2 – 32)$$

式中 $\quad l$——立根长度,m。

由图 2 – 47 可知,在实际起钻过程中,由于每一挡在起升一个立根的过程中都存在着加速段 t_1 和减速段 t_3,从而使起升一个立根的平均速度 $v_{i平}$ 降低,实际起升时间要拖长,因此需要引入速度系数 λ,即

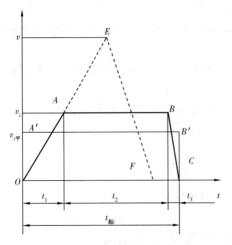

图 2 - 47 大钩起升速度图

$$\lambda = \frac{v_i}{v_{i平}} \qquad (2-33)$$

式中　$v_{i平}$——第 i 起升挡的平均速度，m/s。

由图 2 - 47 可知:面积 $OABC$ = 面积 $OA'B'C$ = 立根长 l,即

$$\frac{1}{2}v_i(t_2 + t_1 + t_2 + t_3) = v_{i平}(t_1 + t_2 + t_3)$$

$$\lambda = \frac{v_i}{v_{i平}} = \frac{2(t_1 + t_2 + t_3)}{(t_1 + 2t_2 + t_3)} \qquad (2-34)$$

在用高速挡起升时,由于 t_2 较小,所以 λ 较大;当 $t_2 = 0$ 时,如图 2 - 47 中 OEF 虚线所示,只有 t_1、t_3 两段,$\lambda = 2$(是其最大值)。在低速挡起升时,t_2 较大,$\lambda = 1.1 \sim 1.2$,一般计算机动起升时间可取 $\lambda = 1.2$。

因此,用绞车第 i 起升挡起升一个立根所用的实际机动起升时间为

$$t'_{起i} = \frac{l}{v_{i平}} = \lambda \frac{l}{v_i} \qquad (2-35)$$

用绞车第 i 起升挡起 S_i 个立根所用的实际机动起升时间为

$$T_{起i} = S_i\lambda \frac{l}{v_i} = \lambda l \frac{S_i}{v_i} \qquad (2-36)$$

(1)柴油机直接驱动的钻机一次起钻总的实际机动起升时间。

柴油机驱动的钻机,从 $L_1 = SL$ 井深换挡起升一次起钻总的机动起升时间为

$$T_{起} = \sum_{i=1}^{k} T_{起i} = \lambda l \left(\frac{S_1}{v_1} + \frac{S_2}{v_2} + \cdots \frac{S_k}{v_k}\right) = \lambda l \sum_{i=1}^{k} \frac{S_i}{v_i} \qquad (2-37)$$

式中　$v_1, v_2, \cdots, v_k$——大钩各挡起升速度;

　　$S_1, S_2, \cdots, S_k$——各挡所起的立根数。

当钻机的最高挡只用来起空吊卡(不用来起钻柱)时,则 $S_k = 0$。$T_{起}$ 由图 2 - 48(a) 中阴影面积表示。

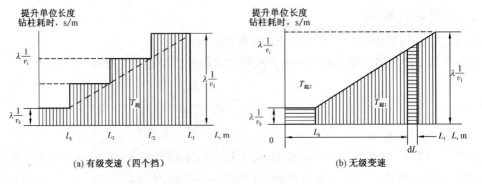

(a) 有级变速(四个挡)　　　　(b) 无级变速

图 2 - 48　机动起升时间

（2）柴油机液力变矩器驱动或直流电驱动的钻机的实际机动起升时间。

在图2-48中(b)，$L_1 \sim L_k$ 井深区间为无级调速段，恒功率控制，在 $L_k \sim 0$ 井深区间为恒速段，即钩载再轻，而为安全计也只能用恒速 v_k 起升，不能再升高了。

从 L_1 井深一次起钻的实际机动时间：

$$T_{起} = T_{起1} + T_{起2} \qquad (2-38)$$

$$T_{起1} = \lambda \int_{L_1}^{L_k} \frac{\mathrm{d}L}{v} = \lambda \int_{L_1}^{L_k} \frac{L\mathrm{d}L}{C} = \frac{\lambda}{C} \frac{1}{2}(L_1^2 - L_k^2) \qquad (2-39)$$

其中
$$C = Lv$$

C 为恒功率常数，代入式(2-39)可得

$$T_{起1} = \frac{\lambda}{2}\left(\frac{1}{v_1} + \frac{1}{v_k}\right)(L_1 - L_k) = \frac{\lambda l}{2}\left(\frac{1}{v_1} + \frac{1}{v_k}\right)(S_1 + S_2 + \cdots + S_{k-1}) \qquad (2-40)$$

$$T_{起2} = \frac{\lambda L_k}{v_k} = \frac{\lambda l S_k}{v_k} \qquad (2-41)$$

$$T_{起} = \frac{\lambda}{2}\left(\frac{1}{v_1} + \frac{1}{v_k}\right)(L_1 - L_k) = \lambda l\left[\frac{1}{2}\left(\frac{1}{v_1} + \frac{1}{v_k}\right)(S_1 + S_2 + \cdots + S_{k-1}) + \frac{S_k}{v_k}\right] \qquad (2-42)$$

图2-48(b)比(a)少的面积即为恒功率无级调速比有级变速所节约的实际机动起升时间。

第六节　起升系统辅助设备

一、防碰天车

钻机起升系统工作时，有时因操作不当或者设备发生故障，会发生碰天车的恶性事故。造成严重顿钻、卡钻、砸坏转盘甚至危及工作人员的安全。因此需要配置防碰天车设备。

1. 挡绳重锤式防碰天车装置

图2-49为挡绳重锤式防碰天车装置示意图。在钻机天车下横有钢丝绳，该钢丝绳的一端固定在井架上，另一端绕过滑轮向下与钻台上的重锤相连接。重锤和转臂左右各有一个，两个重锤的中心用轴相连，轴中部的孔里装有开口销，钢丝绳通过开口销提起重锤。当游车上升超过规定高度而碰到钢丝绳时，钢丝绳就把开口销从轴孔中拔出来，于是重锤立即下落。重锤和转臂的旋转轴上装有凸轮，重锤下落时，凸轮旋转推动顶杆气阀。气阀立即断开绞车滚筒高低速离合器的气源，快速放气阀马上把离合器气室内的压缩空气放掉，切断了传动滚筒的动力;同时又使压缩空气进入刹车气缸，推动曲轴用刹车刹住滚筒，于是游动滑车就迅速停止上升，防止了防碰天车的恶性事故的发生。

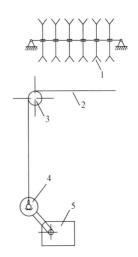

图2-49　挡绳重锤式防碰天车

1—天车;2—钢丝绳;3—滑轮;
4—重锤;5—防碰天车装置阀

挡绳重锤式防碰天车装置的优点:没有相对运动部件,一次安装就可以重复使用;同时高度尺寸可以控制在准确位置,不受滚筒钢丝绳缠绳情况影响。缺点:安装困难,高空作业,而且当游车碰到挡绳时,因为细挡绳的弹性大,反应迟缓,使防碰天车不能及时动作。

2. 传动丝杠式防碰天车装置

图2-50为传动丝杠式防碰天车装置示意图。在滚筒轴右端装有主动链轮,滚筒旋转时,主动链轮通过链条、被动链轮、主动斜齿轮(蜗杆)、被动斜齿轮(蜗轮)带动丝杠旋转,丝杠又带动滑动撞块沿滑轨向右运动。当滑动撞块碰到推杆时,推杆就转动并推动顶杆气阀的顶杆,使高低速离合器放气,同时刹车气缸充气刹住滚筒,游动系统立即停止。

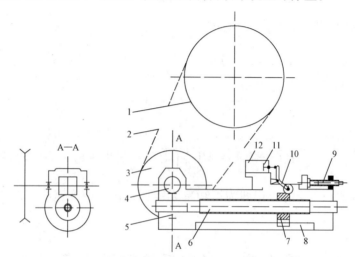

图2-50　传动丝杠式防碰天车

1—主动链轮;2—链条;3—被动链轮;4—主动斜齿轮;5—被动斜齿轮;6—丝杠;
7—滑动撞块;8—滑轨;9—调节丝杠;10—推杆;11—顶杆;12—顶杆气阀

传动丝杠式防碰天车装置的优点:结构紧凑,动作迅速可靠;地面安装,操作方便。缺点:相对运动件多,接单根、起下钻时,都在不停地运动,丝杠、螺母磨损严重;冲击和振动下,已磨损链条容易脱落和断裂;传动螺旋副的加工误差及运转后的磨损,使螺旋副间隙增大,改变了游车上升的准确限位距离。

3. 顶杆阀式防碰天车装置

当滚筒上钢丝绳缠绕到一定层数和圈数时,碰到顶杆阀,接通刹车气缸气源,从而实现在适当高度停止游车上行。

顶杆阀式防碰天车装置的优点:结构简单,无相对运动件;地面安装,简单易行,调整方便。缺点:滚筒排绳要规则整齐,否则影响准确性。

4. 电子式防碰天车装置

美国Petron Industries Inc.开发出的PS108型电子式天车防碰装置,可准确显示出游车的具体位置,显示分辨率可达±1%,而且在游车超出预设位置的上、下限定值时,还能自动切断动力,即电磁阀动作,绞车离合器脱离,同时进行刹车,达到防碰天车的效果。

电子式防碰天车装置的特点如下:

(1)设计合理,安装简单。由于该装置大部分部件(如微处理器、备用电池、熔断器、报警灯、开关等)都安装在控制/显示面板箱内,集成度高,结构紧凑,因此其安装尺寸很小,安装方便快捷。

（2）通用性及配套能力强。该装置既可独立工作又可与机械式防碰天车装置并联工作，因此对绞车几乎不需要做任何改造即可安装，从而提高绞车性能。

（3）上下极限值设定简单、快捷、准确。上下极限值的设定只需操作面板箱上的选择开关即可，不需对机械部分进行调节。

（4）旁通功能。旁通开关与极限灯组合在一起，它允许操作者将游车在预设极限值之外移动。

（5）放大功能。放大开关与报警灯组合在一起，此功能也可自动选择。

安装使用中的注意事项：由于装置安装于"1"类危险区内，装置必须严格按规定做防爆处理；装置的主电源不能供电时，备用电池将向装置提供电源，可支持装置工作 3~4h，应及时检查主电源的故障原因并及时排除故障；为确保钻机安全运行，每次交接班时都应对天车防碰装置上下限定值进行检查，如有必要则重新进行设定或维修。

二、机械离合器

1. 牙嵌离合器

牙嵌离合器如图 2-51 所示。这是一种最简单的离合器，也是中、轻型钻机上用来挂合和切断两轴动力联系、实现变速的主要离合器。牙嵌离合器也分为主动部分和被动部分。牙齿有三角形、梯形、锯齿形，常用梯形齿，可以传递较大的转矩，接合后就成为刚性连接，主动部分的转矩和转速就可传递给被动部分。挂合时需先将主动部分减速停下来，再用拨叉拨动被动部分使其完全咬合后再转动，否则，就会使牙齿碰击损坏，或因接合不完全而打牙。

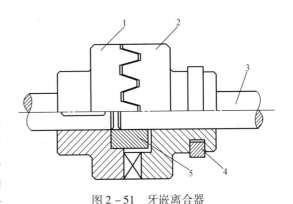

图 2-51　牙嵌离合器
1—主动牙嵌；2—被动牙嵌；3—被动轴；4—拨叉；5—缓冲垫

牙嵌离合器的常用材料为低碳合金钢（如 20Cr、20MnB），经渗碳淬火处理后使牙面硬度达到 HRC56~62，有时也采用中低合金钢（40Cr、45MnB），经表面淬火等处理后硬度达到 HRC48~52。

2. 齿式离合器

齿式离合器由内齿圈和外齿圈组成，通过移动内齿圈达到摘开和挂合的目的。在绞车的传动部分，新型绞车多用齿式离合器代替牙嵌离合器，因为齿式离合器的齿端进行了倒角，挂合平稳，不会产生像牙嵌离合器挂合时要受很大的冲击载荷，可保护设备。

思　考　题

1. 井架有哪些结构类型？各有什么特点？

2. 简述钢丝绳从快绳侧到死绳侧的速度与大钩的速度的关系。

3. 天车、游车和大钩各有什么结构特点？

4. 绞车包括哪几种类型？各有什么特点？

5. 刹车装置的类型有哪几种？各起什么作用？请说明其作用原理。

6. 起、下钻作业包括哪些操作过程？

第三章　钻机的旋转系统

钻机的旋转系统是旋转钻机的重要组成部分,其主要功用是旋转钻柱、钻头,破碎岩石形成井眼。钻机的旋转系统主要包括转盘、水龙头和顶驱钻井装置三大部分,是钻机的地面旋转设备。本章将重点介绍它们的结构原理、使用及维护。

第一节　转　　盘

转盘实质上是一个大功率的圆锥齿轮减速器,主要作用是把发动机的动力通过方瓦传给方钻杆、钻杆、钻铤和钻头,驱动钻头旋转,钻出井眼。转盘是旋转钻机的关键设备,也是钻机的三大工作机之一。

一、概述

1. 钻井工艺对转盘的要求

(1)具有足够大的扭矩和一定的转速,以转动钻柱带动钻头破碎岩石,并能满足打捞、对扣、倒扣、造扣或磨铣等特殊作业的要求。

(2)具有抗震、抗冲击和抗腐蚀的能力,尤其是主轴承应有足够的强度和寿命,并要求其承载能力不小于钻机的最大钩载。

(3)能正反转,且具有可靠的制动机构。

(4)具有良好的密封、润滑性能,以防止外界的钻井液、污物进入转盘内部损坏主辅、轴承。

2. 转盘代号

转盘代号的表示方法如下:

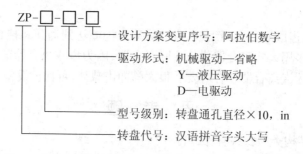

$$ZP-\square-\square-\square$$

设计方案变更序号:阿拉伯数字

驱动形式:机械驱动—省略
　　　　　Y—液压驱动
　　　　　D—电驱动

型号级别:转盘通孔直径×10,in

转盘代号:汉语拼音字头大写

3. 转盘的技术参数

转盘的技术参数见表3-1。

表 3 - 1　转盘的技术参数

钻机型号	ZJ20K	ZJ50/3150L ZJ40/2250CJD	ZJ45J	ZJ70/4500DZ ZJ50/3150DB-1	ZJ90/6750
转盘型号	ZP-175	ZP-275	ZP-205	ZP-375	ZP-475
通孔直径,mm	444.5	698.5	520.7	952.5	1206.5
最大静载荷,kN	2250	4500	4413	5850	—
最高转速,r/min	300	250	350	300	300
齿轮传动比	3.58	3.667	3.22	3.56	—
主轴承(长×宽×高) mm×mm×mm	53×710×109	800×1060×155 800×950×120	800×1060×155	1050×1270×220	—
辅助轴承(长×宽×高) mm×mm×mm	500×600×60	600×710×67	800×950×120	800×950×120	—
质量,kg	3888	6163	6182	8026	—

二、转盘的结构

转盘主要由水平轴总成、转台体总成、制动机构、密封及壳体等部分组成。图 3 - 1 是我国深井钻机中广泛使用的 ZP - 275 转盘,也称为 ZP - 700 型转盘。

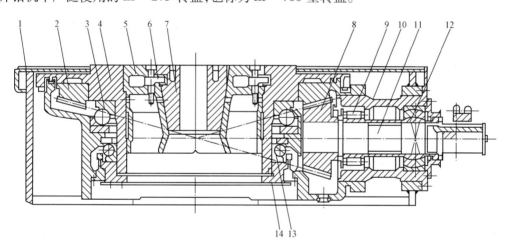

图 3 - 1　ZP - 700 型转盘

1—壳体;2—大圆锥齿轮;3—主轴承;4—转台;5—大方瓦;6—大方瓦与方补心锁紧机构;7—方补心;8—小圆锥齿轮;
9—圆柱滚动轴承;10—套筒;11—快速轴(水平轴);12—双列向心球面滚子轴承;13—辅助轴承;14—调节螺母

1. 水平轴总成

水平轴总成主要由动力输入链轮(链条驱动)或连接法兰(万向轴驱动)、水平轴、小锥齿轮、轴承套和底座上的小油池组成。水平轴由两副轴承支承,靠近小锥齿轮的轴承是向心短圆柱滚子轴承,它只承受径向力。靠近动力输入端的轴承是双列调心球面滚子轴承,它主要承受径向力和不大的轴向力。在水平轴的另一端装有双排链轮或连接法兰(万向轴驱动)。小锥齿轮与水平轴装好后,与两个轴承一起装入轴承套中,在将轴承套连同其内的各件一起装入壳体。为了保证大小锥齿轮之间保持一个合理的间隙,可通过轴承套与壳体之间的调整垫片调节控制。目前,已经研制使用了双水平轴驱动的转盘。

2. 转台体总成

转台体总成主要由转台迷宫圈、转台、固定在转台上的大锥齿轮、主轴承、辅轴承、下座圈、大方瓦和方补心等组成。转台迷宫圈(两道环槽)装在转台外缘上,与壳体上的两道环槽形成动密封,防止钻井液及污物进入转台并损坏主轴承。

转台是一个铸钢件,其内孔上部为方形,以安装方瓦,下部为圆形。下座圈用螺栓固定在转台的下部,以支承辅助轴承,并形成下部迷宫密封,防止外界污物进入转台内。转台是用一对圆锥齿轮来传动的,大齿轮装在转台上,小圆锥齿轮过盈配合装在水平轴的一端。主、辅轴承均采用推力向心球轴承,主轴承主要承受方钻杆下滑造成的轴向力和锥齿轮副啮合所产生的径向力。起、下钻时,承受最大静载荷,故主轴承的承载力应大于额定钩载。辅助轴承的功用是:一方面承受钻头、钻柱传来的径向载荷;另一方面防止转台摆动,起扶正转台的作用。主轴承的轴向间隙是通过主轴承下圈和壳体之间的调节垫片来调节的,辅助轴承的轴向间隙是通过辅轴承下圈和下座圈之间的垫片来调整节的。

大方瓦为两体式方形铸件,每个方瓦上有两个制动销,一个制动销用于将大方瓦与转台锁在一起,防止大方瓦在钻井过程中从转台中跳出;另一个制动销可将大方瓦与方补心锁在一起以防止方补心跳出。从转台中取出方瓦是用两个方瓦提环操作的。

3. 制动机构

在转盘的上部装有制动转台两个方向转动的制动装置,它由两个操纵杆、左右掣子和转台外缘上的 26 个燕尾槽组成。当需要制动转台时,搬动操纵杆,则可将左右掣子之一插入转台 26 个槽位中的任意一个槽中,实现转盘制动。当掣子脱离燕尾槽时,转台可自由转动。

4. 壳体

壳体是转盘的底座,采用铸焊结构,由铸钢件和板材焊接而成。其主要是作为主辅轴承及输入轴总成的支撑,同时,也是润滑锥齿轮和轴承的油池。其内腔对着小锥齿轮下方的壳体上形成半圆形大油池,用以润滑主轴承,在水平轴下方壳体上形成小油池,用以润滑支撑水平轴的两个轴承。

三、ZP-520 型转盘

ZP-520 型转盘在以前钻机中使用较多,与 ZP-700 型转盘的区别主要有以下两点:

(1)ZP-520 型转盘水平轴采用两副 3634 型双列向心球面滚子轴承支撑,必须拆下锥齿轮才能更换轴承。因此,只能通过将小齿轮固定在轴上。而 ZP-275 型转盘采用不同型号轴承,可以从轴一端更换轴承。

(2)转盘的制动机构不同。ZP-520 型转盘通过键固定在水平轴上的两个方向相反的制动棘轮、两套制动传动杠杆和箱体上的两个制动手柄来实现制动,属于间接制动的转盘。而 ZP-275 型转盘是通过制动块直接制动转台并实现转盘制动,属于直接制动的转盘。

四、转盘的使用及维护保养

1. 使用前的准备与检查

(1)新启用的转盘应先在油池内加入 L-CKC150 闭式工业齿轮油,油面应达到游标尺最高位置。

（2）对锁紧装置上的销轴注入润滑脂。

（3）检查锁紧装置上的操纵杆或手柄位置,在转盘开动前应在不锁紧位置。因为锁紧的转盘在启动时会使转盘内的零部件产生严重的损坏。制动块和销子转动应灵活,制动应可靠。

（4）检查转台与方瓦、方瓦与补心是否锁紧。

（5）检查快速轴上的弹簧密封圈密封是否可靠。

（6）检查链轮是否有轴向位移,如果有,则用螺栓紧固轴端压板,然后装上转盘链条护罩或万向轴护罩,未装上护罩前不得使其运转。

（7）使转盘平稳启动,慢慢合上气阀手柄或转盘离合器,检查转台是否跳动,并检查圆锥齿轮的啮合情况,检查声音是否正常,应无咬卡和撞击噪声。

2. 工作中的检查

（1）定期检查转盘的固定情况,检查是否平、正、稳和牢固。

（2）检查运转的声音是否正常,动力输入轴端的弹簧密封圈密封是否可靠。

（3）每班检查油池内油面是否符合要求,油位的高低必须以停车 5min 后检查的结果为准。检查油的清洁情况,发现油脏要及时换油。检查油池和轴承温度是否正常,若不正常,应立即查找原因。

（4）严禁使用转盘崩扣,防止损坏齿轮牙齿。

（5）钻进和起下钻过程中应避免猛整、猛顿,以防损坏零件。

（6）钻台和转盘面要保持清洁;油标尺和黄油嘴要上紧。

（7）方补心不能高于大方瓦面 3mm,大方瓦与转台面要齐平。

（8）转盘在承受较大冲击载荷后(如卡钻、顿钻)应注意检查运转声音有无异常。

（9）定期检查输入轴端的万向轴连接法兰(或链轮)是否有轴向窜动,若有,应拧紧轴端压板螺钉。

（10）定期检查下座圈的连接螺栓,看其是否松动。

3. 润滑的检查

（1）锥齿轮副和所有轴承均采用飞溅润滑,润滑油每 2 个月更换 1 次,每周检查 1 次油的清洁情况,发现油脏,应随时更换。换油时应将油池用轻质油进行彻底清洗,然后注入 L－CKC150 闭式工业齿轮油(或 90 号硫磷型极压工业齿轮油 SAE90)。

（2）防跳轴承和锁紧装置销轴应每周润滑 1 次,用油枪注入锂基润滑脂。

第二节　水　龙　头

水龙头是钻机的旋转系统设备,起着循环钻井液的作用。它悬挂在大钩上,通过上部的鹅颈管与水龙带相连,下部与方钻杆连接。它不但要导输来自钻井泵的钻井液,还要在旋转的情况下承受井中钻具的重量。因此,水龙头是旋转钻机中提升、旋转、循环三大工作机中相交汇的关键设备。

一、概述

1. 钻井工艺对水龙头的要求

（1）水龙头主轴承应具有足够的强度和寿命,其承载力应不小于钻机的最大钩载。

（2）有可靠的高压钻井液密封系统,寿命长、拆卸迅速、方便。能自动补偿工作中密封件的磨损。

（3）上端与水龙带连接处能适合水龙带在钻进过程中的伸缩弯曲。

（4）各承载件要有足够的强度和刚度,并且要求连接可靠,能承受高压。

2. 水龙头的代号

水龙头的代号的表示方法如下：

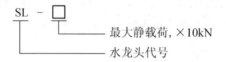

SL - □ ——— 最大静载荷,×10kN

水龙头代号

3. 水龙头的技术参数

水龙头的技术参数见表3-2。

表3-2　水龙头的技术参数

基本参数	型号					
	SL90	SL135	SL225	SL315	SL450	SL505
最大静载荷,kN	900	1350	2250	3150	4500	5050
主轴承额定负荷,kN	≥600	≥900	≥1600	≥2100	≥3000	≥3900
鹅颈管中心线与垂线夹角,(°)	15					
接头下端螺纹	4-1/2FH 左旋或 4-1/2REG 左旋		6-5/8REG 左旋			
中心管通孔直径 D,mm	64		75			
泥浆管通孔直径 d,mm	57	64	75			
提环弯曲半径 F_{2min},mm	102	115				
提环弯曲处断面半径 E_{2max},mm	51	57	64	70	83	83
最大工作压力,MPa	25	35				

二、水龙头的结构组成

目前,生产现场在用的水龙头主要有两类:一类是普通水龙头;另一类是两用水龙头。

普通水龙头的结构主要由"三管"、"三(或四)轴承"、"四密封"组成。"三管"即鹅颈管、冲管、中心管;"三轴承"即主轴承、上扶正轴承、下扶正轴承,"四轴承"结构,即除上述三轴承外,还有一个防跳轴承;"四密封"即上、下钻井液密封和上、下机油密封。SL-135 型水龙头和SL-450 型水龙头在我国石油天然气钻井中应用广泛,而且结构特点类似。下面以最典型的SL-450 型水龙头为例介绍水龙头的结构组成及特点。

SL-450 型水龙头由固定部分、旋转部分和密封部分组成,如图3-2所示。

1. 固定部分

固定部分由提环、外壳、上盖、下盖、鹅颈管等组成。

1）提环

提环是用合金钢锻造经热处理后加工而成的，通过提环销与外壳连接。

2）外壳

外壳是一个中空铸钢件，通过螺栓分别与上、下盖连接，构成润滑和冷却水龙头主轴承和扶正轴承的密闭壳体和油池。外侧面装有 3 个橡胶缓冲器，以免在钻井过程中吊环撞击外壳。

3）上盖

上盖又称支架，是支架式铸钢件，其上部加工成法兰，通过螺栓安装鹅颈管。其下部是圆形，通过螺栓与壳体上部连接，构成壳体上盖，在圆盖中心孔处装有扶正（防跳）轴承和两个安装方向相反的自封式 U 形弹簧密封圈，即上机油密封圈，以防壳体内部的油液外漏和外界的钻井液及其他脏物侵入壳体内部。圆盖上还加工一个螺纹孔，用来向壳体内添加油液和固定油标尺，油标尺的丝堵（呼吸器）上的 90°的折角通孔用来排除壳体内热气，降低润滑油温度。

4）鹅颈管

鹅颈管是一个鹅颈形中空式合金钢铸件，在其下部的异型法兰上加工有左旋螺纹，通过上钻井液密封盒压盖与冲管总成连接。

5）下盖

下盖是一个圆形铸钢件，并通过螺栓与壳体连接，在其中心孔处安装下扶正轴承和 3 个自封式 U 形弹簧密封圈。为了更换壳体内的油液，在下盖上有两个排油孔，且在较小的直角排油孔的杆形丝堵上带有磁性，可吸走壳体内的金属屑。

2. 旋转部分

1）中心管

中心管是用合金钢锻造并经热处理后加工而成的，是水龙头旋转部分的重要承载部件。它不仅要在旋转的情况下承受全部钻柱的重量，而且其内孔还要承受高压钻井液压力。中心管上端连接冲管总成，下端内螺纹与保护接头连接，保护接头再与方钻杆上端连接。中心管上、下端螺纹均为左旋，这样，钻进时可防止转盘带动中心管向右旋转时松螺纹。

2）主、辅轴承

主轴承为上下圈可拆卸的圆锥磙子轴承，承载能力大。因磙子的锥顶角与其旋转中心线相交，根据相交轴定理，磙子只作纯滚动，寿命长。下扶正轴承为短圆柱滚子轴承。上扶正

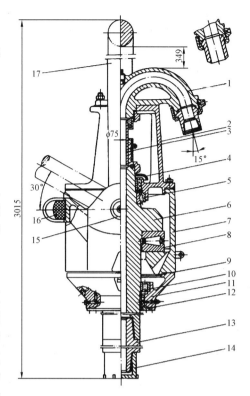

图 3 – 2   SL – 450 水龙头

1—鹅颈管；2—上盖；3—浮动冲管总成；4—钻井液伞；
5—上辅助轴承；6—中心管；7—壳体；8—主轴承；
9—密封垫圈；10—下辅助轴承；11—下盖；
12—压盖；13—方钻杆接头；14—护丝；
15—提环销；16—缓冲器；17—提环

75

(防跳)轴承是圆锥滚子轴承,它既可以承受较大的轴向力,又可以承受较大的径向力,故它兼有扶正和防跳的双重作用。上、下扶正轴承的作用是承受中心管转动时的径向摆动力,使中心管居中,保证密封效果。因此,上、下扶正轴承距离较远时扶正效果较好。上扶正轴承在上机油密封圈下,下扶正轴承在下机油密封圈上,分别由上盖和下盖用螺栓压紧。

3. 密封部分

水龙头的密封部分由上、下钻井液冲管密封盒组件(也称冲管总成)和上、下机油密封盒组件四部分组成。

1)上、下钻井液冲管密封盒组件

该水龙头采用浮动式冲管结构和快速拆装的U形液压自封式冲管密封盒总成。浮动式冲管密封填料是将上、下冲管密封填料装于密封盒中,构成上下密封盒组件。密封填料分别套在冲管上、下端面处的外径上,通过密封盒压盖分别与鹅颈管和中心管组装为一体。上钻井液密封盒组件由上密封盒压盖、上密封盒、上密封金属压套、1个U形自封式密封圈、金属衬垫、弹簧圈和1个O形密封圈组成。金属压套上有花键,与冲管上部的花键相匹配,保证冲管不转动,但能上下窜动。弹簧圈用于将压套、密封圈及衬垫固定在冲管上及上密封盒内。上密封盒组件通过上密封盒压盖上的左旋螺纹与鹅颈管上的异型法兰连接。下钻井液密封盒组件由下钻井液密封盒压盖、密封盒、4个U形自封式密封圈、4个金属隔环、1个下O形密封压套、O形密封圈和在密封盒上的1个黄油嘴组成。下密封圈盒组件通过下密封盒压盖上的左旋螺纹安装在中心管上,因此下钻井液密封盒组件是旋转的,而冲管不转,为了减少密封圈与冲管间的磨损,必须定期通过下密封盒上的黄油嘴注入润滑脂。密封盒中的U形密封圈要注意安装方向,上密封圈朝向鹅颈管,下密封圈朝向中心管。密封装置可快速拆卸,在钻井过程中可随时更换,更换时只需用16lb铁锤敲击密封盒压盖上的凸台,使其旋转。将上下密封盒旋下,即可将整个装置从上盖一侧取出,不需要拆卸鹅颈管和水龙带。

2)上、下机油密封装置

其上部机油密封组件包括2个U形橡胶密封圈和橡胶伞;其功用是防止钻井液及脏物进入壳体内部,并防止油池内机油从中心管溢出。机油密封圈和橡胶伞都装在盖内,由上盖法兰压紧,只承受低压。

下部机油密封组件包括3个U形自封式橡胶密封圈和石棉板,用下盖压紧;它们的作用是在中心管旋转时密封油池下端,防止漏油,只承受低压。

此外,在内接头与鹅颈管之间、鹅颈管与密封装置之间、密封装置与中心管之间、以及外壳与下盖之间均装有O形密封圈,以保证密封。

3)两用水龙头

与普通水龙头相比,两用水龙头只是多了一个风马达。风马达通过变速箱驱动中心管快速转动,完成在接单根作业时快速上扣动作。风马达气源来自钻机气控制系统,可以满足接单根时上扣的需要。

三、更换密封装置

1. 拆卸

(1)锤击上、下密封盒压盖,左螺纹松开后,推动上、下密封盒压盖与钻井液管齐平,即可从一侧推出密封装置。

(2)将下密封盒与钻井液管分开,去掉油杯,再去掉下密封盒压盖,反转螺钉两三转,从下密封盒中取出下 O 形密封压套、隔环、下衬环和钻井液密封填料。

（3）从钻井液管顶部拿去弹簧圈，去掉钻井液管和上密封盒压盖，再从上密封盒中取出上密封压套、钻井液密封填料和上衬环。

（4）检查上密封压套和钻井液管的花键是否磨损，检查钻井液管是否偏磨和冲坏，如有损坏，则必须更换。

2. 安装

将经检查的合格零件和更新的零件重新安装，方法如下：

（1）用润滑脂装满钻井液密封圈的唇部和上衬环，上密封压套的槽，依次将上衬环、钻井液密封圈、上密封压套装入上密封盒中，并装入上密封盒压盖，把它们一起从钻井液管带花键端小心地装到钻井液管上，再把弹簧圈卡入钻井液管的沟槽中。

（2）先在钻井液密封填料的唇部、下衬环、隔环和下 O 形密封压套的 V 形槽内涂满润滑脂，依次将下衬环、隔环、钻井液密封填料、下 O 形密封压套装入下密封盒中。必须注意：隔环的油孔应对准下密封盒的油杯孔。拧入螺钉，拧紧后再反转 1/4 圈。下密封盒总成和下密封盒压盖从钻井液管另一端装入。

（3）在上、下密封压套上装入 O 形密封圈，在下密封盒上装上油杯，然后将密封装置装入水龙头，上紧上、下密封盒压盖。

四、水龙头的使用、维护和保养

（1）水龙头在搬运、运输过程中必须带护丝。

（2）检查中心管转动情况。一个人用 914mm 链钳转动中心管，应转动自如，无阻卡现象。

（3）新水龙头在使用前必须试压，按高于钻进最大工作压力 1~2MPa 试压 15min，压力不降为合格；否则需重装密封盒。

（4）检查水龙头壳体是否温度过高，油温不得超过 70℃。

（5）水龙头体内的油位每班都要检查 1 次。检查油面是否在要求的位置上（油位不得低于油标尺尺杆最低刻度），润滑油每 2 个月更换 1 次，对新的或新修理过的水龙头，在使用满 200h 后应更换。换油应将脏油排净，用清洗油洗掉全部沉淀物，再注入清洁的 LCKC150 闭式工业齿轮油。

提环销、密封装置、上部和下部弹簧密封圈和风动马达及传动系统采用锂基润滑脂 1 号（冬季）、2 号（夏季）润滑，每班润滑 1 次。在润滑钻井液密封填料时应在没有泵压的情况下进行，以便使润滑脂能挤入密封装置的各个部位，更好地润滑钻井液管和各个钻井液密封填料。

定期检查油雾器油面高度。油雾器应加注 L–AN15 号机械油。

第三节　顶部驱动钻井装置

顶部驱动装置（简称顶驱）是将动力从井架的上部空间直接驱动钻具旋转，可沿井架内专用导轨上下移动，同时完成钻进、循环钻井液、接立根、上卸扣和倒划眼等多种钻井操作的钻井装置。人们把配备了顶部驱动钻井装置的钻机称为顶驱钻机。

顶部驱动钻井装置是 20 世纪 80 年代以来钻井设备发展的四大新技术之一（顶驱、盘式刹车、液压钻井泵和 AC 变频驱动），也是近代钻井装备的三大技术成果（顶部驱动钻井装置、交直流变频电驱系统和井下钻头增压系统）之一。自问世以来发展迅速，尤其在深井钻机和海洋钻机中获得了广泛的应用。随着油气勘探开发过程中深井、超深井及复杂井的增多，顶驱装置现已成为钻机的标准配置。

顶驱的设计思路是：水龙头 + 动力 = 转盘 + 方钻杆。

考虑到顶驱钻井装置的主要功用是钻井水龙头和钻井马达功用的组合，故将其列为钻机的旋转系统设备。

一、顶驱钻井装置的发展

钻井自动化进程推动了顶部驱动钻井装置的诞生。

20 世纪 70 年代，出现了动力水龙头，改革了转盘旋转钻井的驱动方式，在相当程度上改善了工人的操作条件，加快了钻井的速度；同期出现的"铁钻工"装置、液气大钳等，局部解决了钻杆位移、连接等问题，但远没有达到石油工人盼望的理想程度。

1981 年 12 月，美国 NOV 公司研发了 TDS - 1 型顶部驱动钻井装置并设计了 TDS - 2 型顶驱装置，至 1983 年 TDS - 3S 投入石油钻井的生产。80 年代末期新式高扭矩马达的出现为顶驱注入了新的血液和活力，TDS - 3H、TDS - 4 应运而生，直至后来的 TDS - 3SB、TDS - 4SB、TDS - 6SB。之后，法国、挪威、加拿大、中国都相继开始研制顶驱装置。这一阶段的电驱动广泛采用的是 AC - SCR - DC 驱动，属于第三代电驱动形式。

20 世纪 80 年代中期，挪威 Ro - galan 研制开发中心成功研制了 AC 变频顶驱装置。此后，挪威 MH 公司、美国 NOV 公司、加拿大 Tesco 公司和 Canrig 公司等都相继研制了 AC 变频顶驱系统。90 年代，AC 变频顶驱装置占据了主导地位，属于第四代电驱动形式。

美国 Varco BJ 公司 1993 年后推出了 IDS 型整体式顶部驱动钻井装置，用紧凑的行星齿轮驱动，才形成了真正意义上的顶驱。由 TDS 型发展到 IDS 型，由顶部驱动钻井装置到整体式顶部驱动钻井装置，是顶部驱动发展史上新的进步。

我国从 20 世纪 80 年代末开始关注这一世界先进技术，1993 年开始研制，1995 年我国第一台顶驱装置 DQ - 60D 的样机研制成功，于 1997 年 4 月安装在塔里木 60501 钻井队，顺利完成工业试验并通过原中国石油天然气总公司的鉴定。国产 DQ - 60D 顶驱钻井装置的成功研制，标志着我国钻井自动化实现了历史性的阶段跨越，我国成为世界上第 5 个可以制造顶驱的国家。之后又研制了轻便型 DQ - 60P、DQ - 20Y。2004 年我国第一台交流变频顶驱 DQ - 70DBS 研制成功。

20 多年来，具有独特优点的顶驱钻井装置，在全世界油气勘探开发领域中发展迅速，不仅遍及海洋钻机，而且在陆地深井、超深井、丛式井及各种定向钻井中也得到了广泛应用。

目前，世界上生产顶驱的只有美国、法国、挪威、加拿大和中国五个国家。

二、顶驱钻井装置的优点

和转盘方钻杆旋转钻井法相比较，顶驱克服了转盘钻井的以下不足：

（1）只有当方钻杆插入转盘时，才能驱动钻杆旋转，因此只能接单根钻进。

（2）起下钻时，方钻杆水龙头只能插入大鼠洞，当遇阻时不能及时实现循环和旋转，易发生卡钻事故。

使用顶部驱动钻井装置钻井的主要优越性如下：

（1）节省接单根时间。顶部驱动钻井装置不用方钻杆，不受方钻杆长度的限制也避免了钻进 9m 左右接一个单根的麻烦。取而代之的是利用立根钻进,这样就大大减少了接单根的时间。按常规钻井接一个单根用 3~4min 计算,钻进 1000m 就可以节省 4~5h。

(2)倒划眼防止卡钻。由于不用接方钻杆就可以循环和旋转,所以在不增加起下钻时间的前提下,顶部驱动钻井装置就能够非常顺利地将钻具起出井眼,在定向钻井中,这种功能可以节约大量的时间和降低事故发生的概率。

(3)顺利下钻划眼。顶部驱动钻井装置具有不接方钻杆钻过砂桥和缩径点的能力。

(4)节省定向钻进时间。顶部驱动钻井装置可以通过 28m 立根钻进、循环,这样就相应地减少了井下马达定向的时间。

(5)保证人员安全。顶部驱动钻井装置是钻井机械操作自动化的标志性产品,将钻井工人从繁重的体力劳动中解救出来。接单根的次数减少了 2/3,并且由于其自动化程度高,大大减少了作业者工作的危险程度,进而大大降低了事故的发生率。

(6)保证井下安全。在起下钻遇阻、遇卡时,管子处理装置可以在任何位置相连,开泵循环,进行立根划眼作业。

(7)保证设备安全。采用马达旋转上扣,操作动作平稳、可从扭矩表上观察上扣扭矩,避免上扣过盈或不足。最大扭矩的设定,使钻井中出现憋钻扭矩超过设定范围时马达就会自动停止旋转,待调整钻井参数后再进行钻进。这样避免了设备长时间超负荷运转,增加了使用寿命。

(8)保证井控安全。该装置可以在井架的任何位置钻具的对接,数秒钟内恢复循环,双内防喷器可安全控制钻柱内压力。

(9)便于维修。钻井马达清晰可见。熟练的现场人员约 12h 就能将其组装和拆卸。

(10)使用常规的水龙头部件。顶驱装置可使用 650t 常规水龙头的一些部件,特殊设计后维修难度没有增加。

(11)顺利下套管。提升能力大(650t),在套管和主轴之间加一个转换头(大小头)就可以在套管中进行压力循环。套管可以旋转和循环入井,从而减少缩径井段的摩阻力。

(12)取心收获率高。能够连续钻进 28m,取心中间不需接单根。这样可以提高取心收获率,减少起钻的次数。与传统的取心作业相比它的优点明显,污染小、质量高。

(13)使用灵活。可以下入各种井下作业工具、完井工具和其他设备,即可以正转又可以反转。

(14)节约钻井液。在上部内防喷器内接有钻井液截流阀,在接单根时保证钻井液不会外溢。

(15)拆卸方便。工作需要时不必将它从导轨上移下就可以拆下其他设备。

(16)具有内防喷器功能。起钻时如果有井喷的迹象,可由司钻遥控钻杆上卸扣装置,迅速实现水龙头与钻杆的连接,循环钻井液,避免事故的发生。

(17)其他优点。采用交流电动机驱动,减低维修保养费用;特别适用于定向井和水平井,因为立根钻进能使钻杆尽快地通过水平井段的一些横向截面。

三、顶部驱动钻井装置的结构组成

顶部驱动钻井装置主要由钻井马达—水龙头总成、钻杆上卸扣装置、导轨—导向滑车总成、平衡系统、控制系统和附属设备组成,如图 3-3 所示。

1. 钻井马达—水龙头总成

1)钻井马达

钻井马达—水龙头总成由钻井马达、齿轮箱总成、整体水龙头和钻井马达冷却系统四部分组成,图3-4所示。

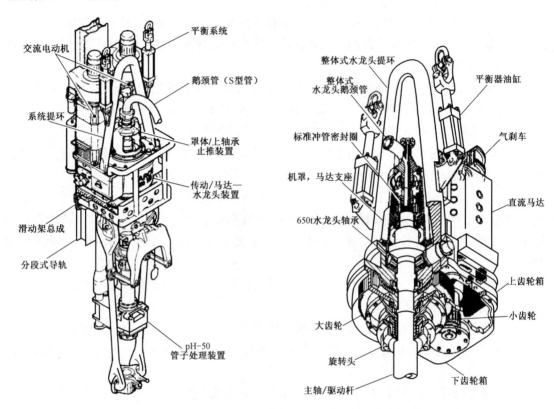

图3-3　TDS-11SA顶部驱动钻井系统　　　图3-4　钻井马达—水龙头总成

钻井马达是顶部驱动钻井装置的动力源,根据马达类型可将顶驱分为液马达顶驱、AC-SCR-DC顶驱和AC-VF-AC变频顶驱。图3-3所示为美国NOV公司生产的TDS-11SA顶部驱动钻井装置(AC-SCR-DC驱动),马达上装有双头电枢轴和垂直止推轴承。气刹车用于马达的惯性刹车,并承受钻柱扭矩,并有利于定向钻井的定向工作。气刹车由一个远程电磁阀控制,其气源来自于钻机气控制系统。

2)齿轮箱总成

TDS-11SA型顶部驱动钻井装置的单速变速箱主要由主轴、齿轮、箱体、箱盖、轴承、密封机构等部件组成,如图3-5所示。变速箱是一个单速齿轮减速装置,水龙头止推轴承装在齿轮箱内,由止推轴承支撑的主轴通过一个锥形衬套连接大齿轮,并支撑钻杆上卸扣装置。

通过3~4hp的马达驱动润滑油泵,润滑油通过止推轴承、防跳轴承,在经齿轮间隙、水冷或风冷的热交换器连续循环,并对齿轮进行强制润滑。油泵、油热交换器和油滤清器安装于传动箱外壳上。

3)整体水龙头

整体水龙头主要由固定部分、旋转部分和密封部分三部分组成。固定部分主要包括提环、

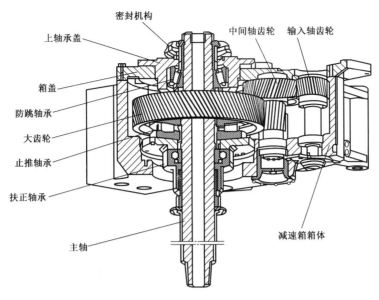

图 3 - 5　齿轮箱总成

鹅颈管等;旋转部分主要包括中心管、轴承等;密封部分主要包括快卸冲管总成,如图 3 - 6 所示。水龙头的止推轴承位于大齿圈上方的变速箱内部。主轴经锻制而成,上部台阶坐于止推轴承上以支承钻柱负荷。快速装卸式密封盒与普通水龙头相同,只要松开上、下压紧密封帽(左旋螺纹),即可很快拆装,更换冲管和密封圈。

4)钻井马达冷却系统

钻井马达冷却系统为风冷,如图 3 -7 所示。借助于鼓风机和空气进气管道实现对钻井马达的冷却,鼓风机由一台 20hp、3450r/min 的防爆交流电动机驱动。

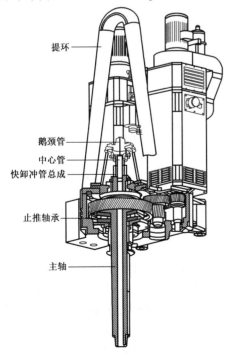

图 3 - 6　整体水龙头

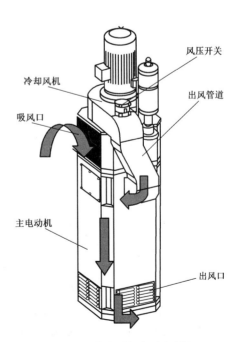

图 3 - 7　主电动机与冷却风机

2. 钻杆上卸扣装置

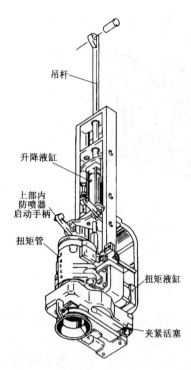

图 3 - 8 钻杆上卸扣装置

顶驱钻井装置将钻井马达和钻井水龙头组合在一起,除具有转盘和常规水龙头功能外,更为重要的是配备了一套结构新颖的钻杆上卸扣装置,实现了钻柱连接、上卸扣操作的机械化、自动化,使钻机旋转系统设备焕然一新。

钻杆上卸装置由扭矩扳手(或称为保护接头和卸扣背钳)、内防喷器和启动器、吊环连接器、吊环倾斜机构、旋转头总成等组成。典型的钻杆上卸扣装置的结构如图 3 - 8 所示。

1)扭矩扳手

扭矩扳手用于卸扣,由连接在钻井马达上的吊架悬挂于旋转头上。扭矩扳手位于内防喷器下部的保护接头一侧,两个液缸连接在扭矩管和下钳头之间,下钳头延伸至保护接头外螺纹下方。

钳头的夹紧活塞(侧挂式背钳钳缸如图 3 - 9 所示)用来夹持与保护接头相连接的钻杆内螺纹。夹紧背钳主要有侧挂式背钳和环形背钳两种;侧挂式背钳主要由背钳体、活塞、钳牙和前、后扶正环组成。扭矩管上的母花键同上部内防喷器下方的公花键相啮合,为液缸提供反扭矩。

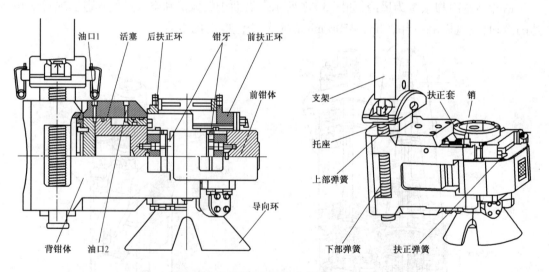

图 3 - 9 DQ70BSC 侧挂式背钳工作原理

卸扣时,启动扭矩扳手,其自动上升并同内防喷器上的花键相啮合,在得到程序控制压力后,夹紧液缸动作,夹紧活塞(夹持爪)夹住钻杆母接头。当液缸中压力上升至夹紧压力后,另一程序阀自动开启,并将压力传给和扭矩臂相连的两个扭矩液缸(冲扣液缸)使保护接头及主轴旋转 25°,完成冲扣动作。再启动钻井马达旋扣,完成卸扣操作。钻杆上卸扣装置另有两个缓冲液缸,类似大钩弹簧,可提供螺纹补偿行程 125mm。整个作业由司钻控制台上的电按钮自动控制完成。

使用扭矩管升降机构上的一挡,夹紧装置可以升起,直到能夹住保护接头为止,从而可根据需要上紧和卸开保护接头。换用二挡则可以卸开下防喷器或调节接头。手动阀控制上卸扣旋转方向。

2)内防喷器和启动器

TDS-11SA顶部驱动钻井装置的内防喷器属于全尺寸、内开口、球形安全阀式的井控内防喷系统,由带花键的远控上部内防喷器和手动下部内防喷器组成。上、下内防喷器形式相同,接在钻柱中,可随时将顶部驱动钻井装置同钻柱相连使用。内防喷器的另一功用是:当上卸扣时,扭矩扳手同远控上部内防喷器的花键啮合来传递扭矩。在井控作业中,下部内防喷器可以卸开留在钻柱中。顶部驱动钻井装置还可以接入一个转换接头,连接在钻柱和下部内防喷器中间。

扭矩扳手架上安装有两个双作用液缸。通过司钻控制台上的电开关和电磁阀控制液缸的动作。液缸推动位于上部内防喷器一侧的圆环。同液缸相连接的启动器臂(即启动手柄)与圆环相啮合,远控开启或关闭上部内防喷器,如图3-10所示。

内防喷器主要由阀体、上下阀座、球阀、操作手柄等组成,如图3-11所示。

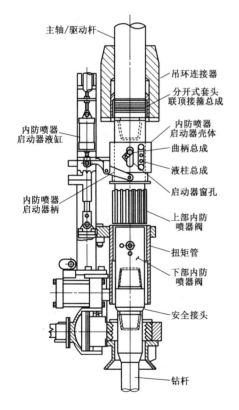

图 3-10　内防喷器阀及启动器图

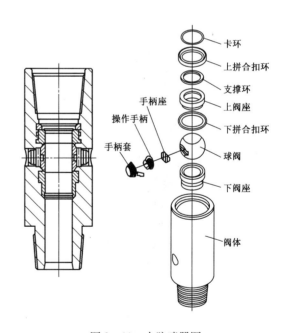

图 3-11　内防喷器图

3)吊环连接器

吊环连接器通过吊环将下部吊卡与主轴相连,主轴穿过齿轮箱壳体,齿轮箱壳体又同整体水龙头相接。吊环连接器额定负荷650t,可配350~650t提升能力的标准吊环。一般钻井配用 3.35m、350t 的吊环和中开钻杆吊卡。留出一定的空隙装固井水泥头,固井时要用 4.57m 长吊环。吊环配对使用,以保持最佳平衡效果。

提升负荷通过吊环连接器、承载箍和吊环传给主轴。在没有提升负荷的条件下,主轴可在吊环连接器内转动。吊环连接器可根据起下钻作业的需要随旋转头转动。该吊卡与常规吊卡不同,在连接吊环处比常规吊卡宽,且吊环长,这样可避免钻进时同其他设备相碰。

4) 吊环倾斜机构

吊环倾斜装置上的吊环倾斜臂位于吊环连接器的前部,由空气弹簧启动,钻杆上卸扣装置上的 2.7m 长吊环在吊环倾斜装置启动器的作用下,可以轻松的摆动,提放小鼠洞内的钻杆。启动器由电磁阀控制。该装置的中停机构便于井架工排放钻具作业。吊环倾斜装置的主要功用:一是吊鼠洞中的单根;二是接立根时,不用井架工在二层台上将大钩拉靠到二层台上。

若行程为 1.3m 的吊环倾斜装置不能满足使用要求,则可使用行程为 2.9m 的长行程吊环倾斜装置。有些吊环倾斜器通过液缸控制操作,如国产 DQ-60D、DQ-60P,吊环可前倾 30°,后摆 60°。

5) 旋转头总成

顶部驱动钻井装置旋转头总成如图 3-12 所示。当钻杆上卸扣装置在起钻中随钻柱部件旋转时,能始终保持液、气路的连通。在固定法兰体内部钻有许多油气通道,一端接软管口,另一端通往法兰,向下延伸到圆柱部分的下表面。在旋转滑块的表面部分有许多密封槽,槽内也有许多流道,密封槽与接口靠这些流道相通。当旋转滑块就位于固定法兰的支承面上时,密封槽与孔眼相对接时,滑块和法兰不论是在旋转还是任意固定位置始终都有油气通过。旋转头可自由旋转和定位。当旋转头锁定在 24 个刻度中任意刻度位置上时,则通过凸轮顶杆和自动返回液缸对凸轮的作用,使旋转头自动返回到预定位置。

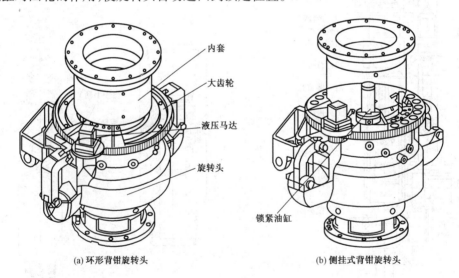

(a) 环形背钳旋转头　　　　　　　(b) 侧挂式背钳旋转头

图 3-12　旋转头总成

3. 导轨—导向滑车总成

导轨—导向滑车总成由导轨和导向滑车框架组成,导轨装在井架内部,通过导向滑车或滑架对顶驱钻井装置起导向作用,钻井时承受反扭矩。20 世纪 80 年代顶驱系统大都是双导轨,90 年代的顶驱系统改为单导轨,结构更轻便。导向滑车上装有导向轮,可沿导轨上、下运动,游车固定在其中。当钻井马达处于排放立根位置上时,导向滑车则可作为马达的支撑梁。

4. 平衡系统

平衡系统总成如图 3-13 所示,平衡系统又称为液气弹簧式平衡装置。其作用有两种:一是防止上卸接头时损坏螺纹;二是在卸扣时,可帮助外螺纹接头从内螺纹接头中弹出。这为顶部驱动钻井装置提供了一个类似于大钩的 152mm 的减震冲程。顶部驱动钻井装置不安装大钩,因为顶驱系统太重,大钩弹簧的弹性力对顶部驱动钻井装置起不了缓冲作用。

平衡系统包括两个相同油缸及其附件,以及两个液压储能器和一个管汇及相关管线,如图 3-14 所示。油缸一端与整体水龙头相连;另一端或者与大钩耳环连接,或者直接连到游车上。这两个液缸还与导向滑车总成马达支架内的液压储能器相通。储能器通过液压油补充能量并且保持一个预设的压力,其值由液压控制系统主管汇中的平衡回路预先设定。

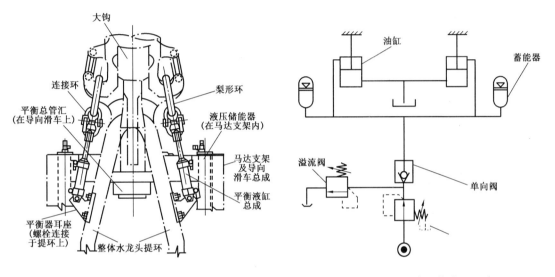

图 3-13　平衡系统总成　　　　　　　图 3-14　平衡系统液压回路

平衡系统的活塞杆上端与游车连接,油缸下端与水龙头连接。油缸上腔始终通高压油,下腔油缸产生的向上拉力作用在水龙头上,一直提着水龙头。两个相同的油缸产生的向上拉力的合力要比顶部驱动钻井装置和立根的自重大一些,当上、卸螺纹完成时,蓄能器排放出压力油供给油缸工作。随着蓄能器内油液逐渐放出,油压会逐渐降低,油缸的拉力亦逐渐减少。当油缸的拉力小于顶部驱动钻井装置和立根本身重量(忽略导轨的摩擦力)时,上提过程由加速变为减速,最后停止上移。当提起整个钻柱时,钻柱和顶部驱动钻井装置的重量大于油缸向上的拉力,油缸被拉下来,缸内油液被排出,大部分返回蓄能器储存。

5. 控制系统

顶部驱动钻井装置的控制系统主要由司钻仪表控制台、控制面板、动力回流等组成。控制系统为司钻提供了一个控制台,通过控制台实现对顶部驱动钻井装置自身的控制。司钻仪表控制台由扭矩表、转速表、各种开关和指示灯组成。顶部驱动钻井装置可实现的基本控制功能为:吊环倾斜、远控内防喷器、马达控制、马达旋扣扭矩控制、紧扣扭矩控制、转换开关等。

钻井时的转速、扭矩和旋转方向由可控硅控制台控制。可控硅控制台装有马达控制、远控内防喷器、马达鼓风机等指示灯。

四、国产顶驱钻井装置

1. 代号

国产顶驱钻井装置的代号表示如下：

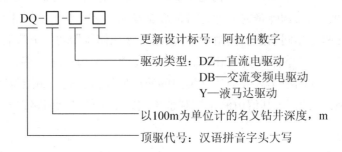

更新设计标号：阿拉伯数字

驱动类型：DZ—直流电驱动
　　　　　DB—交流变频电驱动
　　　　　Y—液马达驱动

以100m为单位计的名义钻井深度，m

顶驱代号：汉语拼音字头大写

2. 技术参数

国产顶驱钻井装置的主要技术参数见表3－3。

表3－3　国产顶驱钻井装置的主要技术参数

顶驱型号	DQ－60D	DQ－60P	DQ－20H
名义钻井深度(ϕ127mm 钻杆)，m	6000	6000	2000
最大钩载，kN(tf)	4500(450)	4500(450)	1600(160)
最大钻柱质量，t	220	220	70
动力水龙头最大连续扭矩，kN·m	45	48	
动力水龙头最大间隙扭矩，kN·m	55	68	23
动力水龙头转速范围，r/min	0～146	0～163	0～180
最大卸扣扭矩，kN·m	75	75	48
背钳夹持钻杆尺寸，mm(in)	89～216($3\frac{1}{2}$～$8\frac{1}{2}$)	168	73～127($2\frac{7}{8}$～5)
回转头速度，r/min	12	12	12
倾斜臂倾斜角度	前30°，后60°	前30°，后60°	前30°，后60°
水龙头中心管内径，mm	75	75	64
液压系统工作压力，MPa	16	16	30
直流电动机型号	ZL490/390	Y10(GE752)	液马达A6VM/65－250
直流电动机额定功率，kW	670	800	液马达，365
直流电动机额定转速，r/min	1100	1100	
SCR 传动柜输入电压，V	600，AC	600，AC	
SCR 传动柜输出电压，V	0～750，DC	0～750，DC	
主体部分质量，t	18	13	5.5

3. 国产典型顶驱钻井装置简介

1）DQ－60D

DQ－60D顶驱钻井装置的结构如图3－15所示。

（1）钻井马达—水龙头总成。

动力水龙头由立式中空直流电动机及穿于其中的水龙头组成。电动机与主轴同轴线采用中空电动机、行星齿轮减速器和水龙头冲管与中心管综合为一体的整体结构。立式中空直流电动机 ZL490/390，额定功率 670kW、转速 0～1100r/min、电枢电压 0～750V、强制风冷。行星齿轮减速器中的太阳轮与电动机主轴相连，行星轮通过轴盘与内防喷器、保护短节，然后与钻具相连。

（2）钻杆上卸扣装置。

背钳装置、内防喷器操纵机构、倾斜机构吊环吊卡是为起下作业服务的，悬挂于回转头下，与回转头一起作顺、逆时针运动，以便适应小鼠洞抓取单根、接立根。回转头通过液压驱动。倾斜机构由油缸和摆臂组成，来推动吊环吊卡作两个方向运动，可实现前倾 1.35m，伸向鼠洞，后摆 0.4m 的移动，使吊卡在钻井时与钻具脱离接触。内防喷器操纵机构由一对悬挂于回转头下的油缸、操作盘、摆杆等组成。通过操作控制手柄可控制内防喷器。背钳装置由一组夹紧钳、扭矩架、导向体等组成。操作时，夹紧钳夹住钻杆上端的粗直径部分，由电动机上卸扣，上扣时的反扭矩由钳体通过扭矩架传递到主体，由主体、小车传递到单导轨上。DQ-60D 采用 AC-SCR-DC 驱动，PLC 检测控制，而钻杆上卸扣装置的回转头、吊环倾斜器都是液动的。

（3）游车与平衡器。

游车是比常规游车短的专用游车，在游车提环两侧装有一对补偿油缸，以承受大部分顶驱本体的重量，在上卸扣时，只有小部分本体的重量作用在螺纹上，减少了螺纹的磨损。

（4）导轨总成。

该顶驱采用单导轨结构，由上、中、下共 7 段导轨及连接座、支座、提环等组成。导轨之间采用锥销轴连，支座固定在天车梁下部，"U"型环通过提环与导轨连接，导轨下段与连接座相连，固定在井架下部的横梁上。

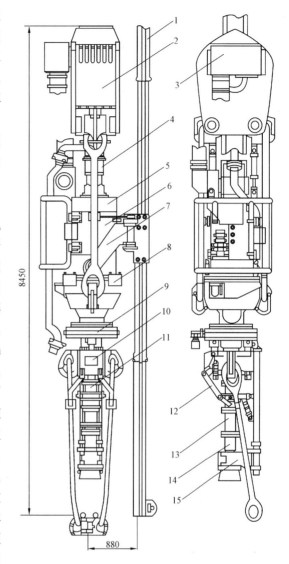

图 3-15 DQ-60D 结构组成

1—单导轨；2—游车；3—电动机风冷装置；4—水龙头冲管总成；5—刹车装置；6—空心轴式直流电动机；7—滑车架；8—行星齿轮减速器；9—连接装置；10—回转头总成；11—自动内防喷阀 IBOP；12—倾斜机构；13—手动内防喷阀 IBOP；14—保护接头；15—背钳

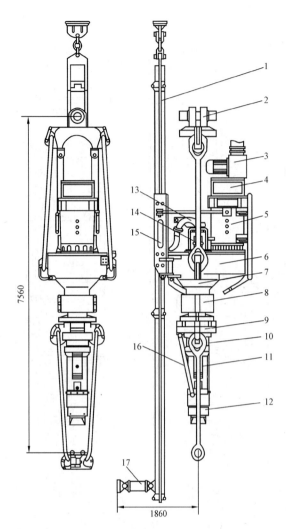

图 3 – 16 DQ – 60P 结构组成

1—单导轨总成;2—过渡环总成;3—风冷装置;4—刹车装置;5—直流驱动电动机;6—齿轮减速器;7—动力水龙头体;8—夹紧连接器;9—回转头总成;10—自动内防喷阀;11—手动内防喷阀(下 IBOP);12—环形背钳;13—鹅颈管;14—水龙头冲管总成;15—小车滑车;16—倾斜机构;17—导轨

2) DQ – 60P

DQ – 60P 是轻便顶驱钻井装置,其结构组成如图 3 – 16 所示。采用 AC – SCR – DC 驱动,直流驱动电动机侧置,单级双圆弧齿轮减速器($i = 7.53$)驱动水龙头中心管(主轴)结构型式。专门设计了过渡提环,可将顶驱系统挂在钻机的游车上。总体结构与 DQ – 60D 相同,只是比 DQ – 60D 长度短、质量轻,更便于安装拆卸。采用全套进口智能化传动控制系统加 PLC 诊断系统,对主电动机进行全面控制,是集电、气、液为一体的全数字、全信息控制系统,性能好、安全性高。

五、变频顶驱装置

交流变频 AC – VF – AC 顶驱钻井装置于 1982 年问世,目前在世界各国得到了广泛的应用。

1. 变频顶驱装置的基本原理

由交流电动机的转速 n、输入电流频率 f、转差率 s 和功率 P 之间的关系式 $n = 60f(1 - s)/P$,可以看出:当 f、s、P 三个参数变化时,n 随之变化,但最好的调速方法是改变电动机的输入电源频率 f。这就需要有一套可对电源频率和电压进行调节的装置,从而使电动机的转速和扭矩进行人为控制,来满足各种钻井工况的要求。这套改变电源频率和电压的装置就是交流变频器,也称为逆变器。

交流变频器实际上是整流器和电容器的综合,柴油机—交流发电机系统产生三相交流电后,经 AC 母线进入 SCR 控制柜,经柜中桥式电路整流后变为直流电,从 SCR 控制柜出来的直流电经分流器分流,一个支路直流电存储在电容器中,以供电力设备使用;另一个支路绕过整流器进入变压器降压驱动变频器,即逆变器。控制 AC 感应电动机转速需要变频电压,为此,需用 IGBT 可自动关断的全控电子器件将直流电转换成一组脉冲组成的输出波形。控制每个脉冲的时间,使传给交流电动机的电压以交流正弦波的形式出现。用脉冲产生波形,并以正弦波传给电动机的方法,称为脉冲宽度调剂(PWM)。这样,从交流变频器输出的电源就是一个输出频率及电压均能被容易调节的变频电源。此变频电源经电缆盒中的专用电缆接入钻台,进入司钻控制室的电控箱,司钻便可以通过控制台上的手柄,控制顶驱钻井装置的交流感应电动机,来完成钻井作业中的各种操作。

2. 交流变频顶驱钻井装置的特点

(1)可精确调节交流感应电动机的转速和输出扭矩,无级调速。如美国 NOV 公司生产的 TDS-9S 型 AC 变频顶驱,其频率调节范围为 0～80Hz,对应电动机转速范围为 0～2400r/min。交流感应电动机的工作转速正比于输入电流频率,通过调节频率,可精确调节电动机工作转速。当频率调节到 20Hz 时,对应转速为 600r/min;当频率调节到 40Hz 时,对应转速为 1200r/min;当频率调节到 80Hz 时,对应转速为 2400r/min.

(2)具有恒功率、变扭矩和恒扭矩、变功率调节特性。仍以 TDS-9S 型顶驱为例,当交流感应电动机的转速在 0～1200r/min 范围内变化时,电动机输出扭矩不变,输出功率随转速增大而增大,具有恒扭矩、变功率调节特性;当交流感应电动机的转速在 1200～2400r/min 范围内变化时,输出扭矩随转速增大而增大,输出功率不变,具有变扭矩、恒功率调节特性。扭矩和转速的调节范围宽,低速性能好,能以极低的速度恒扭矩输出,且当电动机转速为零时,可保持最大扭矩,不但可以满足钻井绞车、转盘无级变速、变矩的要求,还可以满足处理钻井事故、侧钻修井、小钻井液流量作业及优选参数钻井的要求。

(3)可用的功率和转速范围增加,更有利于充分发挥 PDC 钻头的优势,交流电动机较高的间隙扭矩,可提供比相应的直流电和液压顶部驱动系统更高的上卸扣扭矩。

(4)变频器对电动机有过载、过热、过电流保护功能,并且具有扭矩和转速限制功能,可防止钻柱扭断、损坏设备等事故的发生。

(5)电动机短时过载能力强,1min 内可达 1.5～2 倍,因此,可带载平稳启动。

(6)AC 感应电动机效率高达 96%,而 DC 电动机仅为 91%,经济性更好。

(7)AC 感应电动机没有碳刷换向器,工作时不会产生火花,不需要制成防爆型,不需要管道强制冷却,体积小,经久耐用,维护保养简单,维护费用低,易于操作管理,可靠性高,安全性好。

(8)钻井自动化水平高。通过交流变频器的多种通信接口与计算机连接,可实现自动检测钻井参数及自动控制,加之顶驱的管子上卸扣装置,AC 变频顶驱装置使钻井具有高度的机械化和自动化水平。

3. 典型 AC 变频顶驱钻井装置简介

1)美国 NOV 公司生产的 AC 变频顶驱钻井装置

美国 NOV 公司生产的 AC 变频顶驱钻井装置有 TDS-9S、TDS-10S、TDS-11S 等。三种 AC 变频顶驱装置的主要结构是相似的,其整体结构形式和结构组成几乎一样,主要区别是主体部分的结构尺寸和承载能力不同,TDS-10S 采用单电动机驱动,TDS-9S 和 TDS-11S 采用双电动机驱动。其主要技术参数见表 3-4。

表 3-4 Vacro 公司生产的 AC 变频顶驱装置的主要技术参数

AC 顶驱型号	TDS-10S	TDS-9S	TDS-11S
最大提升能力,kN(tf)	2500(250)	4000(400)	5000(500)
最大连续钻井扭矩,kN·m(lb·ft)	27.115(20000)	41.05(32500)	44.05(32500)
钻井转速范围,r/min	0～228	0～228	0～228
最大连续钻进功率,kW(hp)	257(350)	514(700)	514(700)
最大制动扭矩,kN·m(lb·ft)	47.46(35000)	47.46(35000)	47.46(35000)

AC 顶驱型号	TDS – 10S	TDS – 9S	TDS – 11S
水龙头中心管内径,mm(in)	76.2(3)	76.2(3)	76.2(3)
二级齿轮减速比	13.1:1	10.5:1	10.5:1
钻井电动机类型	交流感应,强制风冷	交流感应,强制风冷	交流感应,强制风冷
转速,r/min	1200	1200	1200
最大转速,r/min	2400	2400	2400
功率,kN(hp)	257(350)	2×257(2×350)	2×257(2×350)
管子处理装置型号	PH – 50	PH – 50	PH – 50
扭矩,kN·m(lb·ft)	67.8(50000)	67.8(50000)	67.8(50000)
夹持钻杆尺寸,mm(in)	73 – 127(2⅞ – 5)	89 – 127(3½ – 5)	89 – 127(3½ – 5)
配备吊环规格,tf	150、250	250、350、500	250、350、500
上卸扣扭矩,kN·m(lb·ft)	49.49(36500)	62.37(46000)	62.37(46000)

2)挪威 MH 公司生产的 AC 变频顶驱钻井装置

挪威 MH 公司生产的 AC 变频顶驱钻井装置的主要技术参数见表 3 – 5。

表 3 – 5　Vacro 公司生产的 AC 变频顶驱装置的主要技术参数

DDM – 650 驱动形式	AC – SCR – DC 驱动	AC 变频驱动
额定提升能力,kN(tf)	6500(650)	6500(650)
钻井电动机类型、功率,kW	DC、740	AC、760
电压,V	750	680
电流,A	1060	480
主轴转速,r/min	170	290
连续钻井扭矩,kN·m(lb·ft)	42(31000)	36.9(27000)
间隙最大扭矩,kN·m(lb·ft)	56(41300)	41.2(30400)
卸扣背钳扭矩,kN·m(lb·ft)	81.3(60000)	81.3(60000)

六、顶部驱动钻井装置的操作

1. 钻进

1)采用立根钻进

采用立根钻进是顶部驱动钻井系统的独特钻进方式,但要提前在井架内配好立根。采用立根钻进操作的步骤如下:

(1)钻完立根后,用简易转盘上的卡瓦卡住钻柱,停止钻井液循环,将吊卡下放至钻台台面;

(2)用扭矩扳手卸开保护接头与钻杆的连接螺纹,然后用钻井马达卸扣;

(3)打开钻杆吊卡,提升顶部驱动钻井装置及游车,使钻杆吊卡上行,通过坐于卡瓦中的钻柱上部的母接箍;

(4)二层台处的井架工将立根放入吊卡,将立根吊起,钻台工将立根接头外螺纹插入井中钻柱内螺纹;

（5）下放顶驱装置及游车，使立根上部进入插入引鞋，直至保护接头外螺纹进入立根上端的内螺纹；

（6）用钻井马达旋扣和紧扣，在旋扣时要打背钳，承受反扭矩。注意钻杆接头只要旋进钻柱内螺纹即可，因为旋扣后还要用钻井马达施加紧扣扭矩；

（7）提出钻台上简易转盘中的卡瓦，循环钻井液，恢复钻进。

2）接单根钻进

在钻井过程中有两种情况需要接单根钻进，一种是新开钻井，井架中没有接好的立根；另一种是利用井下动力钻具造斜时，每9.4m必须测一次斜。操作步骤如下：

（1）钻完单根、坐放卡瓦/吊卡，停止钻井液循环；

（2）扭矩扳手卸开保护接头与钻杆的连接螺纹后，用钻井马达旋扣；

（3）打开钻杆吊卡，以便让吊卡通过卡瓦中的母接箍，然后提升顶驱装置；

（4）启动吊环倾斜装置，使吊卡摆至鼠洞单根上，扣好吊卡；

（5）提单根出鼠洞，当外螺纹露出鼠洞后，关闭启动器，使单根摆至井眼中心；

（6）对好钻台面的接箍，下放顶部驱动钻井装置，使单根底部插入引鞋；

（7）用钻井马达旋扣和紧扣，打背钳承受反扭矩；

（8）提出卡瓦/吊卡，循环钻井液，恢复钻进。

2. 起下钻操作

起下钻仍采用常规方法，但可以使用吊环倾斜装置使吊卡靠近井架工，以便于井架工扣吊卡。用吊环倾斜装置上的中停机构，可调节吊卡距二层台的距离。打开旋转锁定机构，旋转钻杆上卸扣装置可使吊卡开口定在任意方向。如果钻柱旋转，吊卡将回到原定位置。

3. 倒划眼操作

利用顶驱系统可进行倒划眼，从而防止钻杆黏卡和破坏井下键槽。倒划眼的操作步骤如下：

（1）在循环和旋转时提升游车，当提出钻柱第三个接头时，停止循环和旋转；

（2）坐放卡瓦于钻柱上，把钻柱卡在简易转盘卡瓦中；

（3）从钻台面上卸开立根，用钻井马达倒车旋扣；

（4）用扭矩扳手卸开立根上部与马达的连接扣，在钻台上打背钳，用钻井马达旋扣；

（5）用钻杆吊卡提起自由立根，将立根排放在钻杆盆中，放下游车和顶驱装置至钻台；

（6）将钻井马达下部外接头插入钻柱内螺纹，用钻井马达旋扣，用扭矩扳手紧扣；

（7）恢复循环，提卡瓦，起升和旋转钻柱。

4. 井控操作程序

顶部驱动钻井装置可在井架任意高度同钻柱相接，在数秒内可在井架任意高度将内防喷器接入钻柱中。起下钻井控程序如下：

（1）一旦发现钻杆内井涌，立即坐放卡瓦，将顶部驱动钻井装置接入钻柱；

（2）操作旋紧扣控制阀，进行旋扣和紧扣；

（3）关闭远控内防喷器。

如果需要使用止回阀或其他钻井设备继续下钻，可借用下部内防喷器将止回阀接入钻柱。

七、维护保养以及操作注意事项

1. 强电系统

(1)防尘、防潮是最主要的两条。SCR 主控柜、综合柜在尚未置放在空调房前必须注意防潮、防尘,并且不能在温度过高(45℃以上)、过低(-10℃以下)的环境中工作。放置一段时间重新启用前,须用吸尘器将元件积存的尘埃除去,然后用电吹风将元件烘干,最后须测绝缘电阻值,至少在1MΩ以上,一般应在5MΩ以上。只有在进行了以上步骤以后,方可启动 SCR。

(2)一定要先启动鼓风电动机,然后选择主电动机的转向。再给定额定电流值(即额定钻井扭矩值),最后开动主电动机,即给出一个电压值(转速值)。

(3)一般说来应先启动冷却风机及合上励磁开关后再合主开关。如先合主开关,那就该尽快合上励磁开关。

(4)运行中要随时注意观察电流大小(PLC 操作柜上的扭矩表反映出主电机工作电流的大小)。

(5)各部分电缆应连接牢靠,焊接部位不应有虚焊现象。

(6)由于光线照射及空气的氧化作用,电缆会发生老化现象,使用二年以后应注意观察有无裂开、剥落老化现象,一般使用四年后应更换电缆。

2. 弱电控制系统

(1)PLC 柜、操作柜均为正压防爆系统,要配备动三大件,保证空气的干燥、清洁,不含易燃、易爆危险气体。

(2)使用操作柜时应先合上电源开关,再打开操作柜开关,最后打开 PLC 开关,停止操作时先关 PLC,再关操作柜,最后关电源柜。

(3)PLC 柜操作柜也应注意防潮防尘,但因其具有防爆结构,相应地防潮防尘能力也较强。

3. 主电动机

(1)吸风口应朝下,防止雨水进入。

(2)主电动机外壳不应承受本身重量以外的负荷。

(3)由于主电动机停止转动,加热器即自动加热,当长期不用时应关掉加热电路。

(4)电枢及励磁部分的绝缘电阻应大于1MΩ,当小于0.8MΩ时必须先烘干再工作。

(5)主电动机轴伸锥度、粗糙度、接触斑点均应符合要求。

(6)由于钻井液管路从电动机中心穿过,故在密封要求上必须严格。

(7)正常钻井时,每天应在主轴承部位加润滑脂。

4. 液压系统

(1)油箱的液位不低于250mm,油温不高于80℃。

(2)过滤器应定期更换滤芯(3~6个月),具有发讯装置的过滤器更应勤清洗和制订相应的更换措施。

(3)液压油必须干净,在使用三个月以后应更换。

(4)开泵前,吸油口闸阀一定要打开,出口管应与系统连起来。

(5)管路连接一定要可靠,注意各部位组合垫。O 形圈不要遗忘,在不经常拆卸的螺纹处可以使用密封胶。

(6)滤芯应经常清洗,半年应重新更换滤芯,2~3 年应更换高压胶管。

（7）要防止在拆装、搬运、加油、修理过程中外界污染物进入系统。

（8）液压源的溢流阀应调整至略高于泵的压力限定值，一般地不要在无油流输出情况下启动泵。

5. 本体部分

减速箱是一个传递动力和运动的重要部件，润滑油应经常更换（三个月至半年），油面应保持一定高度，初次装配需经充分空运转跑合，出厂前应更换为干净的润滑油。减速箱内装有铂电阻温度传感器，箱体外装有温度变送器，用来监视润滑油的温度，现已调整为 75℃，超过此温度，PLC 操作柜相应的红灯将显示，并有声报警。

两个防喷器（手动、液动各一个）均应密封可靠，试压在 50MPa 以上。正常情况下当主轴转动时，不得操作内防喷器，只有发生井喷井涌时才操作，使之关闭。起下钻时为节省钻井液的消耗，应将内防喷器关闭，开钻前一定要先打开内防喷器，再开钻井泵。

上卸扣机构应根据钻杆的尺寸选择相应牙板，各油缸之间的协调动作借助于减压阀、顺序阀来调整。

上卸扣机构与回转头相连的链条长度应调整合适，略微松弛一些，可起到安全的作用。

八、排除故障的一般规则

（1）当发生事故时，如不能迅速找到原因，应采取分段逐步缩小范围的办法，即将电、液、机区别或隔离开，先确定是电还是机械部分的故障。

（2）在处理故障时必须将某一局部与顶部驱动钻井装置整个系统联系起来，不要造成排除一个故障，又出现另一个故障。

（3）一般来说，来自液压系统的故障，多半为污染造成，外泄漏一般来说，只要在密封件和连接螺纹上下工夫，注意结合面加工的平整、光洁是可以解决问题的，此外要将各溢流阀、减压阀、顺序阀等调整得当。

（4）控制系统的故障多为接点接触的可靠性、焊接质量等方面，不要轻易修改线路；PLC模块部分，当内部电池不足时会自动显示。

（5）SCR 部分因为系统比较成熟，一般来说，发生故障多为元件出现质量问题所造成，只要按顺序用电工仪表，检查出损坏元件予以更换，即可解决问题。

九、顶部驱动钻井装置的缺点

顶部驱动钻井装置自 1982 年问世以来，在世界范围内的使用逐年增加。顶部驱动钻井装置也日益得到完善与改进，但各陆上与海上用户在使用过程中，也发现这种新式装备存在一些问题。

1. 管理不善停机

如果不能很好地加以管理，顶部驱动钻井装置将会造成钻机停机。据美国 NOV 公司调查，发现在 1995 年前的相当一段时期内，顶部驱动钻井装置电路故障占其停机修理的 42%，而机械故障占其停机修理的 58%。

2. 切断钻井钢丝绳

以 TDS－3 型顶部驱动钻井装置为例，用它钻三口井总重量为 21216kg，其中包括游动滑车和水龙头这些附加的重量，相对于传统的方钻杆—转盘系统来说增加了切断钻井钢丝绳的频率。

3. 海上作业飓风疏散

一个不利的维护方面就是井架上的钻杆必须在飓风中疏散。如果那些钻杆在下套管时不能事先坐定,则须将其放下去。用顶部驱动钻井装置下放作业与方钻杆—转盘系统大体上相同,两者之间唯一的差别就是用方钻杆—转盘系统时在裸眼井中其进尺数绝不会超过 2m 钻杆,而顶部驱动钻井装置在裸眼井中随时都可保持预期的进尺数。举例来说,井架上若有 1219m 套管、5486m 钻杆时,需要 12 ~ 14h 才能全部被放下来。

因此,顶部驱动钻井装置在实践中仍需继续改进。

十、顶驱装置的改进方向

(1)顶部驱动钻井装置目前还不能实现自动钻进。它只实现了钻机的局部自动化,还没有将司钻从刹把前解放出来。如能将顶部驱动钻井装置与盘式刹车自动控制钻压、控制动力水龙头转速等等参数结合起来,实现自动送钻等,必将使钻机自动化跃上一个新的台阶。

(2)顶部驱动钻井装置自身重量大,减小了游动系统的有效起重量,增大了钢绳、轴承等机件的磨损甚至破坏率,因此必然引起其他机件设计、制造、材料等方面的改进。

(3)顶部驱动钻井装置要向结构简化、重量减轻、尺寸减小的方向再加以改进,才能满足修井机、轻型钻机改装的要求,才能寻求到更广阔的市场。

思 考 题

1. 转盘的作用、结构组成及工作原理是什么?

2. 合理使用转盘时应注意什么?

3. 转盘维护保养时应注意什么?

4. 普通水龙头的功用、结构及工作原理是什么?

5. 合理使用水龙头应注意什么?

6. 水龙头的维护保养内容有哪些?

7. 顶驱钻井装置有何优点?

8. 顶驱钻井装置的结构组成有哪些?

9. 简述 DQ - 60D 顶部驱动装置的结构特点。

10. 简述 DQ - 60P 顶部驱动装置的结构特点。

11. 简述 AC 变频顶驱装置的特点。

12. 顶驱装置的维护保养以及操作注意事项有哪些?

13. 简述顶驱装置的改进方向。

第四章 钻机的循环系统

旋转钻井利用钻头在一定的钻压下在地层中旋转,破碎岩石,形成井眼。为了将破碎的岩屑带出井外,钻机需要配备循环系统,利用钻井液循环来清洗井底,携带岩屑。

钻井液的循环是将钻井液泵入井内再返出地面进行清洁等处理后再循环的过程。为了配备钻井液需要钻井液池,为了克服循环压耗及维持一定的井底压力需要钻井泵,钻井液通过钻井泵加压后泵入地面高压管汇输送的井架上的立管,为了解决立管不能同水龙头上下运行的问题,在立管与水龙头之间连接了水龙带,通过水龙带将钻井液输送到水龙头,水龙头解决了钻杆柱旋转而水龙带不能旋转的问题,通过水龙头将钻井液输送到钻具水眼,直至钻头水眼,钻井液在钻头水眼喷出,冲洗井底,将破碎的岩屑冲到钻杆柱和井壁或套管内壁形成的环形空间并随钻井液上返至地面,利用钻井液净化装置除去返回钻井液中破碎的岩屑等有害固相及其他处理后返回的钻井液池进行加药搅拌等处理后再循环。

钻井液的循环路线如图 4-1 所示。

钻机的循环系统就是用来钻井液循环的所有设备,其中包括钻井液池、钻井泵、地面高压管汇、立管、水龙带、水龙头或顶驱、钻杆柱、钻头、钻井液净化设备等组成。其中,水龙头主要解决方钻杆旋转与水龙头不旋转的问题,归属为钻机的循环系统,钻杆柱、钻头在钻井工程中讲述,在此不再赘述。

本章主要学习钻井泵、钻井液净化装置的工作原理、基本结构、工作特性、应用与维护等方面的基本知识。此外,离心泵在钻井上作为钻井泵的灌注泵,在本章也将作简单介绍。

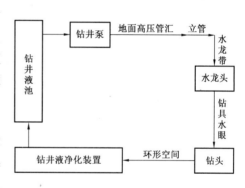

图 4-1 钻井液循环路线图

第一节 往复泵概述

钻井过程中使用钻井液起到清洗井底、携带岩屑、保护井壁、平衡地层压力等作用。清洗井底时需要冲起破碎的岩屑这就要求钻井液在钻头喷出后仍有一定的压力,另外,随着钻井深度的增加,钻井液流动的沿程阻力损失增加,这就需要钻井液在泵入时要有一定的压力。为了能够使破碎的岩屑在钻井液中悬浮,循环过程中携带出地面,需要钻井液有一定的黏度。为了有效地预防井喷,钻井液在井底能够形成足够的液柱压力平衡地层压力,需要钻井液有一定的密度。总之,钻井液是高黏度、大密度、高含砂量并且具有一定压力的流体。

往复泵常用于在高压下输送高黏度、大密度、高含砂量和有一定腐蚀性的流体,流量相对比较小。尤其是在排出压力大于 15MPa、流量小于 30L/s 的工况下与其他类型的泵(如叶片泵、离心泵等)相比,它具有较高的工作效率和良好的运行性能。因此,钻机循环系统采用往复泵为整套钻机提供高压钻井液。

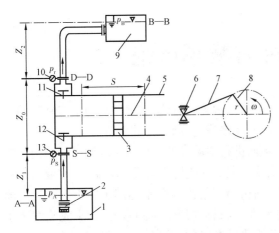

图 4-2 往复泵的工作示意图

1—吸入罐;2—底阀;3—活塞;4—活塞杆;5—液缸;
6—十字头;7—连杆;8—曲柄;9—排出罐;10—压力表;
11—排出阀;12—吸入阀;13—真空表
A—A—吸水池液面;B—B—排出池液面;
S—S—安装真空表截面;D—D—安装压力表截面

一、往复泵的基本构成和工作原理

往复泵是一种容积式泵,它依靠活塞在泵缸中往复运动,使泵缸内工作容积发生周期性地变化来吸排液体。往复泵主要由液缸、活塞、吸入阀、排出阀、阀室、曲柄或曲轴、连杆、十字头、活塞杆及齿轮、皮带轮和传动轴等零部件组成,如图 4-2 所示。

当动力机通过皮带、齿轮等传动件带动曲柄以角速度 ω 按图示方向从左边水平位置开始旋转时,活塞向右边,即泵的动力端移动,由于缸内容积的扩大,液缸内形成一定的真空度,吸入罐中的液体在液面压力 p_A 的作用下,经吸入管推开吸入阀,进入液缸,直到曲柄转到右边水平位置,即活塞移到右死点为止,这一过程为液缸的吸入过程。

曲柄继续转动,活塞开始向左,即液力端移动,由于缸内容积的缩小,液体受到挤压,压力升高,吸入阀关闭,排出阀被推开,液体经排出阀和排出管进入排出罐,曲柄再次转到左边水平位置,这一过程为液缸的排出过程。曲柄连续旋转,每旋转 1 周,活塞往复运动 1 次,泵的液缸完成 1 次吸入和排出过程。

在吸入或排出过程中,活塞移动的距离称为活塞的冲程,用 S 表示;若曲柄半径用 r 表示,则它们之间的关系是 $S = 2r$。

在一定意义上讲,钻井泵是一种容积式的液压泵,其具有缸套、活塞、吸入阀及排除阀组成的密闭容积 V,这个密闭容积 V 能够大小变化,当 V 由小变大时吸入钻井液,当 V 由大变小时向井内泵入钻井液,并且由吸入阀和排出阀(配流机构)将吸液口和排液口分离不相互连通。

二、往复泵的分类

石油矿场用往复泵可以按以下几个方式分类:

(1)按缸数分:分为单缸泵、双缸泵、三缸泵、四缸泵等。

(2)按工作件的式样分:分为活塞泵和柱塞泵。

(3)按作用方式分:分为单作用泵和双作用泵。

① 单作用泵:活塞的一面为工作面,其在缸内往复运动 1 次,液缸完成 1 次吸入和 1 次排出过程。

② 双作用泵:活塞的两面均为工作面,将液缸分为有活塞杆和无活塞杆两个工作室,每个工作室都有吸入阀和排出阀,活塞往复运动 1 次,每个工作室各吸入和排出 1 次液体。

(4)按液缸的布置方式及其相互位置分:分为卧式泵、立式泵、V 形或星形泵等。

(5)按传动或驱动方式分:分为机械传动泵、蒸汽驱动泵、液压驱动泵、手动泵。

石油矿场中的钻井泵,广泛使用三缸单作用或双缸双作用卧式活塞泵。

往复泵的类型如图 4-3 所示。

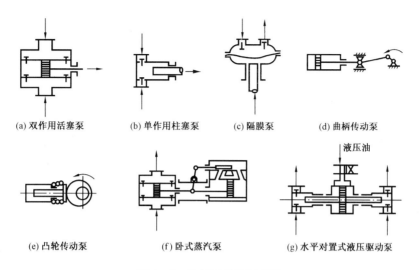

(a) 双作用活塞泵
(b) 单作用柱塞泵
(c) 隔膜泵
(d) 曲柄传动泵
液压油
(e) 凸轮传动泵
(f) 卧式蒸汽泵
(g) 水平对置式液压驱动泵

图 4－3　往复泵类型示意图

第二节　往复泵的流量

一、活塞的运动规律

往复泵的基本工作理论及其主要的特性参数（流量、压力等）计算，都与活塞或柱塞的运动规律密切相关。为此，首先需要进行活塞运动规律的分析。目前，石油矿场用往复泵的动力端大多为曲柄连杆机构，因此，本节以动力端为曲柄连杆机构的往复泵为例，分析活塞的运动规律。图 4－4 是往复泵活塞运动示意图。

A_2
r
ω
$\overline{\varphi}$
O_1
B_1
B_2
O
β
x_1
x_2
O_2
φ
l
A_1

图 4－4　往复泵活塞的运动示意图

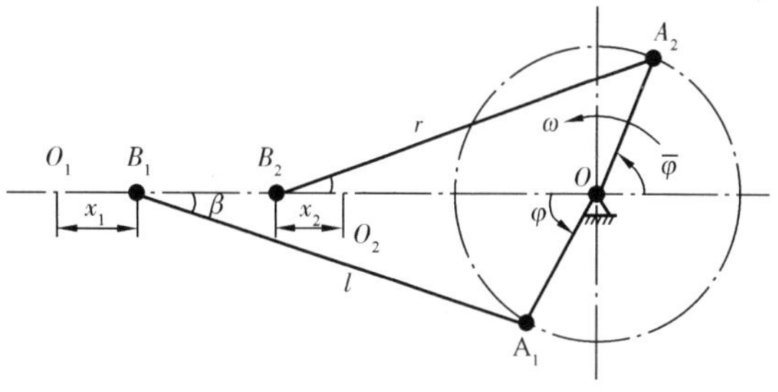

为了定性地分析，可忽略曲柄和连杆比的影响。以活塞的左死点为原点 O_1，曲柄以角速度 ω 按图示方向从左边水平位置开始逆时针旋转，当活塞运动到 B_1 位置时，其位移为 x_1，曲柄旋转 φ 角度。

当 $\varphi \in \{0,\pi\}$ 时，由图可知

$$O_1O = l + r$$

$$B_1O = r\cos\varphi + \sqrt{l^2 - r^2\sin^2\varphi} = r\cos\varphi + l\sqrt{1 - \frac{r^2}{l^2}\sin^2\varphi}$$

由于曲柄长度 r 比 l 小得多，并且 $\sin\varphi$ 始终小于 1，所以

$$B_1O \approx r\cos\varphi + l$$

$$x_1 = O_1O - B_1O = r - \cos\varphi$$

同理，当 $\varphi \in \{\pi, 2\pi\}$ 时

$$x_1 = r + \cos\varphi$$

即活塞的位移 x_1 为

$$x_1 = r \mp \cos\varphi$$

$\varphi \in \{0, \pi\}$ 取 " $-$ "; $\varphi \in \{\pi, 2\pi\}$ 取 " $+$ "。 (4-1)

活塞的运动速度为 v，则

$$v = \frac{\mathrm{d}x}{\mathrm{d}t} = \frac{\mathrm{d}(r \mp \cos\varphi)}{\mathrm{d}t} = \frac{\mathrm{d}(r \mp \cos\omega t)}{\mathrm{d}t} = \pm r\omega\sin\omega t = \pm r\omega\sin\varphi \qquad (4-2)$$

$\varphi \in \{0, \pi\}$ 取 " $+$ "，$\varphi \in \{\pi, 2\pi\}$ 取 " $-$ "。

活塞的加速度为 a，则

$$a = \frac{\mathrm{d}v}{\mathrm{d}t} = \pm r\omega^2\cos\varphi \qquad (4-3)$$

$\varphi \in \{0, \pi\}$ 取 " $+$ "，$\varphi \in \{\pi, 2\pi\}$ 取 " $-$ "。

上述各式表明：往复泵活塞运动速度和加速度分别近似地按正弦和余弦规律变化。

二、往复泵流量的计算

单位时间内泵排出液体的量称为往复泵流量。流量通常用单位时间内，所输送的液体体积来表示，称为体积流量，用 Q 表示，单位有 L/s、m^3/min、m^3/h 等。有时也以单位时间内所输送的液体质量表示往复泵的流量，称为质量流量，用 Q_m 表示，单位为 kg/s、t/s 等。

1. 理论平均流量

往复泵在单位时间内，理论上应输送的液体体积，称为往复泵的理论平均流量。理论上等于活塞工作面在吸入（或排出）行程中，单位时间内在液缸中扫过的体积。

对于单作用泵：

$$Q_{\mathrm{th}} = i \times F \times S \times n \qquad (4-4)$$

对于双作用往复泵，活塞往复运动一次，液缸的有杆和无杆工作室各输送一次液体。

有杆腔的理论平均流量：$Q_{\mathrm{th1}} = i \times F \times S \times n$

无杆腔的理论平均流量：$Q_{\mathrm{th2}} = i \times (F - f) \times S \times n$

故，双作用往复泵的理论平均流量为：

$$Q_{\mathrm{th}} = Q_{\mathrm{th1}} + Q_{\mathrm{th2}} = i \times (2F - f) \times S \times n \qquad (4-5)$$

式中　Q_{th}——理论平均流量，m^3/min；

　　　S——冲程，m；

　　　n——曲柄转速，r/min；

　　　F——活塞面积，m^2；

　　　f——活塞杆横截面积，m^2；

　　　i——液缸数。

2. 实际平均流量

在往复泵实际工作时,由于泵阀运动滞后于活塞运动,吸入阀和排出阀一般不能及时关闭;泵阀、活塞和其他密封处可能有高压液体的漏失;泵缸中或液体内含有气体,而降低吸入充满度等原因,导致了往复泵的实际平均流量要低于理论平均流量。

设实际平均流量为 Q,则有

$$Q = \mu Q_{\text{th}} \tag{4-6}$$

式中,μ 为流量系数,无量纲,它反映泵内泄漏损失的大小,一般在 0.85 ~ 0.95 之间取值;对于大型且吸入条件较好的新泵,μ 可取大值。

3. 瞬时流量

由活塞的运动规律可知:活塞的运动是非匀速的,故泵在每一时刻的流量也是变化的,为此,引入了瞬时流量的概念。单作用往复泵的瞬时流量可以近似地表示为

$$Q_{\text{cm}} = F \times v \tag{4-7}$$

即

$$Q_{\text{cm}} = \pm Fr\omega\sin\varphi \tag{4-8}$$

上两式中下标"m"表示曲柄或液缸的顺序编号(如 1 表示 1 号液缸,2 表示 2 号液缸,3 表示 3 号液缸等)。当 $\varphi_{\text{m}} = 0, \pi, 2\pi$ 时,活塞处于左右死点位置,瞬时流量为零。

对于双作用泵,活塞将液缸分为有杆腔和无杆腔两个工作室。

有杆腔瞬时流量为

$$Q_{\text{cam}} = \pm (F - f)r\omega\sin\varphi_{\text{m}} \tag{4-9}$$

无杆腔瞬时流量为

$$Q_{\text{cfm}} = \pm Fr\omega\sin\varphi \tag{4-10}$$

当 $\varphi \in \{0, \pi\}$ 时,无杆腔吸入,有杆腔排出,式(4-9)取" + ",式(4-10)取" - ";当 $\varphi \in \{\pi, 2\pi\}$ 时,有杆腔吸入,无杆腔排出,式(4-9)取" - ",式(4-10)取" + "。

实际上,往复泵一般都由几个液缸组成,如图 4-5 所示。在曲柄转动一周内,几个液缸按一定规律交替进行吸入或排出,整个泵的瞬时流量由同一时刻各缸瞬时流量叠加而成。

计算整个泵的瞬时流量时,要根据各曲柄间存在的相位角差值决定公式中的角参数。如某台三缸单作用往复泵,各缸曲柄角度相差 2/3 π,当 1 号缸在 t 时刻转到的角度为 φ 时

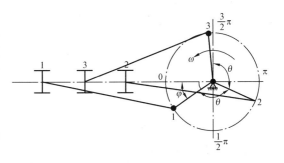

图 4-5 往复泵曲柄间相互位置关系示意图

1 号缸 $\qquad Q_{\text{c1}} = \pm Fr\omega\sin\varphi$

2 号缸 $\qquad Q_{\text{c2}} = \pm Fr\omega\sin(\varphi + 2/3\,\pi)$

3 号缸 $\qquad Q_{\text{c3}} = \pm Fr\omega\sin(\varphi + 4/3\,\pi)$

整体泵瞬时流量为

$$Q_c = Q_{c1} + Q_{c2} + Q_{c3}$$

注意:若某一个缸此时的瞬时流量小于0,表示为吸入过程,这里研究的是排出或吸入过程的流量,仅能二者选其一,该缸在此刻对排出没有贡献,其瞬时流量计为0。

4. 往复泵的流量曲线及其应用

由以上分析可知:往复泵工作时,在曲柄旋转2π范围内,各液缸或工作室以及整体泵的瞬时流量按一定规律变化。若以曲柄转角 φ 为横坐标,流量为纵坐标,可以做出泵的瞬时流量随曲柄转角变化关系的曲线,即往复泵的流量曲线。通常,只需绘制一个过程的流量曲线。

1)直观反映泵的工作状况

往复泵的流量曲线能够比较直观地反映整体泵与各液缸或工作室瞬时流量之间的关系及流量随曲柄转角变化关系。

2)判读流量的均匀程度

往复泵在曲柄转动一周过程中,其理论瞬时流量是不断变化的,理论瞬时流量的最大值与最小值之差与理论平均流量的比值称为往复泵的流量不均度,用 σ_Q 表示。

$$\sigma_Q = \frac{Q_{max} - Q_{min}}{Q_{th}} \qquad (4-11)$$

例如:单缸单作用往复泵瞬时流量为

$$Q_{cm} = \pm Fr\omega\sin\varphi$$

当 $\varphi = \pi/2$ 时　　　　　　　　　　$Q_{cmax} = Fr\omega$

当 $\varphi \in \{\pi, 2\pi\}$ 时　　　　　　　　$Q_{cmin} = 0$

单缸单作用往复泵理论平均流量为

$$Q_{th} = F \times S \times n$$

因此,单缸单作用往复泵的流量不均度为

$$\sigma_Q = \frac{Q_{max} - Q_{min}}{Q_{th}} = \frac{Fr\omega - 0}{FSn} = \frac{r\omega}{Sn} = \pi$$

其中　　　　　　　　　　$S = 2r, \omega = 2\pi n$

当缸数增加时,整体泵的瞬时流量公式甚至为分段函数,再用公式计算往复泵的流量不均度比较困难,则通过流量曲线可以找到瞬时流量的最大值 Q_{max}、最小值 Q_{min} 及理论平均流量 Q_{th},代入式(4-11)计算。图4-6为单缸、双缸、三缸及四缸单作用泵的流量曲线,其流量不均匀度分别为3.14、1.57、0.140、0.325。

由图4-6中的曲线可以看出:当往复泵缸数增加时,流量趋于均匀,而单数缸效果更为显著。从使用的角度来看,流量不均度越小越好。因为流量越均匀,管线中液流越接近稳定流,压力波动也越小,这有助于减小管线振动,使泵工作平稳。但是,不能只靠增加往复泵的液缸数来达到这个目的,因为缸数越多,泵的结构就会越复杂,造价就越高,维修也就越困难。所以,目前使用的往复泵多为三缸单作用泵。

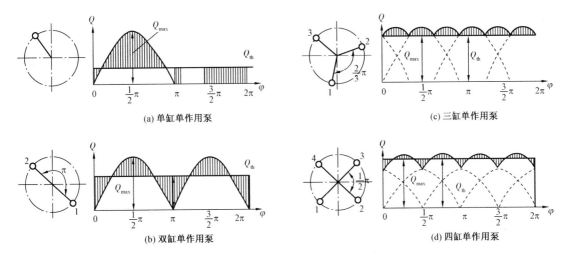

(a) 单缸单作用泵

(c) 三缸单作用泵

(b) 双缸单作用泵

(d) 四缸单作用泵

图 4-6 往复泵的流量曲线

3）确定泵输送的液体体积

若在曲柄转角 $\varphi = \varphi_1 \sim \varphi_2$ 的范围内，每个液缸或工作室的流量曲线与横坐标所围成的面积为 A，而同样的曲柄转角范围内，在 $t_1 \rightarrow t_2$ 活塞运移有 $S_1 \rightarrow S_2$，泵所输送的液体体积为 V，则

$$A = \int_{\varphi_2}^{\varphi_1} Q_c \mathrm{d}\varphi$$

由于 $\varphi = \omega t$，则

$$A = \int_{\omega t_2}^{\omega t_1} Q_c \mathrm{d}\omega t = \omega \int_{t_2}^{t_1} Q_c \mathrm{d}t = \omega V$$

即在曲柄转角范围内流量曲线与横坐标所围成的面积 A、泵所输送的液体体积 V 存在以下关系：

$$\frac{V}{A} = \frac{1}{\omega} \text{ 或 } V = \frac{A}{\omega} \tag{4-12}$$

式(4-12)表明：在相同的曲柄转角范围内，泵或某个液缸所输送的液体体积与流量曲线所围成的面积成正比，这个关系在空气包的体积计算中十分有用。

4）检验曲柄布置是否合理

对于多缸往复泵，为使叠加后的流量波动减小，其各缸的曲柄应相差一定角度，通过绘制流量曲线，可发现各液缸瞬时流量叠加是否合理，从而检验曲柄布置方案的合理性。

三、往复泵流量不均匀的危害及解决方案

由于瞬时流量的脉动，引起吸入和排出管路内液体的不均匀流动，从而产生了加速度和惯性力，增加了泵的吸入和排出阻力。吸入阻力的增加将降低泵的吸入性能，排出阻力增加将使泵及管路承受额外负荷，还会引起管路压力脉动及管路振动，破坏泵的稳定运行。可以采取以下措施解决往复泵的流量不均匀性。

1. 采用多缸泵或无脉冲泵

由往复泵的流量曲线分析可知：当往复泵缸数增加时，流量趋于均匀，而单数缸效果更为

显著。即可以采取增加缸数的方法来减少流量的脉动,但缸数增加会增加泵的复杂性,使制造和维修变得困难。

分析往复泵的瞬时流量公式 $Q_{cm} = \pm Fr\omega\sin\varphi_m$,对于往复泵工作时其活塞面积 F 与旋转角速度 ω 一般是不变化的,若 $r\sin\varphi_m$ = 常数,使曲柄半径随旋转角度变化,曲柄半径与旋转角度余弦值的乘积为一常数即可使往复泵瞬时流量均匀不随旋转角度发生变化,即无脉冲泵(但利用上述理论实现理想的无脉冲泵是几乎不可能的)。双缸凸轮泵是一种无脉冲泵,可用凸轮形状保证活塞在相当长的行程内做匀速运动,在排出行程开始及终了的很短时间内,做等加速和等减速运动,整个排出行程对应的转角大于 π,两凸轮的相位差使加速段与减速段重合而无脉动。

2. 合理布置曲柄的位置

由往复泵的流量曲线可知:单缸泵的流量脉动与活塞的加速度有相同的波形,因此,可以将多缸泵各缸的曲柄错开一定的角度,使叠加后的流量趋于均匀。由前所述,缸数增多,则脉动减小,但比较而言,奇数缸比偶数缸效果好,可取各缸曲柄的相位差为 $2\pi/i$(双作用泵为 π/i)。

3. 减小惯性能头

缩短管路长度、增大内径、减少往复次数(即降低曲柄角速度)均可减小惯性能头。

4. 设置空气包

为减小流量的波动,可以在往复泵的吸入或排出口设置空气包,排出口空气包的作用原理是:当泵的瞬时流量大于平均流量时,泵的排出压力升高,空气包中的气体被压缩,一部分液体(超过平均流量的部分)进入气室储存;当瞬时流量小于平均流量时,排出压力降低,空气包向排出管排出一部分液体,从而使空气包后的管路流量趋于均匀。吸入空气包的作用刚好相反,当泵的瞬时流量大于平均流量时,气室内气体膨胀,向泵释放一部分液体;当泵的瞬时流量小于平均流量时,吸入压力升高,气室内气体被压缩,吸入管路中的一部分液体流入气室,这样,也可以使吸入气室前管路中的流量比较稳定。

第三节　往复泵的性能参数

一、往复泵的有效扬程

往复泵的扬程是指单位质量的液体经过泵后增加的能量,用 J/kg 或 m 液柱表示。如图 4-2 所示,根据伯努利方程可以写出经泵后液体的扬程表示形式为

$$H = Z + \frac{p_B - p_A}{\rho_g} + \frac{c_B^2 - c_A^2}{2g} + \sum h \qquad (4-13)$$

其中

$$Z = Z_0 + Z_1 + Z_2$$

式中　p_A, p_B——吸入罐、排出罐液面上的压力,Pa;

　　　c_A, c_B——吸入罐、排出罐液面上液体的流速,m/s;

　　　Z——吸入罐与排出罐液面的总高度差,m;

Z_1——吸入管 S - S 断面处至吸入罐液面的高度差,m;

Z_2——排出管 D - D 断面处至排出罐液面的高度差,m;

Z_0——真空表与压力表的高度差,m;

$\sum h$——吸入管和排出管段内总的水力损失,m;

H——泵的有效扬程,m;

ρ——液体的密度,g/cm^3;

g——重力加速度,$g = 9.8 m/s^2$。

式(4 - 13)表明:泵的有效扬程等于排出罐液面与吸入罐液面液体的能量差,加上吸入管路、排出管路中的水力损失。即泵供给单位质量液体的能量,被用于提高液体的压能和位能,并克服全部管线中的流动阻力。

吸入罐与排出罐一般很大,有 $c_A \approx 0, c_B \approx 0$,并且当 $p_A = p_B$ 时,式(4 - 13)变为

$$H = Z + \sum h \tag{4 - 14}$$

由式(4 - 13)、式(4 - 14)可知:要想求得泵的有效扬程,必须先求出管路中的全部阻力损失。但是,由于管路系统一般都比较复杂,计算繁琐,也不准确。简便的方法是应用式(4 - 15)直接计算有效扬程,即

$$H = \frac{p_D}{\rho g} + \frac{p_S}{\rho g} + Z_0 \tag{4 - 15}$$

由式(4 - 15)可知:往复泵的有效扬程,主要取决于泵的排出口处压力表与吸入口处真空表间的高度差 Z_0(一般为定值)、吸入口处真空表的读数 p_S 及排出口处压力表的读数 p_D。

在实际计算中,考虑到钻井泵的排出压力一般较高,而真空度 p_S 及高度差 Z_0 相对很小,可以略去不计,因此,通常用表压力代表泵的有效扬程,即 $H = \frac{p_D}{\rho g}$。

二、往复泵的功率

设泵的有效扬程为 H,体积流量为 Q,则单位时间内液体由泵所获得的总能量即为泵的输出功率 N_0,可以写为

$$N_0 = \frac{\rho g Q H}{1000} \tag{4 - 16}$$

式中　N_0——输出功率,kW;

ρ——被输送液体的密度,kg/m^3;

Q——泵的实际平均流量,m^3/s。

泵的输出功率表明了泵的实际工作效果,因此也称为泵的有效功率。泵将能量传递给液体,是由于外界机械能传输的结果。假定驱动机输入到泵轴上的功率为 N_i(又称为泵的输入功率),由于泵内存在功率损失,$N_i > N_0$,N_0 与 N_i 的比值为泵的总效率,用 η 表示。

$$\eta = \frac{N_0}{N_i} \tag{4 - 17}$$

往复泵一般都是经过离合器、变速箱或变矩器、链条和皮带等传动件与驱动机相连,计算

泵所应配备的功率时,应考虑传动装置的效率。因此,一台机泵组所需的动力机功率为

$$N_p = \frac{N_i}{\eta_{tr}} \doteq \frac{N_0}{\eta \eta_{tr}} \qquad (4-18)$$

式中 η_{tr}——自驱动机输出轴到泵输入轴的全部传动装置的总效率。

考虑到工作过程中可能的超载,应留有一定功率储备,所选的动力机功率一般比 N_p 大 10% 左右。

三、往复泵的效率

往复泵在工作过程中会产生机械损失、容积损失和水力损失,这些损失的存在会使往复泵的效率降低。

1. 机械损失

机械损失是指克服泵内齿轮、轴承、活塞、密封和十字头等机械摩擦所消耗的功率,用 ΔN_m 表示。机械损失功率的存在使往复泵的轴功率不能全部被液体所获得,往复泵机械损失功率的程度由机械效率 η_m 来衡量,即

$$\eta_m = \frac{N_i - \Delta N_m}{N_i} \qquad (4-19)$$

2. 容积损失

往复泵工作时有一部分高压液体会从活塞与缸套间的间隙、缸套密封、阀盖密封及拉杆密封等处漏失,造成一定的能量损失,使泵实际输送液体的体积总要比理论输出的体积小,设单位时间内漏失的液体体积为 ΔQ_v,用容积效率 η_v 来衡量泵泄漏的程度,即

$$\eta_v = \frac{Q}{Q + \Delta Q_v} \qquad (4-20)$$

3. 水力损失

液体在泵内流动时要克服沿程和局部阻力,消耗一定的能量,若各项水力损失之和用 h_h 表示,则水力损失的程度由水力效率 η_h 来衡量,即

$$\eta_h = \frac{H}{H + h_h} \qquad (4-21)$$

则泵的总效率为

$$\eta = \frac{N_0}{N_i} = \eta_m \eta_v \eta_h \qquad (4-22)$$

泵的总效率可由试验测定,一般情况下,$\eta = 0.75 \sim 0.90$。

四、往复泵的特点

(1)和其他型式的泵相比,往复泵的瞬时流量不均匀。

(2)往复泵具有自吸能力。往复泵启动前不像离心泵那样需要先行灌泵便能自行吸入液体。但实际使用时仍希望泵内存有液体,一方面可以实现液体的立即吸入和排出;另一方面可

以避免活塞在泵缸内产生干摩擦,减小磨损。往复泵的自吸能力与转速有关,如果转速提高,不仅液体流动阻力会增加,而且液体流动中的惯性损失也会加大。当泵缸内压力低于液体汽化压力时,造成泵的抽空而失去吸入能力。因此,往复泵的转速不能太高,一般泵的转速为80~200r/min,吸入高度为4~6m。

(3)往复泵的排出压力与结构尺寸和转速无关。往复泵的最大排出压力取决于泵本身的动力、强度和密封性能。往复泵的流量几乎与排出压力无关,如图4-7所示。因此,往复泵不能用关闭排出阀调节流量,若关闭排出阀,会因排出压力激增而造成动力机过载或泵的损坏,所以往复泵一般都设有安全阀,当泵压超过一定限度时,安全阀会自动打开,泄压。

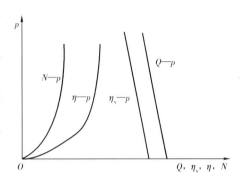

图4-7　往复泵的性能曲线

(4)往复泵的泵阀运动滞后于活塞运动。往复泵大多是自动阀,靠阀上下的压差开启,靠自重和弹簧力关闭。泵阀运动落后于活塞运动的原因是阀盘升起后在阀盘下面充满液体,要使阀关闭,必须将阀盘下面的液体排出或倒回缸内,排出这部分液体需要一定的时间。因此,阀的关闭要落后于活塞到达止点的时间,活塞速度越快,滞后现象越严重,这是阻碍往复泵转速提高的原因之一。

(5)往复泵适用于高压、小流量和高黏度的液体。

第四节　往复泵的装置特性

一、往复泵的特性曲线

往复泵的特性曲线是表示泵的流量、功率、效率等参数与压力之间变化关系的曲线。

由前面分析可知:往复泵在单位时间内排出的液体体积取决于活塞或柱塞的截面面积 A、冲程长度 S、冲次 n 及缸数 i,而与往复泵的排出压力无关。因此,若以横坐标表示泵的流量,纵坐标表示排出压力,在保持泵的冲次不变的条件下,泵的理论 $Q-p$ 曲线应是垂直于横坐标的直线。实际上随着泵压的升高,密封处(如活塞与缸套、柱塞与密封、活塞杆与密封之间)的流量损失将增加,即流量系数 μ 将减小。

所以,实际流量随着泵压的升高略有减小,反映在图4-7的 $Q-p$ 曲线上略为倾斜。流量不同,$Q-p$ 曲线的位置也不同。此外,机械传动往复泵输入功率 N_i、总效率可 η 及容积效率可 η_v 等也随着泵压的升高而变化。图4-7是往复泵的基本性能曲线,可以通过试验求出。

应该指出的是:往复泵的 $Q-p$ 曲线是与传动方式紧密相关的,上述的 $Q-p$ 曲线,只适合纯机械传动往复泵。因为驱动机转速和机械传动的传动比一定时,泵的冲次 n 不变;在一定的冲次下,只要活塞截面积和冲程长度一定,流量也不会变。这时,泵压与外载基本上成正比关系。机械传动的往复泵,在外载变化的条件下,不能保持恒定功率的工作状态。

往复泵在某些软传动(如液力传动等)条件下工作时,随着泵压的变化,泵的冲次和流量能自动调节,使往复泵在一定的范围内,按近似恒定功率的状态工作。此时,泵的 $Q-p$ 曲线近似于按双曲线规律变化。

二、往复泵的工况点

泵装置工作时,液体遵循质量守恒和能量守恒定律。前者是指单位时间内泵所输送的液体量 Q 等于流过管线的液体量 Q'。后者则是指泵所提供给液体的能量全部用于克服管路的流动阻力损失及提高液体的静压能上。若管路系统消耗及具有的总能量为 H',则有 $H = H'$。由式(4–13)可知:对于一定的管路系统,其中右端前 3 项为定值,称为静扬程,用 H_{pot} 表示。由此, $\sum h$ 只是吸入及排出管路中的流动阻力损失,表达式为

$$\sum h = kQ^2 \tag{4–23}$$

对于固定的管路系统,k 为常数,则管路特性曲线为

$$H' = H_{pot} + kQ^2 \tag{4–24}$$

为了与泵性能曲线的单位一致,将式(4–24)中的扬程转换成压力降,则以压力降表示的管路特性为

$$\Delta p = \rho g H_{pot} + \rho g k Q^2 \tag{4–25}$$

式中　　ρ——液体的密度,kg/m^3;

　　　　g——重力加速度,N/kg。

以流量 Q 为横坐标,压力降 Δp 为纵坐标,可以作出往复泵的管路特性曲线,如图 4–8 所示。由式(4–25)不难看出:往复泵管路特性曲线为一抛物线。将泵的理论(或实际)Q—p 特性曲线按同样的比例绘制在管路特性曲线图上,即可得到泵与管路联合工作的特性曲线。

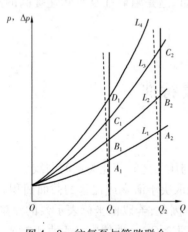

图 4–8　往复泵与管路联合工作的性能曲线

由图 4–8 可以看出:当管路系统发生变化时,k 也将发生变化,管路特性曲线的位置将发生变化,当流量不变时,管路压力将发生变化。另外,当管路系统一定时,管路中的流量发生变化时,泵的压力也将发生变化。由此可以说明:往复泵给出的压力总是与负载(此处指管路阻力)直接相关,负载增大,泵压就升高,反之泵压就下降。

三、钻井泵的临界特性

钻井泵工作过程中,受到泵冲次及压力的限制。泵的冲次 n 不能超过额定值。对钻井泵来说,冲次过高,不仅会加速活塞和缸套的磨损,使吸入条件恶化,效率降低,还会使泵阀产生严重的冲击,缩短泵阀寿命。在泵的冲程长度、缸套面积一定的条件下,泵的流量 Q 与冲次 n 成正比。对于同一台钻井泵,冲程长度通常是不变的,因此,对于不同直径(面积)的缸套 F_1, $F_2, \cdots, F_n$,都具有一个相应的最大流量 $Q_1, Q_2, \cdots, Q_n$,即在某级缸套下工作时,泵的流量不允许超过相应的流量。否则,泵的冲次就可能超过允许值,泵的压力也就超过了限制。因为泵的活塞杆和曲柄连杆机构等传动部件的机械强度是有限的,为了满足强度方面的要求,每一级缸套的最大活塞力 pF 应不超过某一常数(最大许用力)。当各级缸套的直径(面积)确定之后,

则有:$p_1F_1 = p_2F_2 = \cdots = p_nF_n =$ 常数(最大许用力)。即每一级缸套都受到一个最大工作压力或极限压力的限制。钻井泵各级缸套的直径及极限压力就是按照这个等强度条件确定的。

根据这个等强度条件绘制的钻井泵的临界特性曲线,如图4-9所示。以 Q 为横坐标,p 为纵坐标,作出每一级(共5级)缸套下的泵特性曲线,并在其上标定各级缸套的极限工作压力点 $1,2,\cdots,5$。则折线 $1-1''-2-2''-3-3''-4-4''-5$ 为机械传动泵的临界工作特性曲线。临界工作特性曲线上,通常还绘制了各种井深时的管路特性曲线(抛物线)。

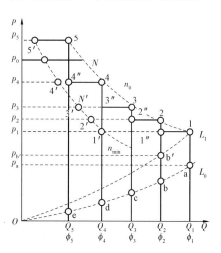

图4-9　机械传动钻井泵的临界特性曲线

由临界特性曲线可以看出:

(1)在纯机械传动条件下,无论使用哪一级缸套,随着井深的增加,工况点(泵曲线与管路曲线的交点)沿泵曲线上升,泵压不断增加,当钻至某井深时,泵压达到该级缸套的极限值,为了保证 pF 之积不超过泵结构强度所允许的最大活塞力,则必须更换较小直径的缸套。如泵在第一级缸套下以流量 Q 工作时,井深由 L_0 增至 L_1,压力由 p_a 增至 p_1;应更换第二级缸套。使用第二级缸套时,流量为 Q_2,工况点为 b′,泵压为 $p_{b'}$,随着井深的增加,泵压升高,当压力升到 p_2 时,应更换第三级缸套,依此类推。

(2)不论泵速是否可调,任何一级缸套下的流量(或冲次 n)和压力 p 都限制在一定的范围内。比如用第一级缸套时,泵压和流量只能在矩形面积 Q_11p_1O 范围内;用第二级缸套,则限制在 Q_22p_2O 范围内。

(3)在泵的最大冲次保持不变的条件下,各级缸套下泵的最大流量 $Q_1,Q_2,\cdots,Q_n$,与缸套面积成正比,泵输出的最大水力功率(有效功率)为 $N = p_1Q_1 = p_2Q_2 = \cdots = p_nQ_n =$ 常数。显然,点 $1,2,\cdots,5$ 的连线是一条等功率曲线。可以看出:往复泵工作时,所有的工况点都应控制在等功率曲线的下方,即泵实际输出的水力功率总是小于最大有效功率。为了提高工作效率,应根据井深和钻井工艺的要求合理地选用钻井泵,并按照井深变化的情况,合理地选用和适时地更换缸套。

当然,钻井泵的临界特性曲线仅反映其本身的工作能力,而在使用中还要考虑到其他因素的影响。当泵所配备的动力机功率偏小时,即动力机所提供的最大功率小于泵的最大输入功率时,如图4-9中的等功率曲线 N' 所示,则泵的流量和压力应在 N' 曲线的下方选用。此时,钻井泵的工况主要受动力机功率的限制。若排出管的耐压强度(最大允许压力)较低,小于泵某级缸套的极限值时,则泵的实际工作压力和流量应该在 p_0 以下的范围内选用。

四、往复泵的性能调节

往复泵与一定的管路系统组成统一的装置后,其工况点一般也是确定的。有时为了工作需要,希望人为地调节泵的流量,以改变工况,称之为性能调节。

1. 流量调节

由于往复泵的流量与泵的缸数 i、活塞面积 F、冲次 n 及冲程 S 成正比关系,改变其中任意一个参数,都可改变泵的流量。因此,往复泵常用的调节流量方法有以下几种:

(1)更换不同直径的缸套。设计往复泵时,通常把缸套直径分为成若干等级,各级缸套的流量大体上按等比级数分布,即前一级直径较大的缸套的流量与相邻下一级直径较小缸套的流量比近似为常数。根据需要,选用不同直径的缸套就可以得到不同的流量。

(2)调节泵的冲次。机械传动的往复泵,当驱动机的转速可变时,可以改变驱动机的转速调节泵的冲次,使泵的冲次在额定冲次与最小冲次之间变化,以达到调节流量的目的。对于有变速机构的泵机组,可通过调节变速比改变泵的转速。应当注意的是:在调节转速的过程中,必须使泵压不超过该级缸套的极限压力。

(3)减少泵的工作室。在其他调节方法不能满足要求时,现场有时采用减少泵工作室的方法来调节往复泵流量。其方法是:打开阀箱,取出几个排出阀或吸入阀,使有的工作室不参加工作,从而减小流量。该法的缺点是加剧了流量和压力的脉动。实践证明:在这种非正常工作情况下,取下排出阀比取下吸入阀造成的波动小,对双缸双作用泵来讲,取下靠近动力端的排出阀引起的压力波动较小。

(4)旁路调节。在泵的排出管线上并联旁路管路,将多余的液体从泵出口经过旁路管返回吸入罐或吸入管路,改变旁路阀门的开度大小,即可调节往复泵的流量。由于这种方法比较灵活方便,所以应用比较广泛,经常用于压力较低的泵的流量调节。但这种方法会产生较大的附加能量损失,从能耗的角度看是不经济的,特别是高压泵,旁路调节浪费大量的能量。旁路调节也可作为紧急降压的一种手段。

(5)调节泵的冲程。调节泵的冲程就是在其他条件不变的情况下,改变往复泵活塞的移动距离,使活塞每一转的行程容积发生变化,从而达到流量调节的目的。

2. 往复泵的并联运行

往复泵的并联也是流量调节的一种方式。往复泵并联工作时,以统一的排出管向外输送液体,往复泵并联工作时有以下特点:

(1)当各泵的吸入管大致相同,排出管路交汇点至泵的排出口距离较小时,对于高压下工作的往复泵,可以近似地认为各泵都在相同的压力下工作。

(2)排出管路中的总流量为同时工作的各泵的流量之和。

(3)泵组输出的总水力功率为同时工作的各泵的水力功率之和。

(4)在管路特性一定的条件下,对于机械传动的往复泵,并联后的总流量仍然等于每台泵单独工作时的流量之和,而并联后的泵压大于每台泵在该管路上单独工作的泵压,因为流量增加,消耗在管路中的阻力损失加大。

泵并联工作是为了加大流量。应注意:并联后总压力必须小于各泵在用缸套的极限压力,各泵冲次应不超过额定值。

第五节　常用钻井泵的典型结构

20 世纪 60 年代以前,钻井泵普遍采用双缸双作用往复泵,60 年代中期,三缸单作用活塞泵在美国研制成功并投入使用,现场使用效果很好。由于三缸单作用泵排量不均度小,排量和泵压波动小,提高了泵装置的使用寿命。同时由于单作用的结构特点,使结构简化,减少了易损件数量。目前钻机循环系统普遍采用三缸单作用活塞式往复泵。

一、三缸单作用活塞泵的特点

1. 三缸单作用活塞泵的优点

与双缸双作用泵相比,三缸单作用泵主要优点如下:

(1)缸径小、冲程短、冲次高、体积小、质量轻。在额定功率相同的情况下,三缸单作用泵的长度比双缸双作用泵短20%以上,质量轻25%左右。

(2)泵的流量均匀,压力波动小。计算表明:一台未安装空气包的双缸双作用泵,其瞬时流量在平均值上、下的波动分别为26.72%和21.56%,总计达到48.28%;而三缸单作用泵瞬时流量在平均值上、下的波动分别为6.46%和18.42%,总计为25.06%。泵的压力随流量的平方而变化,三缸泵流量波动小,压力波动比双缸双作用泵更小。

(3)活塞单面工作,可以从后部喷进冷却液体对缸套和活塞进行冲洗和润滑,有利于提高缸套与活塞的寿命。

(4)缸套在液缸外部用夹持器(卡箍等)固定,活塞杆与介杆也用夹持器固定,因而拆装方便,活塞杆无需密封,工作寿命长。

(5)易损件少、费用低。在同样条件下工作,三缸单作用泵比双缸双作用泵易损件费用低7%左右。

(6)机械效率高。根据实验数据表明,三缸泵的机械效率为90%,比双缸泵高5%左右。效率的提高除了加工精度、配合精度以外,主要原因是:三个曲柄互差120°、运转平稳、十字头的摩擦小,同时没有活塞杆密封处的摩擦阻力。根据实测三缸泵的容积效率,使用清水时为97%,使用钻井液时为95%。

2. 三缸单作用活塞泵的缺点

由于三缸单作用泵的冲次高,使得活塞线速度高(活塞平均线速度达45m/min,比双缸泵高70%),降低了泵的自吸能力,容易产生吸入汽蚀现象,所以往往采用灌注泵,或者把钻井液池位置提高,使钻井液自行流入液缸,通常情况下应该配备灌注系统,即由另一台灌注泵向三缸单作用泵的吸入口供给一定压力的液体,这样便增加了附属设备。

由于单作用泵活塞的后端外露,且外露圆周比双作用泵活塞杆密封圆周大得多,在自吸的条件下,当处于吸入过程时,液缸内压力降低,假如缸套和活塞配合之处松弛,外部空气有可能进入液缸,从而导致泵工作不平稳降低容积效率。

3. 缸单作用钻井泵的代号

我国用于石油、天然气勘探开发的三缸单作用钻井泵已经标准化,统一的代号如下:

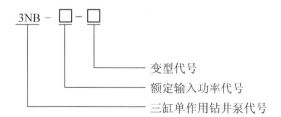

如3NB-1300,表示输入功率为1300hp(960kW)的三缸单作用钻井泵。为了反映其设计制造单位、适用区域和性能方面的特点,有的钻井泵在统一代号的前后还标以适当的符号,

如 SL3NB – 1300A,其中 SL 是汉语拼音"胜利"的字头,A 表示改型设计。

二、三缸单作用钻井泵的组成

三缸单作用钻井泵由动力端和液力端两大部分组成,如图 4 – 10 和图 4 – 11 所示。

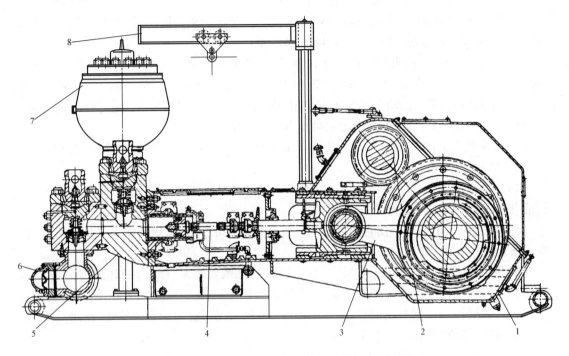

图 4 – 10   3NB – 1000 三缸单作用钻井泵主剖面图

1—机座;2—主动轴总成;3—从动轴总成;4—缸套活塞总成;5—泵体;6—吸入管汇;7—排出空气包;8—起重架

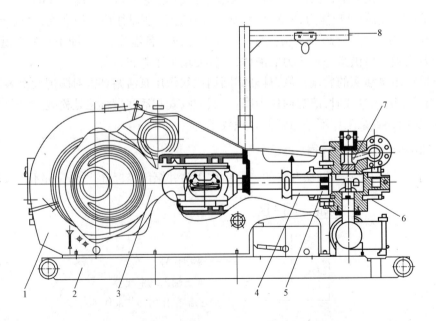

图 4 – 11   3NB – 1300 三缸单作用钻井泵主剖面图

1—泵体;2—机座;3—动力端总成;4—缸套;5—活塞;6—吸入阀;7—排出阀;8—起重架

1. 动力端

三缸单作用活塞泵的动力端主要由主动轴(传动轴)、被动轴(主轴或曲轴)、十字头等组成。

1)传动轴总成

通常三缸单作用活塞泵传动轴的两端对称外伸,可以在任意一端安装大皮带轮或链轮。两端的支承采用双列向心球面球轴承或单列向心短圆柱滚子轴承,可以保证有一定的轴向浮动。传动轴与小齿轮可以是整体式齿轮轴结构形式,也可以采用齿圈热套到轴上的组合形式。前者具有较大的刚性,国外泵多见;后者的齿圈与轴可选用不同的材料和热处理工艺,容易保证齿面硬度、轴的强度和韧性要求,必要时还可以更换齿圈。齿圈有的是整体式小退刀槽结构,有的是宽退刀槽结构。为了滚齿加工方便,保证齿形精度,消除退刀槽使泵宽度加大的影响,可将齿圈加工成两只半人字形齿圈,再套装到轴上,形成人字齿轮,装配精度要求高。

国产泵的传动轴多采用35CrMo锻钢件,加工过程大体为:退火处理消除内应力→粗加工→超声波检查→调质处理(硬度要求达HB210~280)→精加工→磁粉探伤检查。小齿轮多采用42CrMo或40CrMo等高强度合金钢锻件,退火处理和粗加工后进行超声波探伤检查,再经过调质处理,硬度要求为HB340~385。钻井泵齿轮大多采用高度变位的渐开线人字短齿,目的是保证具有较高的弯曲强度和接触强度。

2)曲轴总成

曲轴是钻井泵中最重要的零件之一,结构和受力都十分复杂。其上安装有大人字齿轮和三根连杆大头,大齿轮圈通过螺栓与曲轴上的轮毂紧固为一体。三个连杆轴承的内圈热套在曲轴上,连杆大头热套在轴承的外圈上。

国产三缸单作用泵的曲轴大体上有两种结构型式:一种是碳钢或合金钢铸造的整体式空心曲轴结构,另一种是锻造直轴加偏心轮结构。第二种结构型式的特点是改铸件为锻件,化整体件为组装件,便于保证毛坯的质量,加工和修理也比较方便,在SL3NB-1300、SL3NB-1600型钻井泵和其他往复泵中已广泛采用。国外三缸泵中有的采用锻焊结构曲轴,即将曲柄和齿轮轮毂都焊接在直轴上,再加工为整体式曲轴。曲轴上的大人字齿轮多采用35CrMo铸钢件或42CrMo锻造件,调质处理后的硬度大约为HB285~325。

3)十字头总成

十字头是传递活塞力的重要部件,同时,又对活塞在缸套内作往复直线运动起导向作用,使介杆、活塞等不受曲柄切向力的影响,减少介杆和活塞的磨损。曲轴通过连杆和十字头销带动十字头体,十字头体又通过介杆带动活塞。连杆由20Mn2或35CrMo钢铸造而成。十字头由QT60-2球墨铸铁或35CrMo钢铸造而成。连杆小头与十字头销之间装有圆柱滚子或滚针轴承。十字头体上有的装有铸铁滑履,在导板上往复滑动。导板通常是铸铁件,固定在机壳上,通过调节导板下部垫片使十字头体与导板之间保持0.25~0.4mm的间隙。

2. 液力端

三缸单作用泵的每个缸套只有一个吸入阀和排出阀,故其液力端结构比双作用泵液力端简单得多,如图4-12所示。

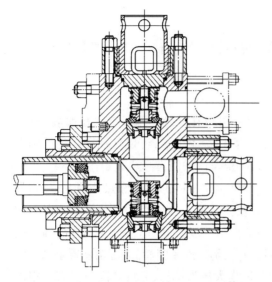

图 4 – 12　SL3NB – 1300 三缸单作用
泵液力端结构图

目前的三缸单作用泵泵头主要有 L 形、I 形和 T 形三种形式。

1）L 形泵头

图 4 – 13 为 L 形泵头的示意图。属于此类的国产泵有兰石 3NB – 1000、3NB – 1300 泵，大隆 3NB – 800、3NB – 1300 泵等；国外泵有美国 National Supply 公司的 P 型系列泵、NOV 公司的 PT 型系列泵、Dreco 公司的 T 形系列泵，以及前苏联、德国等生产的一些三缸单作用泵。L 形泵头可将吸入泵头和排出泵头分块制造。其优点是吸入阀可以单独拆卸，检修和维护方便，钻井液漏失较少；缺点是结构不紧凑，泵内余隙流道长，泵头质量大，自吸能力较差。

2）I 形泵头

图 4 – 14 为 I 形泵头的示意图。国产大隆 3NB – 1000、胜利 SL3NB – 1300A、SL3NB – 1600A 泵，美国 Continental Emsco（CE）公司的 F、FA、FB 型系列泵，美国艾迪科（IDECO）公司的 T 形系列泵，罗马尼亚的 Lukoil 石油公司 3PN 系列泵等，都属于此类。这种直通形泵头的液力端结构紧凑，重量较轻，缸内余隙流道长度短，有利于自吸，但更换吸入阀座时，必须先拆除上方的排出阀，采用带筋阀座时，还要先取出排出阀座，检修比较困难。

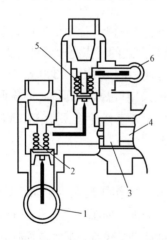

图 4 – 13　L 型泵头示意图
1—吸入管汇；2—吸入阀；3—活塞；
4—活塞杆；5—排出阀；6—排出管汇

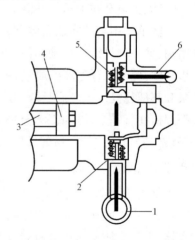

图 4 – 14　I 型泵头示意图
1—吸入管汇；2—吸入阀；3—活塞杆；
4—活塞；5—排出阀；6—排出管汇

由于吸入阀与排出阀重叠，吸入阀需采用特殊的固定机构。安装吸入阀时，先将阀体及弹簧就位，再将导向装置竖直方向伸入泵头，使阀的上导向杆插入其中心孔内，而弹簧则套在中心杆外围；将导向装置旋转 90°，使其两端的曲面与泵头垂直内孔曲面相配合；按下阀的导向装置，使弹簧受压缩，将楔形固定板插入导向装置上部槽内，放松弹簧后，固定板的上部就顶在泵头水平孔内的顶部;安装好密封圈和泵头端盖,则楔形固定板和导向装置全部被固定,吸入阀盘定位。

3)T 形泵头

美国休斯敦高伟斯顿的 GH – Mattco 公司设计制造的三缸活塞泵液力端,类似于 BJ 公司生产的佩斯梅克(BJ – Pacemaker)型三缸柱塞泵液力端,为 T 形布置泵头。

主要特点是吸入阀水平布置,排出阀垂直布置,综合了 L 形和 I 形泵头的优点,既可分块制造,便于吸入阀的拆装和检修,又取消了吸入室,使泵头结构紧凑,内部余隙容积减小,质量减小。T 形泵头不足之处是更换吸入阀时需卸下吸入液缸及弯管,钻井液漏失相对多一些。

三、钻井泵的易损件及配件

钻井泵的主要易损件包括活塞、缸套、柱塞、密封、泵阀、安全阀等,有些往复泵还有空气包。其中,活塞、缸套、柱塞、泵阀、密封等也是往复泵的易损件,其质量的好坏直接影响到往复泵的工作性能及使用寿命。

1. 活塞缸套总成

钻井泵的缸套座与泵头、缸套与缸套座之间多采用螺纹连接,活塞与中间杆及中间杆与介杆之间采用卡箍等连接。图 4 – 15 是三缸单作用泵的活塞缸套总成。其中,活塞和缸套是易损件。

图 4 – 16 是三缸单作用泵的活塞,由阀芯和皮碗等组成,一般采用自动封严结构,即在液体压力的作用下自动张开,紧贴缸套内壁。单作用泵活塞的前部为工作腔,吸入低压液体,排出高压液体;后部与大气相通,一般由喷淋装置喷出的液体冲洗和冷却。双作用活塞泵将缸套分为两个工作室,两边交替吸入低压液体,排出高压液体,故活塞皮碗在阀芯两边呈对称分布。

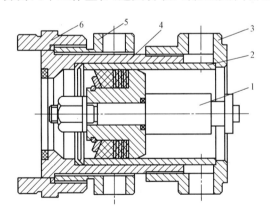

图 4 – 15 三缸单作用泵的活塞—缸套总成
1—活塞总成;2—缸套;3—缸套压帽;4—缸套座;
5—缸套座压帽;6—连接法兰

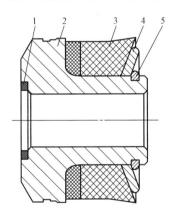

图 4 – 16 三缸单作用泵的活塞
1—密封圈;2—活塞阀芯;3—活塞皮碗;
4—压板;5—卡簧

活塞皮碗一般选用耐磨耐油橡胶作主体材料,其上嵌接高聚物树脂;以挂胶帆布为骨架,整体成型,模压定型,加工处理后与橡胶高压硫化成一体。目前,高压硫化活塞在 18 ~ 20MPa 下工作,寿命可达 179 ~ 324h;在 28 ~ 32MPa 下工作,寿命达 112h。

缸套结构比较简单,目前常用的有单一金属和双金属两种。由高碳钢或合金钢制造的单金属缸套,一般经过整体淬火后回火或内表面淬火,保证一定的强度和内表面硬度;由低碳钢或低碳合金钢制造的单金属缸套,一般经渗碳、渗氮、氰化或硼化等表面硬化处理,将内表面硬度提高到 HRC60 以上,有的也对缸套内部进行镀铬、激光处理等。单金属缸套工作寿命短,贵金属消耗量大。

双金属缸套有镶装式和熔铸式两种结构形式。镶装式外套材质的机械性能不低于 ZG35 正火状态的机械性能;内衬为高铬耐磨铸铁,内外套之间有足够的过盈量保证结合力;内衬硬度 HRC≥60。熔铸式外套材质的机械性能不低于 ZG35 正火状态的机械性能;利用离心浇铸法加高铬耐磨铸铁内衬;毛坯进行退火处理,机械粗加工后进行淬火加低温回火处理,然后进行精加工。目前,国产双金属缸套的平均寿命可达 700h。金属陶瓷缸套是高技术产品,其寿命可达双金属缸套的 2~3 倍。

2. 介杆密封总成

往复泵的介杆,一端与十字头相连,处于润滑机油中,另一端与活塞杆相连,经常受到漏失钻井液、污水等的冲刷或污染。为了防止各类污染液体窜入动力端机油箱而破坏机油的润滑性能,避免机油外漏,必须采用介杆密封装置将动力端与液力端严格地隔离。目前较常用的介杆密封形式主要有跟随式和全浮动式两种。

1)跟随式介杆密封装置

如图 4-17 所示,波纹密封套一端用压板紧固在中间隔板上,另一端用卡子固紧在介杆上。

2)全浮动式介杆密封装置

图 4-18 为全浮动式介杆密封装置结构图,包括连接盘、定位板、O 形密封圈、左右浮动套、球形密封盒、K 型自封式介杆密封等。

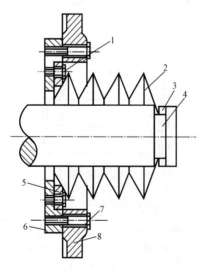

图 4-17 跟随式介杆密封装置
1—螺钉;2—波纹密封套;3—卡子;4—介杆;
5—压板;6—连接板;7—螺栓;8—中间隔板

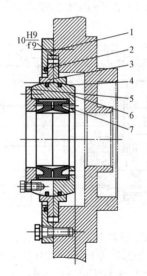

图 4-18 全浮动式介杆密封装置总成
1—联结盘;2,4—O 形密封圈;3—左右浮动套;
5—定位板;6—球形密封盒;7—K 形自封密封

球形密封盒可以在浮动套内任意转动调整。与此同时,左右两个浮动套与联结盘和壳体形成端面间隙配合,可以随着球形密封盒的浮动在联结盘与壳体之间上下浮动,自动调整径向偏移量;浮动套与联结盘及球形密封盒之间,安装有 O 形密封圈,具有多重保险的密封作用。

K型自封式介杆密封包括骨架和帘布增强橡胶两部分。骨架与帘布增强橡胶高压硫化在一起,使密封被压紧时不产生轴向变形;密封内圈的两唇部与介杆有一定的过盈,使其两端密封;密封的两唇部加一层耐磨橡胶,具有耐磨耐热性能。此外,十字头与介杆之间采用活络连接,使活塞可以与十字头同时转动,也减轻了活塞缸套、介杆密封等的偏磨。

3. 泵阀

泵阀是往复泵控制液体单向流动的液压闭锁机构,是往复泵的心脏部分。泵阀一般由阀座、阀体、胶皮垫和弹簧等组成。目前,常用的泵阀有球阀、平板阀和盘状锥阀三种。

1)球阀

球阀的结构如图4-19所示,主要用于深井抽油泵和部分柱塞泵。

2)平板阀

平板阀的结构如图4-20所示,主要用于柱塞泵和部分活塞泵。泵阀采用3Cr13不锈钢,表面渗碳处理,或采用45号钢喷涂,耐腐蚀、抗磨损;板阀采用新型聚甲醛工程塑料,综合性能好,质量轻、硬度高、耐磨、耐腐蚀,与金属表面相配合后密封可靠;弹簧采用圆柱螺旋形式,材料为60Si2MnA,经过强化喷丸处理,寿命长。

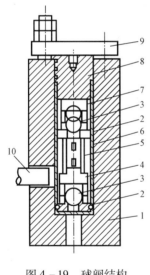

图4-19 球阀结构

1—泵头;2—阀座;3—球阀;4—下阀套;5—压套;
6—阀筒;7—上阀套;8—联结盖;9—压盖;10—柱塞

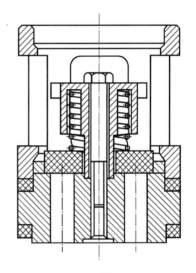

图4-20 平板阀结构

3)盘状锥阀

盘状锥阀主要用于大功率的活塞泵及部分柱塞泵。盘状锥阀的阀体和阀座支承,密封锥面与水平面间的斜角一般为45°~55°。阀座与液缸壁接触面的锥度一般为1:5~1:8。若锥度过小,则泵阀下沉严重,且不易自液缸中取出;锥度过大,则接触面间需加装自封式密封圈。锥面盘阀有两种结构形式:一种是双锥面通孔阀,如图4-21所示。其阀座的内孔是通孔,由阀体和胶皮垫等组成的阀盘上、下运动时,由上部导向杆和下部导向翼导向。这种阀结构简单,阀座有效过流面积较大,液流经过阀座的水力损失小,但阀盘与阀座接触面上的应力较大,阀盘易变形,影响泵的工作寿命。另一种是双锥面带筋阀,如图4-22所示,其主要特点是阀座内孔带有加强筋,阀盘上、下部都靠导向杆导向,增加了阀盘与阀座的接触面和强度,但阀座孔内的有效通流面积减小,水力损失加大。

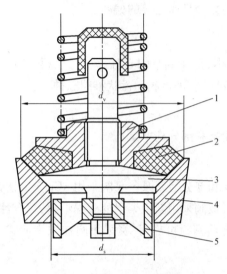

图4-21　双锥面通孔阀结构
1—压紧螺母;2—橡皮垫;3—阀体;4—阀座;5—导向翼

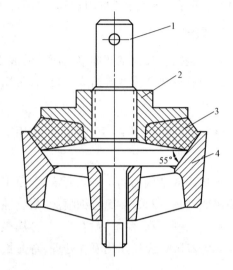

图4-22　双锥面带筋阀结构
1—阀体;2—压紧螺母;3—橡胶垫;4—阀座

往复泵工作时,阀盘和阀座的表面受到磨砺性颗粒液流的冲刷,产生磨砺性磨损;此外,阀盘滞后下落到阀座上,也会产生冲击性磨损,目前提高泵阀寿命的方法如下:

(1)合理确定液体流经阀隙时的速度,即阀的结构尺寸要与泵的结构尺寸和性能参数相对应,保证阀隙流速不要过大。

(2)控制泵的冲次,对于阀盘或阀座上有橡皮垫的锥阀,按照无冲击条件 $h_{max}n \leqslant 800 \sim 1000$,确定泵的冲次 n,单位为 min^{-1},h_{max} 是泵阀的最大升距,单位为 mm。

(3)阀体和阀座采用优质合金钢40Cr、40CrNi2MoA等整体锻造,经表面或整体淬火,表面硬度达 HRC60~62,橡胶圈由丁腈橡胶或聚氨酯等制成。

(4)保证正常的吸入条件,首先要满足最低吸入压力大于液体的汽化压力。其次,吸入系统不应吸入空气或其他气体,吸入的液体应尽可能少含气体。若不能保证正常吸入条件,则阀将极易损坏,特别是吸入阀。

(5)净化工作液体,液体中若含有磨砺性的固体颗粒,极易损坏泵阀和阀座的密封面,造成泵阀的失效,因此,往复泵工作时应尽量保证液体的清洁。

此外,阀箱虽然不是易损件,但在高压液体的交变作用下,容易发生裂纹,导致破坏。因此,全部采用整体优质钢30CrMo等锻件,调质处理。在圆孔相贯处采用平滑圆弧过渡,降低集中应力;在阀箱内腔采用喷丸或高压强化处理,或进行镍磷镀,能较好地解决阀箱开裂等问题。

4. 空气包

空气包有排出和吸入之分,一般为预压式,如图4-23所示。其结构方案如图4-24所示。其中(a)、(b)为球形橡胶气囊预压式,1为气室,2为外壳;(c)、(d)、(e)为圆筒形橡胶气囊预压式,1为气室,2为外壳,3为多孔衬管;(f)的气室5为金属波纹管,2为外壳;(g)的气室1与下液腔用金活塞环4隔开。当输送液体温度高于橡胶的允许温度时,采用(f)、(g)方案。

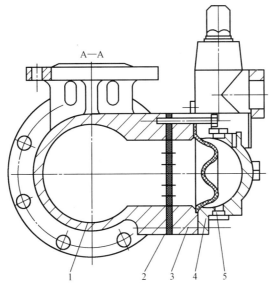

图 4 – 23　往复泵吸入口处预压空气包图

1—吸入歧管;2—孔板;3—间隔圈;4—端盖;5—胶皮隔膜

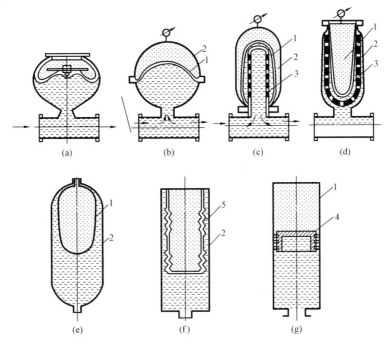

图 4 – 24　预压式空气包结构方案

1—气室;2—外壳;3—外孔衬管;4—金属活塞环;5—金属波纹管

　　空气包气囊内一般充以惰性气体,如氮气或空气,充气预压由泵的工作压力而定。对于钻井排出空气包,充气压力一般为 4 ~ 7MPa。排出空气包安装在排出口附近,吸入空气包安装在泵的吸入口附近。空气包结构形式很多,图 4 – 25 是钻井泵中常用的一种排出空气包。

5. 安全阀

　　往复泵一般都在高压下工作,为了保证安全,在排出口处装有安全装置(安全阀),以便将泵的极限压力控制在允许范围内。常见的安全阀为销钉剪切式,此外,还有膜片式和弹簧式等。

图 4 – 26、图 4 – 27 和图 4 – 28 分别是直接销钉剪切式、杠杆剪切式和膜片式安全阀结构图。

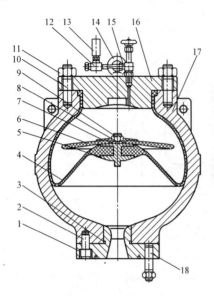

图 4 – 25　带稳定片的球形空气包

1—间隔块；2—内六角螺钉；3—密封圈；
4—气囊；5—铁芯；6—胶板；7—压板；8—
垫片；9，11，19—螺母；10，18—双头螺栓；
12—截止阀；13—压力表；14—吊环螺钉；
15—O形密封圈；16—压盖；17—壳体

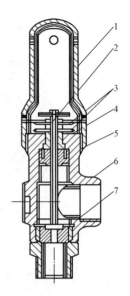

图 4 – 26　直接销钉剪切式安全阀

1—阀帽；2—活塞杆；3—安全销钉；4—丝堵；
5—密封；6—阀体；7—活塞

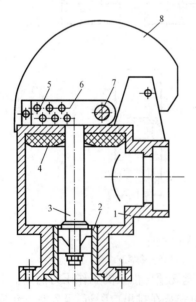

图 4 – 27　杠杆剪切式安全阀

1—阀体；2—衬套；3—阀杆阀芯总成；4—缓冲垫；
5—剪切销钉；6—剪切杠杆；7—销轴；8—护罩

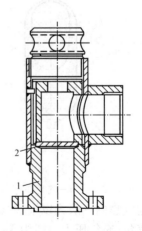

图 4 – 28　膜片式安全阀

1—阀体；2—膜片

直接销钉剪切式安全阀结构简单,拆卸容易,但安全销钉的材料、尺寸及加工工艺必须恰当,还要防止安全阀的活塞和导杆在缸套内锈蚀,否则灵敏度将降低,不能准确地控制排出压力;当安全阀打开后,不需要停泵,就可更换安全阀。

杠杆剪切式安全阀只需要同一种材料和同一截面的销钉,对于不同压力的规定值,改变安全阀销钉的位置即可;销钉距离力的作用点越远,承受的压力就越高。

膜片式安全阀的活塞或膜片下端有高压液体,当压力达到一定值后,活塞推动连杆,切断销钉,活塞上移,或膜片破裂,高压液体由安全阀排出口进入吸入罐或大气空间,达到泄压以保证安全的目的。

第六节　钻井液净化设备

搞好钻井液净化工作对提高钻头进尺、提高钻速、减少钻井泵缸套等配件的磨损和防止卡钻等都具有十分重要的作用。实践证明:使用旧式振动筛只能将含砂量降到2% ~ 3%,使用高频振动筛可以降到1%左右,而采用除砂器、除泥器、除气器和高频振动筛则可把含砂量降到0.5%以下。因此,良好的钻井液净化不仅可以提高钻井速度、保证井下安全、降低钻井泵易损件的消耗,而且在改善钻井工人的工作条件、避免人工捞砂的繁重体力劳动、降低钻井成本,以及使下套管、电测畅通无阻等方面都具有十分重要意义。

一、钻井液净化系统

目前使用的钻井液净化装置,主要是两级净化和三级净化处理系统。两级钻井液净化处理的流程如图4-29所示,自井口返出的钻井液先经过振动筛的预处理,除去颗粒较大的岩屑,再用砂泵送入旋流分离器(除砂器)进行除砂处理。三级净化处理是钻井液自除砂器流出后,再送入小尺寸的旋流分离器(除泥器),分离出更小的固体颗粒。

完备的钻井液净化装置一般由钻井液振动筛、旋流除砂器、旋流除泥器、离心分离机和除气器等组成。

近年来,不少钻机已将全套净化装置组成一个整体封闭式系统,装在一个带撬座的大罐上,由于设备先进齐全,泵、管线、罐等与各设备之间的相对位置布置合理,可将钻井液中的钻屑全部清除,水耗仅为常规净化系统的10%,钻屑几乎可以干粒状排出,既可节约钻井费用,又能防止对环境的污染。整体封闭式系统流程如图4-30所示。

二、钻井液振动筛

钻井液振动筛是固控系统中的关键设备,自井筒中返回的钻井液首先进入钻井液振动筛中,清除掉较大的固体颗粒。石油矿场中使用的多为单轴惯性振动筛,主要由筛箱、筛网、隔振弹簧及激振器等组成,如图4-31所示。由主轴、轴承和偏心块等构成的激振器,旋转时产生周期性的惯性力,迫使筛箱、筛网、弹簧等部件在底座上作简谐振动或准简谐振动,促使由钻井液盒均匀流到筛网表面的钻井液固相分离,即液体和较小颗粒通过筛网孔流向除砂器,而较大颗粒沿筛网表面移向砂槽。

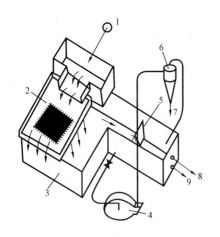

图 4-29 两级钻井液净化处理流程示意图
1—井口；2—高频振动筛；3—钻井液罐；4—砂泵；
5—溢流隔板；6—旋流除砂器；7—排砂；
8—净化钻井液至泵房；9—排污口

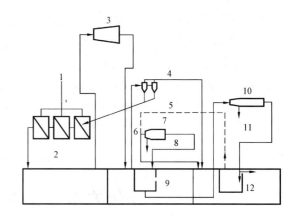

图 4-30 整体封闭式净化系统流程图
1—井口返出钻井液；2—双层振动筛；3—除气器；
4—钻井液清洁器；5—稀释；6—进浆；7—标准离
心机；8—重晶石；9—储罐；10—高速离心机；
11—废弃固相；12—吸入罐

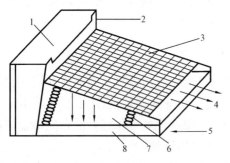

图 4-31 钻井液振动筛示意图
1—钻井液进口；2—钻井液盒；3—筛网；4—筛
除粗固相颗粒；5—底座；6—隔振元件；7—筛箱；
8—液体和细固相颗粒

钻井液振动筛中最易损坏的零件是筛网。一般有钢丝筛网、塑料筛网、带孔筛板等，常用的是不锈钢丝的筛网。筛网通常以"目"表示其规格，它表示以任何一根钢丝的中心为起点，沿直线方向 25.4mm（1in）上的筛网数目。例如某方形孔筛网每 in 有 12 孔，称作 12 目筛网，用 API 标准表示为 12×12。对于矩形孔筛网，一般也以单位长度（in）上的孔数表示，如 80×40 表示 1in 长度的筛网上，一边有 80 孔，另一边为 40 孔。

三、水力旋流器

实践证明：钻井液筛一般只能清除 25% 左右的固相量，74μm 以下的细微颗粒仍然留在钻井液中，对钻进速度仍然影响很大。为了进一步改善钻井液性能，一般在钻井液振动筛之后装有水力旋流器，用以清除较小颗粒的固相。水力旋流器分为除砂器和除泥器两种，结构和工作原理完全相同。除砂器的锥筒内径一般为 6～12in，能清除大于 70μm 和约 50% 的大于 45μm 的细纱颗粒。除泥器的锥筒内径一般为 2～5in，能清除大于 40μm 和约 50% 大于 15μm 的泥质颗粒。（锥筒内径是指锥筒圆柱体部分的内径，也称为工作内径）

水力旋流器的结构原理如图 4-32 和图 4-33 所示，其上部呈圆筒形，形成进口腔，侧部有一切向进口管，由砂泵输送来的钻井液沿切线方向进入腔内。顶部中心有涡流导管，处理后的钻井液由此溢出。壳体下部呈圆锥形，锥角一般为 15°～20°，底部为排砂口，排出固相。

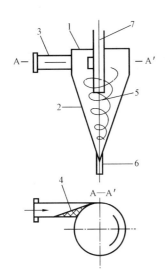

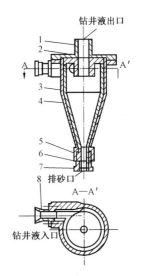

图 4 – 32　水力旋流器工作原理图　　　图 4 – 33　水力旋流器结构示意图
1—旋流器;2—锥形壳体;3—进液管;4—导向块;　　1—盖;2—衬盖;3—壳体;4—衬套;
5—液流螺旋上升;6—排砂口;7—排液管　　　　5—橡胶囊;6—压圈;7—腰形法兰

　　水力旋流器与一般分离机械不同,它没有运动部件,是利用钻井液中固、液相各颗粒所受的离心力大小进行分离。根据动力学原理,切向进入一定压力的钻井液,在旋流器内腔旋转时所产生的离心力为

$$C = Mv_t^2/r$$

式中　M——固、液相颗粒的质量;

　　　　v_t——切向速度;

　　　　r——旋转半径。

　　因此,质量较大的固相颗粒受到较大的离心力,足以克服钻井液的摩擦阻力,被甩到旋流器的内壁上,并靠重力作用向下旋流,由排砂口排出;而质量小的固相颗粒及轻质钻井液则螺旋上升,经溢流管输出。

　　目前,现场使用的水力旋流器多属于惯性型。另外,还有一种高效水力旋流器,如图 4 – 34 所示。它的独特之处是有三根溢流管,当钻井液进入时,重而大的固相颗粒被甩向筒壁,并螺旋下降,经排砂口排出;而轻质部则从各溢流管溢出,不再形成螺旋上升的轻质液柱,消除了空气柱,减少了内部的水力损失,从而提高了钻井液处理量及液体的净化程度。

　　水力旋流器分离出固相颗粒的粒径越小,则分离能力越大,它与旋流器的尺寸、进浆压力、钻井液黏度及固相颗粒的分布等有关。由于钻井液中固相颗粒以高速撞击旋流器内壁,并沿内壁快速旋转下落,往往导致旋流器内壁很快磨损、破坏。

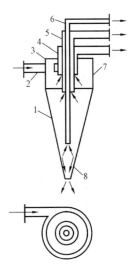

图 4 – 34　高效能水力旋流器
1—锥体;2—进液管;3—压盖;
4,5,6—溢流管;7—短圆筒;8—底流口

四、离心分离机

离心分离机主要用于回收加重钻井液中的重晶石,及非加重钻井液中的液体或化学药剂,清除 $0 \sim 8 \mu m$ 左右的细粉砂。目前现场使用的离心分离机主要有转筒式、沉淀式和水力涡轮式三类。

1. 转筒式离心分离机

转筒式离心分离机的工作原理如图 4-35 所示。一个带许多筛孔的内筒体在固定的圆筒形外壳内转动,外壳两端装有液力密封,内筒体轴通过密封向外伸出。待处理的钻井液和稀释水(钻井液:水 = 1:0.7)从外壳左上方由计量泵输入后,由于内筒旋转的作用,钻井液在内、外筒之间的环形空间转动,在离心力作用下,重晶石和其他大颗粒的固相物质飞向外筒内壁,通过一种专门的可调节的阻流嘴排出,或由以一定速度运转的底流泵将飞向外筒内壁的重质钻井液从底流管中抽吸出来,予以回收。调节阻流嘴开度或泵速可以调节底流的流量。而轻质钻井液则慢速下沉,经过内筒的筛孔进入内筒体,由空心轴排出。这种离心分离机处理钻井液量较大,一般可回收重晶石 82% ~ 96% 。

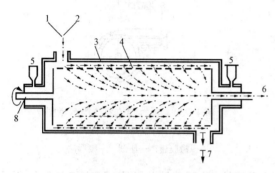

图 4-35　转筒式离心分离机工作示意图
1—钻井液;2—稀释水;3—固定外壳;4—筛筒转子;
5—润滑器;6—轻质钻井液;7—重晶石回收;8—驱动轴

2. 沉淀式离心分离机

沉淀式离心分离机的核心部件是由锥形滚筒、输送器和变速器所组成的旋转总成,如图 4-34 所示。输送器通过变速器与锥形滚筒相连,二者转速不同。多数变速器的变速比为 80:1,即滚筒每转 80 圈,输送器转一圈,因此,若滚筒转速为 1800r/min,输送器的转速是 22.5r/min。其分离原理是:待处理的加重钻井液用水稀释后,通过空心轴中间的一根固定输入管、输送器上的进浆孔,进入由锥形滚筒和输送器涡形叶片所形成的分离室,并被加速到与输送器或滚筒大致相同的转速,在滚筒内形成一个液层。调节溢流口的开度可以改变液层厚度。在离心力的作用下,重晶石和大颗粒的固相被甩向滚筒内壁,形成固相层,由螺旋输送器铲掉,并输送到锥形滚筒处的干湿区过渡带,其中大部分液体被挤出,基本上以固相通过滚筒小头的底流口排出,而自由液体和悬浮的细固相则流向滚筒的大头,通过溢流孔排出。

离心机滚筒有圆锥形和圆锥圆柱形两种,其输送器有双头和单头螺旋的,如图 4-36 所示。在结构和尺寸一定时,离心机的分离效果与沉降时间、离心力和进口钻井液量等因素有关。而沉降时间又取决于滚筒的大小、形状及液层厚度。钻井液在离心机中的时间通常是 30 ~ 50s,时间越长,进口量越小,分离效果越好。

3. 水力涡轮式分离机

水力涡轮式分离机结构如图 4-37 所示。待处理的钻井液和稀释水经漏斗,流入装有若干个筛孔涡轮的涡轮室;当涡轮旋转时,大颗粒的固相携同一部分液体被甩向涡轮室的周壁,

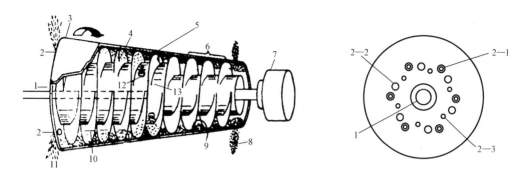

图 4 - 36　沉淀式离心分离机的旋转总成

1—钻井液进口;2—溢流孔;3—锥形滚筒;4—叶片;5—螺旋输送器;6—干湿区过渡带;7—变速器;

8—固相排出口;9—滤饼;10—调节溢流孔可控制液面;11—胶体—液体排出;12—进浆孔;13—进浆室;

2—1—浅液层孔;2—2—中等液层孔;2—3—深层液孔

并穿过其上的孔眼进入清砂室,聚积到底部;在离心压头的作用下,这一部分浓稠的钻井液再经短管进入旋流器;通过旋流分离,加重剂等从回收出口排出,而轻质钻井液则通过管线返入涡轮室;与此同时,涡轮室内的轻质钻井液,则通过涡轮上的筛孔、上底孔板的孔及短管排出。

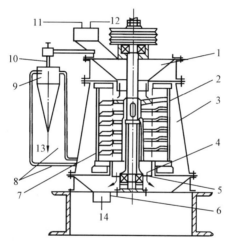

图 4 - 37　水力涡轮式分离机

1—漏斗;2—涡轮室;3—清砂室;4—稀浆腔室;5—上底孔板;6—短管;

7—涡轮室周壁孔眼;8—旋流器短管;9—旋流器;10—管线;

11—钻井液;12—稀释水;13—回收加重剂;14—稀浆

第七节　离　心　泵

离心泵是最典型的叶片式机械,在石油矿场上应用广泛,主要用于输送原油、向地层注水、采油及作为往复泵的灌注泵和生活供水泵等。离心泵之所以应用广泛,是由于它具有体积小、质量小、流量大、使用安装简便等一系列优点。在钻井上,离心泵仅作为砂泵使用。

一、离心泵的基本构成

虽然离心泵的种类繁多,结构各不相同,但构成离心泵的主要零部件是叶轮、泵轴、吸入室、蜗壳、轴封箱和口环等。有些离心泵还装有导叶、诱导轮和平衡盘等。

图 4 – 38 是一台典型的离心泵基本结构示意图,其叶轮、叶轮螺母、轴套、联轴器等随泵轴一起旋转,构成了离心泵的转动部件;吸入室、蜗壳、托架(兼作轴承箱)等构成了离心泵的静止部件。其中,液体流过的吸入室、叶轮(第二节中详细介绍)和蜗壳等,称之为过流部件。

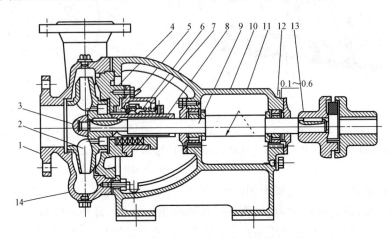

图 4 – 38　离心泵的基本构成
1—泵体;2—叶轮;3—叶轮螺母;4—泵盖;5—冷却冲洗水管;6—密封;7—密封箱;
8—轴套;9—轴;10—托架;11—标牌;12—转向排;13—联轴器;14—蜗壳

1. 吸入室

吸入室位于叶轮进口前,其作用是把液体从吸入管引入叶轮,要求液体流过吸入室时流动损失小,并使液体流入叶轮时速度分布均匀。

2. 蜗壳

蜗壳位于叶轮的出口之后,其作用是把从叶轮内流出的液体收集起来,并将其按一定的要求送入下级叶轮入口或送入排出管。由于液体流出叶轮时速度很大,为了减小后面管路中的流动损失,故液体在送入排出管前必须将其速度降低,把速度能转化成压力能,这个任务也要由蜗壳来完成。

二、离心泵的工作原理

图 4 – 39 为离心泵与管路联合工作的装置示意图。离心泵工作时在驱动机的带动下,充满叶轮的液体由许多弯曲的叶片带动旋转,在离心力的作用下,液体沿叶片间流道由叶轮中心甩向边缘,再通过蜗壳流向排出管。液体从叶轮获得能量,使压力能和速度能增加,并依靠此能量将液体输送到排出罐。

液体被甩向叶轮出口的同时,叶轮入口中心处就形成了低压,在吸入罐和叶轮中心处的液体之间就产生了压差,吸入罐中的液体在这个压差的作用下,通过吸入管流入叶轮中心,再由叶轮甩出,如此不断循环,吸入罐中的液体就会源源不断地输送到排出罐。

在泵的吸入口前及排出口的扩压管后分别装有真空表和压力表,用以测量泵进口处的真空度及出口压力,以便了解泵的工作状况。

由于叶轮中心形成的真空度与叶轮内介质的密度有关,当叶轮中充满空气时形成的低压不足以将液体由吸入罐吸入叶轮,所以离心泵启动前必需进行灌泵,使离心泵叶轮中充满液体。一般情况下在泵的蜗壳顶部装有灌泵漏斗,用以在开泵前向泵内灌入液体。对于功率、排量等都较大的离心泵,常采用前置真空泵抽吸气体的方式启动;对于输送温度高、易挥发液体的离心泵,常采用吸入罐液面高于离心泵轴线的正压进泵的工作方式,使液体自动充满叶轮。

泵的吸入管下端装有滤网及单向底阀,起过滤作用,并在开泵前灌泵时防止液体倒流入吸入罐。排出管上装有用以调节流量的阀门。

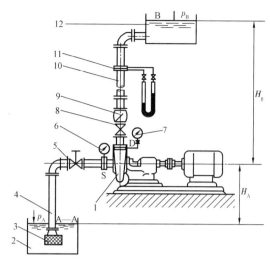

图 4 - 39　离心泵工作的装置示意图
1—泵;2—吸入罐;3—底阀;4—吸入管路;5—吸入管调节阀;
6—真空表;7—压力表;8—排出管调节阀;9—单向阀;
10—排出管路;11—流量计;12—排出罐

三、离心泵的工作特点

离心泵的工作特点和能量转化与往复泵不同,其主要区别见表4-1。

表 4 - 1　离心泵与往复泵的区别

往复泵	离心泵
工作件(活塞)作变速往复运动,流量不均匀、不平稳	工作件(叶轮)等速旋转,液流均匀、平稳
活塞挤压液体,增加液体压能,随活塞力的增大,液体可获得很高的压力	液体被叶轮甩出后其压能和动能均增加,能量的增加受叶轮直径、转速等限制,液体所能增加的压能有限
吸入和排出分两个阶段进行,需泵阀控制	吸入和排出在时间上是同时进行的,从而取消了泵阀
泵的排量不随压力而变化,调节较困难	泵的排量随压力的增加而减少,调节方便

离心泵的主要特点是:结构简单紧凑;流量均匀、平稳,可调节;可用高速电动机直接驱动,在同一排量及压力下,尺寸和质量都远比往复泵小;由于没有往复运动零件,无往复运动的惯性力,因此安装的基础小,制造成本低;泵中无阀,其他易损件也很少,检修费用少,使用维护方便,易于实现自动化。离心泵本来只适用于大流量和低压力的工作条件,但近年来也发展了高压(10MPa 以上)小流量的多级离心泵(如电动潜油离心泵),使其使用范围进一步扩大。但在输送高黏度、含砂的液体时问题较多。

四、离心泵的分类

离心泵的类型很多,随使用目的的不同,有多种结构。通常按其结构型式分类。

1. 按照叶轮数分类

(1)单级泵。在泵轴上只有一个叶轮,如图 4 - 38 所示。

(2)多级泵。在同一根泵轴上装有串联的两个或两个以上叶轮。图 4 - 40 是一台分段式多级离心泵,液体依次通过各级叶轮,它的总压头是各级叶轮压头之和。

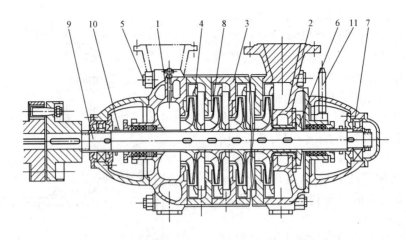

图 4-40　分段式多级离心泵

1—进液段；2—出液段；3—中段；4—导叶；5—螺栓；6—平衡盘；7—轴承部件；8—叶轮；9—轴；10—轴套；11—回液管

2. 按液体吸入方式分类

（1）单吸式泵。如图 4-38 所示，叶轮只有一个吸入口，液体从叶轮的一侧进入。

（2）双吸式泵。如图 4-41 所示，叶轮的两侧都有吸入口，液体从两面进入叶轮。双吸式泵的排量较大。

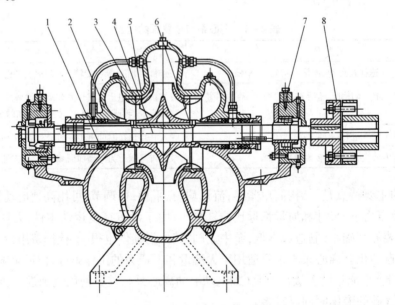

图 4-41　双吸式蜗壳泵

1—泵体；2—泵盖；3—叶轮；4—泵轴；5—密封环；6—轴套；7—轴承；8—联轴器

3. 按泵壳形式分类

（1）蜗壳泵。泵壳为扩散的螺旋线形状，如图 4-41 所示，液体自叶轮甩出后直接进入泵壳的螺旋形流道，再被引入排出管线。

（2）双蜗壳泵。如图 4-42 所示，泵体设计成双蜗室，平衡泵的径向力。

4. 按壳体剖分方式分类

（1）中开式泵。壳体在通过泵轴中心线的水平面上分开，图 4 - 41 所示的离心泵属此类型。

（2）分段式泵。壳体按与泵轴垂直的平面剖分，如图 4 - 40 所示。

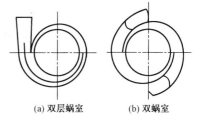

(a) 双层蜗室　　　(b) 双蜗室

图 4 - 42　双蜗室

5. 按泵轴的布置方式分类

（1）卧式泵。泵轴为水平布置。

（2）立式泵。泵轴为垂直布置。

另外，离心泵按照所输送的液体性质又可分为水泵、油泵、酸泵、碱泵、污水泵等。

五、离心泵的主要工作参数

反映离心泵主要工作性能的参数有流量、扬程、功率、效率等。

1. 流量

流量是指泵在单位时间内输送液体的量，通常用体积流量 Q 表示，通用的单位是 m^3/h、m^3/s 或 L/s。也可用质量流量 m 表示，其单位为 kg/h 或 kg/s 等。

质量流量 m 与体积流量 Q 之间的关系为

$$m = \rho Q \tag{4 - 26}$$

式中　ρ——液体密度，kg/m^3。

2. 扬程

泵的扬程是指每千克液体从泵进口到出口的能头增值，也就是单位质量液体通过泵后获得的有效能头，即泵的总扬程。常用符号 H 表示，单位为 J/kg。目前在实际生产中，泵的扬程仍习惯用被输送液体的液柱高度 m 表示。虽然泵扬程的这一单位与高度单位一样，但并不应把泵的扬程简单地理解为液体所能排送的高度，因为泵的有效能头不仅要用来提高液体的位高，而且还要用来克服液体在流动过程中的流动阻力，以及提高输送液体的静压能和速度能。

在工程应用中，有两种情况需要计算泵的扬程。一是在已知管路中输送一定的流量时，计算泵所需的扬程。如图 4 - 39 所示，根据泵提供给单位质量液体的能头 H 与输送液体所消耗的能头相等的能量平衡方程，可写出计算泵扬程的公式为

$$H = \frac{p_B - p_A}{\rho} + g(H_B + H_A) + \frac{c_B^2 - c_A^2}{2} + \sum h_f \tag{4 - 27}$$

式中　p_A, p_B——吸入罐液面和排出罐液面上的压力，Pa；

　　　H_A, H_B——吸入罐液面和排出罐液面至泵中心线的垂直高度，m；

　　　c_A, c_B——吸入罐和排出罐液面的液体平均流速，m/s；

　　　$\sum h_f$——吸入与排出管内总流动损失，但不计液体流经泵的阻力损失，J/kg。

另一种情况是计算运转中的泵的扬程，这时可写出泵入口与出口处液体的能量方程，即

$$H = \frac{p_D - p_S}{\rho} + g Z_{SD} + \frac{c_D^2 - c_S^2}{2g} \tag{4 - 28}$$

式中 p_S,p_D——泵入口和出口处的压力,Pa;

$\qquad$ Z_{SD}——泵入口中心到泵出口处的垂直距离,m;

$\qquad$ c_S,c_D——泵入口和出口处的液体平均流速,m/s。

若泵入口和出口直径相差很小,根据连续方程,则 $c_S \approx c_D$,则泵的扬程为

$$H = \frac{p_D - p_S}{\rho} + gZ_{SD} \qquad (4-29)$$

在工程实际中,泵的扬程常用米来表示,为此,将单位质量的能头 J/kg 除以 g(取 $g = 9.8N/kg$),则扬程单位变成了 m 液柱,式(4-27)、式(4-28)和式(4-29)分别变为

$$H = \frac{p_B - p_A}{\rho g} + (H_B + H_A) + \frac{c_B^2 - c_A^2}{2g} + \sum h_f \qquad (4-30)$$

$$H = \frac{p_D - p_S}{\rho g} + Z_{SD} + \frac{c_D^2 - c_S^2}{2g} \qquad (4-31)$$

$$H = \frac{p_D - p_S}{\rho g} + Z_{SD} \qquad (4-32)$$

3. 功率

功率是泵单位时间内所做的功,泵的功率有输入的轴功率 N 和输出的有效功率 N_e。有效功率是指在单位时间内泵输出的液体从泵中获得的有效能头。因此,泵的有效功率为

$$N_e = \frac{\rho HQ}{1000} \qquad (4-33)$$

式中 H——扬程,J/kg(或 m);

$\qquad$ Q——体积流量,m³/s。

4. 效率

效率是衡量离心泵工作经济性的指标,用 η 来表示。由于泵工作时,泵内存在各种损失,不可能将驱动机输入的功率全部转化成液体的有效功率。泵的效率 η 等于有效功率与轴功率之比,表达式为

$$\eta = \frac{N_e}{N} \times 100\% \qquad (4-34)$$

5. 转速 n

泵的转速是指泵轴每分钟的转速,单位为 r/min。

6. 比转数 n_s

比转数,又称离心泵的相似准则,即一批结构类型相同的泵(又称相似泵),无论其尺寸大小如何,离心泵工作时,总可以找到一个能反映 n_s、Q、H 三者之间存在一个固定关系的表达式,即

$$n_s = 3.65 \frac{\sqrt{Q}}{H^{3/4}} = 常数 \qquad (4-35)$$

式中 n——转速,r/min;

  Q——流量(双吸泵取 $Q/2$),m^3/s;

  H——扬程(对多级泵取单级扬程),m。

这个常数就称为这批相似泵的比转数。泵类型与比转数的关系见表4-2。

表4-2 泵类型与比转数的关系

类型	离心泵	混流泵	轴流泵
比转数	$30 < n_s < 300$	$300 < n_s < 500$	$500 < n_s < 1500$

(1)按比转数从小到大,泵分为离心泵、混流泵和轴流泵。低比转数泵意味着高扬程、小流量,高比转数泵意味着低扬程、大流量。

(2)低比转数叶轮窄而长,高比转数叶轮宽而短。

(3)低比转数泵零流量时轴功率小;高比转数泵(混流泵、轴流泵)零流量时轴功率大,所以前者应关阀启动,后者开阀启动。

目前离心泵的比转数有往高值发展的趋势,因为提高比转数,能减小泵的尺寸,使泵的结构更为紧凑,成本更低廉。

六、离心泵的型号

离心泵的型号亦即离心泵的命名方式,离心泵的型号一般包含其结构特点、尺寸、主要性能参数及应用范围等信息。型号是区分设备的重要标志,是设计选型、施工配套、运行管理及维修工作的重要依据。离心泵的型号由基本型号和补充型号两部分构成。其构成方式如下:

基本型号用汉语拼音字母表示,一般包含了泵的结构特点,应用范围等信息。表4-3列出了常见泵的型号中所用字母的含义。

表4-3 常见泵型号中字母的意义

字母	在泵型号中的意义	字母	在泵型号中的意义
B	悬臂式离心泵	JQ	潜水泵
D、DA	单吸多级分段式离心泵	R	热油泵
J	离心式深井泵	S	双吸式离心泵
K	水平中开式离心泵	T	筒袋式泵
Y	输油泵	W	污油泵
YG	管道泵	YX	液下泵
IS	单级卧式清水泵	ISW	卧式离心泵
BX	消防固定专用水泵	PF	强耐腐蚀离心泵
DG	单吸多级分段式锅炉给水泵	PW	卧式污水泵

补充型号由阿拉伯数字、罗马数字、英文字母等构成,表示泵的结构尺寸、材料、运行参数等信息。

其中:第一组为阿拉伯数字,表示泵吸入口直径的毫米数或英寸数,当用英寸数表示时,其数值为泵吸入口直径的毫米数被25除的商的整数。

第二组为罗马数字,表示泵所用的材料。其中:Ⅰ—铸铁,Ⅱ—铸钢,Ⅲ—不锈钢。

第三组为阿拉伯数字,在离心泵中表示其扬程或比转数。表示单级离心泵的扬程时,其值为泵设计点扬程的米数;表示多级离心泵的扬程时,其表述形式为设计点的单级扬程米数×级数。表示离心泵的比转数时,其值为泵的比转数被10除所得商的整数。

第四组为大写英文字母,表示泵的改型次数。

以上是泵型号构成的基本说明。需要注意的是,并不是所有泵的型号都由以上基本型号和四部分补充型号构成,同一字母在不同的型号中表示的意义也往往不同,在读识一个泵型号时,要结合具体设备,综合考虑,灵活运用。

下面举例说明:

(1)泵型号为100YⅠ—60A。

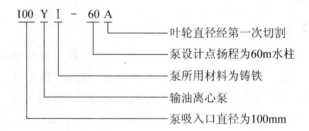

(2)泵型号为100YⅡ-150×2。

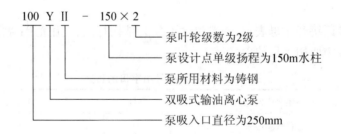

(3)泵型号为40LG12-15。

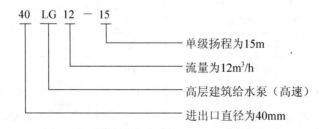

（4）泵型号为 200QJ20 – 108/8。

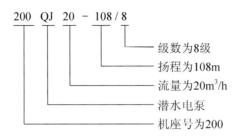

思 考 题

1. 往复泵有哪些类型？

2. 简述曲柄连杆传动往复泵的工作原理。如何表达其活塞运动规律？

3. 什么是往复泵的理论平均流量、实际平均流量、瞬时流量？它们之间存在什么关系？如何计算？

4. 什么是往复泵的流量曲线？如何绘制？有何作用？

5. 往复泵的瞬时流量不均匀会带来怎样的危害？如何解决？

6. 往复泵的主要的性能参数有哪些？如何计算？

7. 往复泵的临界特性曲线如何绘制？有何作用？

8. 钻井过程中为何有时需要更换缸套？

9. 简述三缸单作用与双杠双作用往复泵的异同点。

10. 往复泵的典型结构主要有什么？存在什么易损件？如何能够提高其使用寿命？

11. 简述钻井液净化设备的构成。

12. 简述钻井液振动筛的作用及其工作原理。

13. 水力旋流器由哪几部分组成？各起什么作用？

14. 简述钻井液离心分离机的作用、常见类型及各类的工作原理。

15. 简述离心泵的工作原理及主要结构组成。

16. 3NB – 1300 钻井泵活塞行程为 0.3m，活塞面积为 0.0025m²，求曲轴转速为 40r/min 时的理论平均流量？若泵的流量系数为 0.95，该泵的实际平均流量是多少？画出此泵的流量曲线并计算其不均匀度。

第五章　钻机的驱动与传动系统

第一节　概　述

钻机的动力与传动系统关系到钻机的总体布置和钻机的主要性能。

动力传动性好、结构先进、安全而简单的钻机，无疑会更受到钻井队的欢迎。所谓动力传动性能好，就是指要满足钻井工艺的要求，配备有足够的功率.并且能充分发挥功率的效能；要满足起下钻操作快和快速钻进的要求；要能提供合适的钻井泵排量和高泵压，满足洗井及喷射钻井的要求。复杂的钻井条件经常要求工作机组变速度、变转矩，所以足够大的功率、较高的效率、能够变速和变转矩是对动力和传动系统的基本要求。此外，钻机驱动与传动系统还必须具有可靠、维修简单、操作灵敏、重量轻、移运方便等特点，并且还应该具有良好的经济性。

现代石油钻机具有绞车、转盘、钻井泵三大工作机组，为适应石油钻井工艺过程的要求，各工作机组具有不同的负载特点和运动特性。驱动设备和传动系统是为三大工作机组服务的。驱动设备，也称为动力机组，为工作机提供所需要的动力和运动。传动系统，将动力机与各工作机联系起来，将动力和运动传递并分配给各工作机。钻机驱动设备类型的选择和传动系统的设计，必须满足钻井过程中各工作机对驱动特性及运动关系的要求，并具有良好的经济性。

一、钻机各工作机组对驱动与传动系统的要求

1. 绞车对驱动与传动系统的要求

若大钩提升速度能随载荷的变化而相应地改变，即沿图 5 – 1 中曲线 1 工作，这是最理想的情况，功率利用最充分。$QV = C$ 是理想功率曲线。

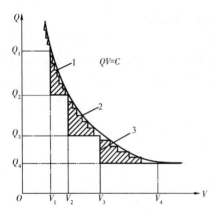

图 5 – 1　大钩提升载荷与速度

绞车载荷是随起钻过程中立根数目的逐一减少而呈阶梯状下降的。若提升速度 V 也能随立根数的每一次减少而相应增加，即沿曲线 2 工作，则功率利用虽不是最理想的，也已很充分。但在机械变速有限挡情况下，这是不可能做到的，只有在动力驱动装置能自动无级变速时才能实现。曲线 3 是分级变速时的曲线，可见功率利用不充分，阴影三角面积是未被利用的功率。

按绞车工作特点，对动力机组的要求如下：

（1）能无级变速，以充分利用功率，速度调节范围 $R = 5 \sim 10$；

（2）具有短期过载能力，以克服启动动载、振动冲击和轻度卡钻；

（3）绞车工作时启停交替频繁，要求动力传动系统有良好的启动性能和灵敏可靠的控制离合装置。

综上所述，绞车驱动需要的是具有恒功率调节、能无级变速并具有良好启动性能的柔性驱动。

2. 转盘对驱动与传动系统的要求

在钻井过程中,为适应不同的岩层,转盘的转速需要较大范围的调节。在处理井下事故时,还要求微调转速,并且能够倒转。

当钻具遇卡时,为了防止扭断钻杆,需要设置限制力矩装置,达到限定力矩值时能自动停止旋转,具有过载保护能力。

为满足钻井工艺的上述需要,转盘对驱动传动的要求如下:

(1)要有一定的柔特性,调速范围较宽;

(2)要设一定的机械挡(包括倒挡),能够无级微调转速,满足处理事故的要求;

(3)有一定的过载保护能力,防止扭断钻杆。

转盘配备的功率是一定的,应具有恒功率调节、无级变速的柔性驱动、能充分利用功率等功能,但钻井工艺有时要求恒转矩调节。

3. 钻井泵对驱动与传动系统的要求

钻井泵一般为无载启动,启动不频繁,对启动转矩、超载能力的要求低于绞车,一般都在额定冲次范围附近工作,负载的波动幅度也不大,因此对驱动系统的要求比绞车、转盘都简单。

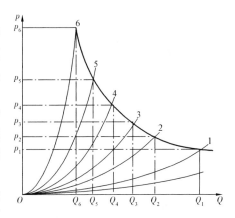

图 5-2 泵的排量与泵压关系曲线

正常工作时,在不会造成井壁冲蚀的前提下,为了提高钻进速度,要充分利用所配泵的功率。在理想情况下,泵的排量与泵压的关系曲线为一双曲线,如图 5-2 所示。

在实际操作中,钻井泵一般利用变换缸套的办法来调节排量。但在更换缸套之前,亦利用减速来调节排量,以便使功率利用比较充分。为此要求动力传动系统具有一定的调速范围,$R = 1.3 \sim 1.5$ 即可满足要求。

$$R = \frac{V_{max}}{V_{min}} = 5 \sim 10 \qquad (5-1)$$

为了克服钻井过程中可能出现的整泵,要求动力传动系统具有短时过载能力。在处理井喷事故时,有时也要求微调泵的排量。

为满足上述要求,泵对驱动传动的要求如下:

(1)速度调节范围 $R = 1.3 \sim 1.5$,以充分利用功率;

(2)动力机要有一定的短期过载能力,以克服可能出现的憋泵。

二、钻机的典型驱动方案

钻机典型驱动方案有三种:单独驱动方案、统一驱动方案、分组驱动方案。

1. 单独驱动方案

转盘、绞车、钻井泵三工作机组,各自由独立的动力机进行驱动,如图 5-3 所示。

单独驱动方案传动系统简单、效率高;三大工作机之间无机械形式的联系,便于钻机在井场进行平面布置;但装机功率利用率低,动力机不能互济。

电驱动钻机大都采用单独驱动方案。

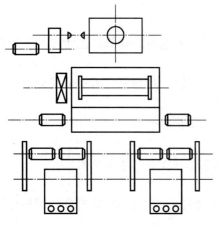

图 5-3 单独驱动方案图

2.统一驱动方案

这种方案是首先将 2~4 台动力机并车,然后再统一分配并传递给转盘、绞车、钻井泵三工作机。

统一驱动装机功率利用率高,可并车调剂各工作机不同的功率需要,动力机有故障时动力可互济。但驱动系统复杂,传动效率低,安装找正困难。

机械钻机广泛采用统一驱动方案,如图 5-4 所示。其中,图(a)为三台柴油机由 V 型胶带并车统一驱动,如 ZJ45J、ZJ32J-2 均属此类型;图(b)为三台柴油机—变矩器由链条并车统一驱动,如 F320-3DH、ZJ45 均属此类型。

统一驱动方案 F320-3DH 实例,图 5-5 所示。

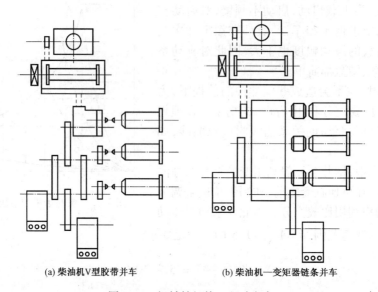

(a)柴油机V型胶带并车   (b)柴油机—变矩器链条并车

图 5-4 机械钻机统一驱动方案

3.分组驱动方案

分组驱动方案是将三个工作机分成两组,绞车、转盘为一组,钻井泵为另一组(或者绞车、钻井泵为一组,转盘为另一组),每组由动力机(柴油机或电动机)分别驱动,也称为二分组驱动。

分组驱动方案的特点如下:

(1)兼有统一驱动利用率高和单独驱动传动简单、安装方便的优点。

(2)能满足现代深井、超深井钻机采用 7~9m 高钻台的需要。可将转盘和辅助绞车(猫头轴)在高钻台上,而主绞车不上高钻台。

(3)能满足丛式井钻机对工作机平面布置的要求。转盘、绞车在钻台上并可随钻台一起作纵横方向的移动,而钻井泵组不必移动,因此转盘、绞车同钻井泵组不能有任何机械传动方面的联系,必须进行两分组驱动。

分组驱动方案的典型示例如下:

(1)国产 ZJ50D 电动钻机:转盘、绞车共用一组电动机驱动,钻井泵由另一组电动机驱动,如图 5-6 所示。

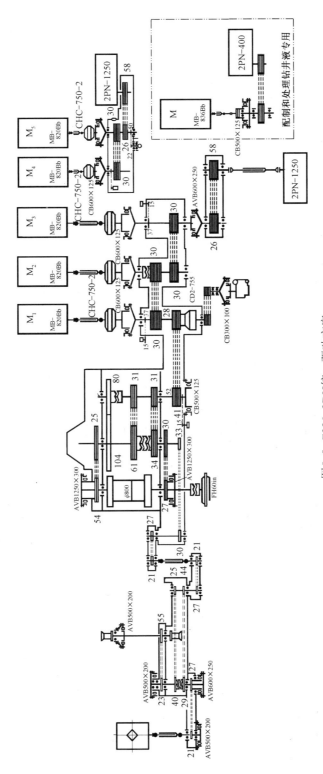

图5-5 F320-3DH统一驱动方案

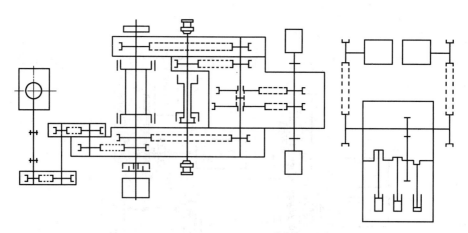

图 5-6　国产 ZJ50D 电动钻机传动图

（2）国产 ZJ45D 丛式井钻机：钻台上，两台直流电动机驱动绞车，并可通过绞车去驱动转盘；钻台下，4 台直流电动机二对一驱动两台钻井泵，如图 5-7 所示。

三、驱动设备的特性指标

各类动力机有一些共同的技术经济指标，可用来评价它们的动力性和经济性。

1. 适应性系数 K

$$K = \frac{M_{max}}{M_e} \tag{5-2}$$

式中　M_{max}——发动机稳定工作状态时发出的最大扭矩；

　　　M_e——发动机额定（标定）功率时的扭矩。

K 值大小表明了动力机适应外载变化（增加）的能力。K 值越大，表明动力机过载能力越大。

2. 速度范围 R

$$R = \frac{n_{max}}{n_{min}} \tag{5-3}$$

式中　n_{max}——动力机最高稳定工作转速；

　　　n_{min}——动力机最低稳定工作转速。

驱动设备的特性指标 K、R 范围见表 5-1。

表 5-1　驱动设备的特性指标 K、R 范围

类型	$K = M_{max}/M_e$	$R = n_{max}/n_{min}$
柴油机（中—高速）	1.0 ~ 1.15	1.3 ~ 1.8
柴油机—变矩器	1.5 ~ 1.3	1.5 ~ 2.5
直流电动机	1.6 ~ 4.0	1.5 ~ 2.5
交流电动机	1.5 ~ 2.2	1.5

R 越大，表明动力机速度调节范围越宽。通常所说的柔性，即指 K 值大、R 值大，即动力机随外载增加（或减少）而能自动增矩减速（或减矩增速）的范围宽。

3. 燃料（能源）的经济性

燃料（能源）的经济性是指提供同样功率时所消耗的燃料费用。柴油机、燃气轮机，以耗油率来表征；电动机，则以耗电量、功率因素来表征。

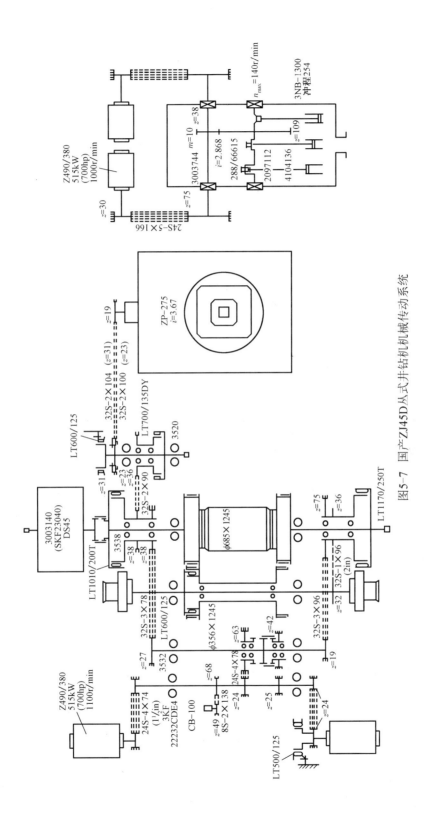

图5-7 国产ZJ45D丛式井钻机机械传动系统

4.发动机比质量

发动机比质量是指每单位功率(kW)的质量,用 K_G 表示。

$$K_G = \frac{G}{N_e} \tag{5-4}$$

式中 G——发动机(包括必备的附件)的质量,kg;

  N_e——额定功率,kW。

5.使用经济性

除已特殊指明的燃料经济性之外,使用经济性还包括:对工作地区的适应性、启动性能、控制操作的灵敏程度、工作的可靠性、安全性、持久性及维护保养难易性等。

四、钻机驱动类型

按照钻机采用的动力设备的不同,分为机械驱动、电驱动和复合驱动三大类。

机械驱动以柴油机为动力机;电驱动以直流或交流电动机为动力机;复合驱动是根据绞车、转盘和钻井泵的工作特点和性能要求,以柴油机和电动机分组驱动不同的工作机。

1.机械驱动

机械驱动依据驱动机组驱动特性的不同,分为柴油机直接驱动和柴油机+液力装置驱动两种。

1)柴油机直接驱动

以柴油机为动力,2~4台柴油机,通过胶带实现并车,将各柴油机动力集中起来,然后经齿轮、链条、万向轴、胶带等机械元件的多种形式的组合,实现减速增矩、换向、倒车,从而带动绞车、转盘和钻井泵。驱动特性就是柴油机本身的特性,工作机只能实现有级调速。

2)柴油机+液力装置驱动

柴油机输出轴直接连液力变矩器(或耦合器),经链条并车,将各柴油机动力集中起来,然后再经链条、齿轮、万向轴、胶带等机械传动元件的多种形式的组合,实现减速、换向、倒车,从而带动绞车、转盘和钻井泵。由于液力变矩器能自动变速变矩,属柔性驱动。

2.电驱动

电驱动钻机常用的形式可分为可控硅直流驱动(AC-SCR-DC)和交流变频驱动(AC-VF-AC)两种。

1)可控硅直流驱动

柴油机交流发电机组发出交流电,经电力并车后,再经可控硅整流器(简称SCR)整流,再向直流电动机供电,驱动绞车、转盘与钻井泵。

2)交流变频驱动

柴油机带交流发电机发出交流电,经电力并车后,再经变频器成为频率可调的交流电,再向交流电动机供电,驱动交流电动机去带动绞车、转盘和钻井泵。这是正在发展中的第四代电驱动型式。

3.复合驱动

复合驱动可根据转盘、绞车、钻井泵三大工作机组的工作特点和性能要求,灵活选用相适应的动力驱动方式,以最经济的动力配置,获得最佳的工作性能。

复合驱动主要有机电复合驱动和交直流电复合驱动两种形式。

1）机电复合驱动

机电复合驱动主要有两种形式：一种是采用柴油机加耦合器驱动钻井泵和绞车，同时带动1台交流发电机，交流发电机发出的交流电通过变频器，控制交流变频电动机驱动转盘；另一种是采用柴油机驱动交流发电机，发电机发出的交流电通过变频器，控制交流变频电动机驱动绞车和转盘，钻井泵为独立机泵组采用机械驱动。

2）交直流电复合驱动

交直流电复合驱动是采用柴油机驱动交流发电机，发电机发出的交流电一路通过变频器，控制交流变频电动机驱动绞车和转盘，另一路通过可控硅整流器，将交流电变换为可控的直流电，控制直流电动机，由直流电动机驱动钻井泵。

第二节　柴油机驱动钻机

一、柴油机驱动的类型与特性

1. 柴油机驱动的特点

柴油机广泛用作钻井设备动力。其主要特点如下：

（1）不受地区限制，具有自持能力。无论寒带、热带、高原、山地、平原、沙漠、沼泽、海洋，自带燃料都可工作，这对勘探和开发新油田是非常重要的。

（2）产品系列化后，不同级别钻机，可采用所谓"积木式"，即增加相同类型机组数目的办法，以增加总装机功率，从而减少柴油机品种。

（3）在性能上，转速可平稳调节，能防止工作机过载，避免出设备事故。装上全制式调速器，油门手柄处于不同位置时，即可得到不同的稳定工作转速。当外载增加超过 M_{max} 时，柴油机便越过外特性上稳定工作点而灭火，不致造成传动机构或工作机因过载而损坏。

（4）结构紧凑，体积小，重量轻，便于搬迁移运，适于野外流动作业。

（5）扭矩曲线较平坦，适应性系数小（1.05～1.15），过载能力有限；转速调节范围窄（1.3～1.8）；噪声大，影响工人健康；与电驱动比较，驱动传动效率低，燃料成本高等。

2. 柴油机的特性

柴油机的特性就是柴油机自身的特性，包括外特性、负荷特性和调速特性。

1）外特性

当喷油量为最大时，性能参数 N_e、M_e、g_e、G_t 随 n 变化的规律性，即外特性。外特性是正确选择及合理使用发动机的基础。

图 5-8 为 Z12V190B 柴油机外特性曲线。曲线定量地指明了不同转速下的 N_e、M_e 和 g_e 的值。通过最大功率 N_{max}、最大扭矩 M_{max}、最大功率时扭矩 M_e、最小耗油量 g_{emin} 及相应的经济转速，可确定适应性系数 K 和合理的工作转速范围。

2）负荷特性

定转速下油耗 g_e 随功率 N_e 而变化的规律，称负荷特性。图 5-9 为 Z12V190B 型柴油机负荷特性曲线。

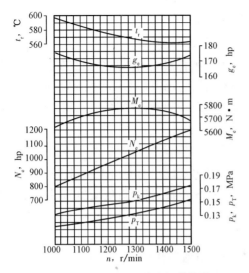

图 5-8　Z12V190B 柴油机外特性

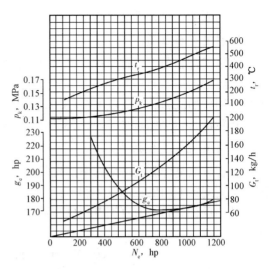

图 5-9　Z12V190B 型柴油机负荷特性曲线

依据负荷特性,可确定动力机在定转速下工作时的经济负荷,即耗油率最小时柴油机的功率范围。方法:由坐标原点引射线与 g_e 曲线相切,切点所对应之功率即最经济的功率,因为该点 N_e 与 g_e 比值最大。

3)调速特性

油门手柄固定,油泵齿条由调速器自动控制时,N_e、M_e 与转速 n 的关系,称为调速特性,如图 5-10 所示。

由调速特性知,装有全制式调速器的柴油机,负荷可以在很大范围内变化,而转速则可维持小于 5% 的变化。调节油门手柄位置,可得到一系列形状类似的调速线。

在选择匹配和操作使用柴油机时,联合工作点都应在调速线上。若外载超过 M_e 点,发动机将在超负荷工况下运行,动力性和经济性指标都会变坏,这是不利的。

4)通用特性

图 5-11 是 Z12V190B 柴油机的通用特性曲线,最内层的等油耗率曲线表明发动机最经济的工作范围。

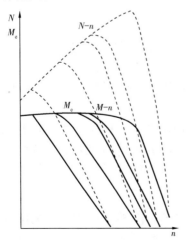

图 5-10　柴油机的调速特性

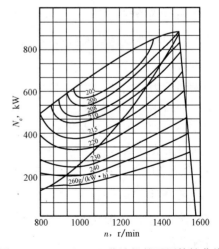

图 5-11　Z12V190B 柴油机的通用特性曲线

3. 国产 Z190 系列柴油机

国产 Z190 系列柴油机的应用较广,其技术参数见表 5-2。

表 5-2 Z190 系列柴油机基本型号与规格、主要技术参数

基本型号		Z8V190	Z8V190-1	Z8V190-2	Z12V190B	Z12V190B-1	Z12V190-2
型式		四冲程、直喷式燃烧室、水冷、增压、空气中冷					
气缸排列		V 型,夹角60°					
气缸数		8			12		
气缸直径,mm		190					
活塞行程,mm		210					
活塞总排量,L		47.6			71.5		
压缩比		13.5 : 1					
额定转速		1500	1200	1000	1500	1200	1000
空载最低稳定转速,r/min		600					
燃油消耗率,g/kW·h		≤210					
机油消耗率,g/kW·h		≤1.63					
标定功率 kW(hp)	12h 功率	588.4(800)	470.7(640)	389.8(530)	882.6(1200)	735.5(1000)	588.4(800)
	持续功率	529.6(720)	426.6(580)	353(480)	794.3(1080)	662(900)	529.6(720)

PZ190 系列柴油机型号编制的含义,如图 5-12 所示。

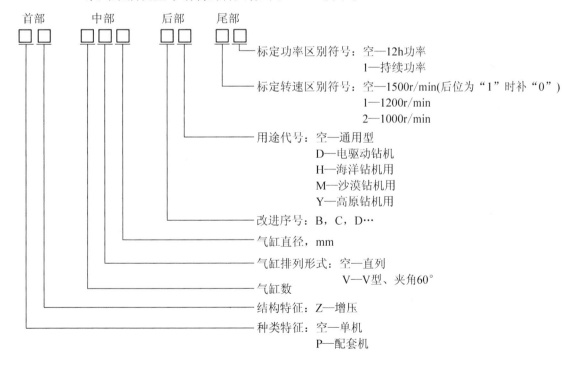

图 5-12 PZ190 系列柴油机型号编制的含义示意图

型号示例:PZ12V190BD 表示配套机、增压、12 缸、V 型排列、缸径 190、改造顺序号 B、电驱动钻机用、标定转速为 1500r/min、标定 12h 功率。

随着石油钻探技术和装备的更新及我国的油气开发趋势,对钻机动力提出了以下要求:

（1）适应沙漠纵深地区风沙大、日温差大以及自动化程度高、无人值守的要求；

（2）适应高原、高寒地区空气稀薄、超低温的环境；

（3）深井钻探，要求柴油机单台功率大、载荷变化频繁，在部分载荷下经济性好；

（4）每台钻机配备柴油机台数少，移运方便；

（5）能远距离控制，可靠性高，故障率低。

为适应上述要求，Z190 系列柴油机在近十年来性能和可靠性都有较大的提高。例如主导产品 Z12V190B 改型为 G12V190ZL，于 1999 年研制成功。该型柴油机在性能指标、可靠性、自动监控、解决"三漏"和外观质量等方面都有显著提高。21 世纪以来，济南柴油股份有限公司又研制 A12V190Z 型柴油机。这种产品具有功率大、性能高、使用可靠、操作方便等特点，可满足 320 ~ 7000m 机械及电动钻机的需求。

二、机械传动钻机

1. V 带钻机

V 带钻机采用 V 带作为钻机主传动副，采用 V 带将多台柴油机并车，统一驱动各工作机组及辅助设备，且用 V 带传动驱动钻井泵。

V 带并车具有传动柔和、并车容易、制造简单、维护保养方便的优点。

2. 齿轮钻机

齿轮钻机采用齿轮作为钻机主传动副，配合万向轴驱动绞车和转盘，或采用圆锥齿轮—万向轴并车驱动绞车、转盘和钻井泵。

特点：齿轮传动允许的线速度高，体积小、结构紧凑；万向轴结构简单、紧凑、维护保养方便、互换性好。不适宜于大功率钻机，一般中深井不采用齿轮作主传动副。

3. 链条钻机

链条钻机采用链条作为钻机主传动副，2 ~ 4 台柴油机加变矩器组成驱动机组，用多排小节距套筒滚子链条并车，统一驱动各工作机的机械钻机，在石油现场统称为链条钻机，这类钻机一般仍用 V 带传动驱动钻井泵。

美国的机械钻机一直是链条钻机。自 20 世纪 60 年代开始，苏联、罗马尼亚也大力发展链条钻机。

我国各油田曾使用的链条钻机大多是从罗马尼亚进口的，有 2DH – 75、3DH – 200A、4DH – 315、4LD – 150D 及 F – 200、F – 320 等，其中 F 系列钻机 F – 200、F – 320 等目前仍在使用。

我国从 70 年代中期开始重视研制石油钻机用套筒滚子链条，发展链条钻机。1985 年，我国制造的第一台链条钻机 ZJ45 钻机通过鉴定。90 年代初，ZJ60L 型钻机亦成批生产，成为陆上超深井的主力设备。柴油机液力驱动的钻机即链条钻机，为机械驱动钻机，具有价格便宜、维修维护方便等优势，因而在钻深 4000m 内的油井仍然以机械钻机为主。即使在石油工业发达的美国，链条钻机的使用也占有相当大的份额。我国现有 ZJ40L、ZJ50L 和 ZJ70L 等链条钻机。

三、液力传动钻机

柴油机—变矩器驱动特点如下：

（1）随外载变化能自动无级地变速变矩。驱动绞车时，可明显提高钻机起升工效。

（2）使柴油机始终维持在经济合理的工况下运行，即使外载增大导致涡轮轴处于制动状态时，柴油机也不会被憋灭。

（3）K 值大，使机组适应外载变化的能力大大增强，例如，在高效区范围内 K≥2（柴油机本身 K = 1.0 ~ 1.15）；在重载时可高达 3.5 ~ 4，使钻机解除事故，负载启动能力强，操作平稳。

（4）调速范围 R 增大，在高效工作区内，$R = nT_2/nT_1 ≥ 2.0$，在重载，轻载区仍可以工作，只是效率较低。为了提高效率，一般只需 4 个机械挡，这既简化了传动，又方便了操作。

（5）传动平稳柔和，吸收冲击振动，延长了机械设备寿命。

（6）链条并车较皮带并车传动效率提高 3%，减少了并车损失。

柴油机变矩器驱动的主要不足之处是效率偏低，变矩器最高效率一般为 85% ~ 90%，且随涡轮轴转速变化其效率还要降低。纯钻进驱动泵时工效明显低于机械传动。此外变矩器结构比较复杂，还需要一套补偿和散热冷却系统。

第三节　电驱动钻机

与传统的机械驱动相比，电驱动具有以下优越性能：传动效率高；对负载的适应能力强；安装运移性好；处理事故能力及对机具的保护能力强；易于实现对转矩、速度、加减速度及位置的控制；易于实现钻井的自动化和智能化等。因此，近 20 多年来，电驱动获得了迅速的发展。在海洋钻井平台上，几乎全部为电驱动；在陆上，从深井、超深井钻机开始，绝大部分更新为直流电驱动，并已向中深和轻型钻机、修井机发展。近 10 年来，由于电力电子技术的发展，大功率变频器的高频化和集成化，促使交流变频电驱动钻机日益显示出其更胜一筹的性能，交流电驱动必将取代直流电驱动。

电驱动钻机，依其发展历程可分为：

（1）AC – AC 驱动：柴油机带交流发电机发出交流电，经电力并车后，向交流电动机供电，经机械传动去驱动绞车、转盘和钻井泵。

（2）DC – DC 驱动：柴油机带直流发电机发出直流电，向直流电动机供电，用直流电动机驱动绞车、转盘和钻井泵。

（3）交直流驱动（AC – SCR – DC）：柴油机交流发电机组发出交流电，经电力并车后，再经可控硅整流，再向直流电动机供电，驱动绞车、转盘与钻井泵。

（4）交流变频驱动（AC – VF – AC）：柴油机带交流发电机发出交流电，经电力并车后，再经变频器成为频率可调的交流电，再向交流电动机供电，驱动交流电动机去带动绞车、转盘和钻井泵。这是正在发展中的第四代电驱动型式。

我国研制电驱动钻机始于 20 世纪 70 年代，如 D2 – 200（DC – DC 驱动，钻深 5000m，1971 年）、海洋 5000m 钻机（DC – DC 驱动，1975 年）。80 年代以来，研制并投入矿场应用的电驱动钻机有：ZJ15D（AC – AC 驱动）、ZJ45D（丛）、ZJ60D、ZJ60DS（AC – SCR – DC）。90 年代以来，由于我国钻机更新改造的需要，电驱钻机获得了迅速发展，我国先后研制生产了 3000 ~ 7000m 系列直流电驱和交流变频电驱钻机。

一、电动机的机械特性

1. 机械特性与特性硬度

电动机的转速 n 和电磁转矩 M 的关系 $n = f(M)$ 称为电动机的机械特性。电动机的转速随转矩改变而变化的程度称为机械特性硬度，用硬度系数 α 表示。特性曲线上任意一点的硬

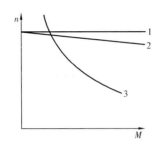

图 5 – 13　电动机的机械特性示意图

1—特硬特性，$\alpha = \dfrac{\Delta M}{\Delta n} = \infty$ ；2—硬特性，$\alpha = 40 \sim 10$；

3—柔(软)特性，$\alpha < 10$

度系数 α 为该点转矩变化百分数与转速变化百分数之比，可分为 3 种类型，如图 5 – 13 所示。

(1)当 $\alpha = \infty$ 时，为特硬特性；在 n—M 曲线上，表现为一条水平线。

(2)当 $\alpha = 40 \sim 10$ 时，为硬特性；在 n—M 曲线上，表现为一条略向下倾斜的直线。

(3)当 $\alpha < 10$ 时，为柔特性；在 n—M 曲线上，表现为一条近似的双曲线。

2. 固有特性和人为特性

固有特性是指电动机端电压、频率、励磁电流都为额定值，且电极电力回路中无附加电阻时所具有的机械特性。

人为特性(或称为调节特性)是指通过改变上述条件，进行调节得到的机械特性。

二、直流电动机的机械特性

1. 直流电动机的固有机械特性

按照励磁方式，直流电动机可以分为并励、他励、串励、复励 4 种类型，石油现场最常用的是他励直流电动机。其固有机械特性与励磁方式有关。

1)并励、他励直流电动机

并励、他励直流电动机的固有机械特性均为硬特性。其电路原理与固有机械特性如图5 – 14所示。

2)串励直流电动机

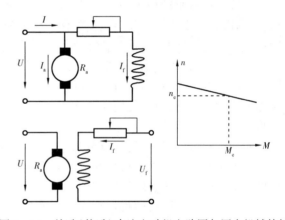

图 5 – 14　并励(他励)直流电动机电路图与固有机械特性

串励直流电动机的固有机械特性为柔特性，如图 5 – 15 所示。该特性很好，可满足钻机的绞车和转盘的要求。但是，当载荷很小时，转速过高，有"飞车"危险，不适合用链条、皮带传动。这导致其不能用在石油钻机上。

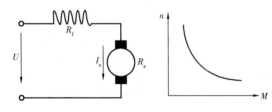

图 5 – 15　串励直流电动机电路图与固有机械特性

2. 直流电动机的人为机械特性

人为机械特性是指人为地改变直流电动机某些参数而获得的机械特性，通常也称为调速特性。

现代石油钻机广泛使用的他励直流电动机的基本调速方式如下：

(1)在电枢电路中串电阻调速(图 5 – 16、图 5 – 17)：空载转速不变；转速只能下调；转速越低，特性越软；调速方便；调节电阻长期大量耗电，不经济。适用于中小功率电动机，石油钻机不适用。

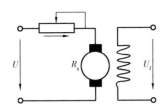

图 5 - 16　他励直流电动机电枢串电阻

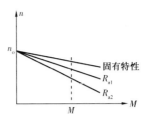

图 5 - 17　他励直流电动机电枢串
电阻人为机械特性 $R_{a1} < R_{a2}$

（2）降低电枢电压调速（图 5 - 18、图 5 - 19）：转速只能下调；硬特性不变（固有特性曲线平移）；调速方便；调速范围大；经济性好。

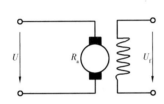

图 5 - 18　他励直流电动机降低电枢电压

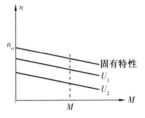

图 5 - 19　他励直流电动机降低电枢输入
电压人为机械特性 $U_2 < U_1$

（3）在励磁电路中串电阻调速（图 5 - 20、图 5 - 21）：转速只能上调；随所串电阻增大，特性变软；调速方便；经济性较好。转速不得超过额定值的 20%。

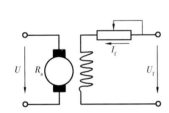

图 5 - 20　他励直流电动机励磁线圈串电阻

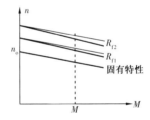

图 5 - 21　他励直流电动机磁电路串电阻
人为机械特性 $R_{f1} < R_{f2}$

直流电动机的优点是调速方便、启动力矩大，同时也有价格高、维护困难等缺点。

三、交流电动机的机械特性

1. 交流电动机的固有机械特性

1）同步交流电动机

同步交流电动机固有机械特性为特硬特性。其特点为：具有较高的功率因数，效率高；启动性能很差；结构复杂、寿命相对较短，价格较高。它适用于不经常启动、转速恒定的中、大功率场合，应用较少。

2) 异步交流电动机

异步交流电动机固有机械特性为硬特性。其特点为:过载能力较大;结构简单、寿命长、维护方便、便宜。它适用于不需要调速的各种场合。交流电动机固有机械特性曲线如图 5 - 22 所示。

2. 交流电机变频调速机械特性

显然,交流电动机机械特性是硬特性,不能满足钻机工作机对调速的要求。应用 AC 变频技术,通过变频器向交流电动机提供频率可调的交流电源,改变电源频率 f,可得到如图 5 - 23 所示的人为机械特性,变频调速机械特性,精确控制调节交流电动机的转速,能满足钻井装备工作机对调速性能的要求。

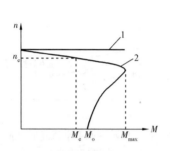

图 5 - 22　交流电动机固有机械特性

1—同步交流电动机机械特性;2—异步交流电动机机械特性

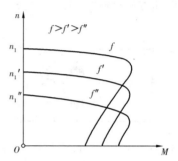

图 5 - 23　变频调速机械特性

四、可控硅直流电动机(AC—SCR—DC)

1. SCR 电驱动

SCR 电驱动是当前世界最流行的电驱动钻机类型。由柴油机带动交流发电机发交流电,通过电网实现动力并车,集中供电。再经可控硅整流装置将交流电变为直流电,驱动直流电动机,从而带动工作机工作。

图 5 - 24 为 SCR 电驱动典型的动力分配图。

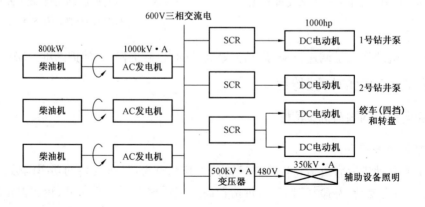

图 5 - 24　SCR 电驱动动力分配图

2. 交流变频电驱动的基本工作原理

用柴油机带动交流发电机发出交流电,通过可控硅变频器,得到可以改变频率的交流电,驱动交流电动机工作,从而带动钻机各工作机工作。

在可控硅变频器的内部,经历两次电流性质的改变:首先用晶闸管整流电路将交流电转变为可调电压的直流电,再用逆变器将可调直流电转变为可调频率的交流电。

利用改变频率,交流电动机的机械特性可以人为地改变,得到人为的柔特性,满足钻机工作机的性能要求。

3. 交流变频驱动的优势

交流变频电动钻机比直流电驱动具有更优良的性能,是目前最先进驱动方式。其特点如下:

(1)能精确控制转速。电源频率与交流电动机的工作转速成正比的关系。利用此特性,可实现变频电驱动精确地无级平滑调节工作转速。

(2)具有超载荷、恒扭矩调节、恒功率调节、调节使用范围宽广的输出特性。交流变频电动机在处于0时,仍具有全扭矩作用。这种特性对于钻井作业来讲,是非常安全可靠的。

(3)无需倒挡,简化钻机结构。由于正反转均可调节使用,驱动绞车可以取消倒挡,大大地简化了绞车和顶驱结构。

(4)启动电流小,工作效率高。一般电动机的启动电流为额定电流的5~6倍。变频调速AC电动机的启动电流只有额定电流的1.7倍。由于启动电流较小,对电网的冲击性也较小。交流变频电动机的工作效率高达96%,高于DC电动机(90%)。

(5)可实现反馈制动刹车。交流变频调速电动机,可对下钻时的钻柱载荷进行反馈制动刹车,起着绞车辅助刹车作用。

思　考　题

1. 钻机三大工作机对驱动与传动系统的要求是什么?

2. 钻机的驱动方案分为哪几种?

3. 钻机驱动与传动类型有哪些?

4. 什么是柴油机的外特性、负荷特性、调速特性?

5. 什么是电动机的机械特性、机械特性硬度? 机械特性硬度分为哪几种? 他励、并励、串励直流电动机的机械特性属于哪一种? 同步交流电动机、异步交流电动机的机械特性属于哪一种?

6. 钻机常用哪种直流电动机和交流电动机? 直流电动机(他励)的调速方法有哪几种?

7. AC－SCR－DC电驱动的特点是什么?

8. 简述交流变频电驱动的基本工作原理,并说明其特点。

第六章 钻机的液压传动系统

第一节 液压传动的基本知识

以液体作为工作介质来进行动力和能量传递的传动方式称为液体传动。液体传动按其工作原理的不同,可分为容积式液体传动和动力式液体传动两大类。两者的根本区别在于:前者是依靠液体的压力能来进行工作的;后者是依靠液体的动力能来进行工作的。通常人们把前者称为液压传动,后者称为液力传动。

一、液压传动的工作原理

图6-1(a)是机床工作台的液压系统原理图(结构式)。这一系统由油箱1、过滤器2、液压泵3、溢流阀4、开停阀5、节流阀6、换向阀7、液压缸8及连接这些元件的油管、接头等组成。

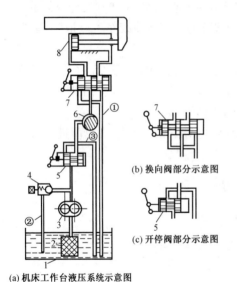

(b) 换向阀部分示意图

(c) 开停阀部分示意图

(a) 机床工作台液压系统示意图

图6-1 机床工作台液压系统原理图
1—油箱;2—过滤器;3—液压泵;4—节流阀;
5—开停阀;6—节流阀;7—换向阀;8—液压缸;
①,②,③—回油管

其工作原理是:电动机驱动液压泵从油箱中吸油,将油液加压后输入管路。油液经开停阀、节流阀、换向阀进入液压缸左腔,推动活塞而使工作台向右移动。这时液压缸右腔的油液经换向阀和回油管① 流回油箱。

工作台的移动速度是通过节流阀6来调节的。当节流阀6的阀口开大时,单位时间内进入液压缸的油量增多,工作台的移动速度就增大;反之,当节流阀口关小时,单位时间内进入液压缸的油量减少,则工作台的移动速度减小。由此可见,速度是由单位时间内进入液压缸的油量即流量决定的。

为了克服移动工作台时受到的各种阻力,液压缸必须产生一个足够大的推力,这个推力是由液压缸中的油液压力所产生的。要克服的阻力越大,缸中的油液压力越高;阻力小,压力就低。这种现象说明了液压传动的一个基本原理——压力取决于负载。

溢流阀的作用是调节与稳定系统的最大工作压力并溢出多余的油液。当工作台工作进给时,液压缸活塞(工作台)需要克服大的负载和慢速运动。进入到液压缸的压力油必须有足够的稳定压力才能推动活塞带动工作台运动。调节溢流阀的弹簧力,使之与液压缸最大负载力相平衡,当系统压力升高到稍大于溢流阀的弹簧力时,溢流阀便打开,将定量泵输出的部分油液经油管② 溢回油箱。这时系统压力不再升高,工作台保持稳定的低速运动(工作进给)。当工作台快速退回时,因负载小、油液压力低,溢流阀打不开,泵的流量全部进入液压缸,工作台则实现了快速运动。

如果将开停阀手柄转换成图6-1(c)所示的状态,压力管中的油液经开停阀和回油管③排回油箱,这时工作台停止运动。

从上面这个例子中可看到:液压泵首先将电动机(或其他原动机)的机械能转换为液体的压力能,然后通过液压缸(或液压马达)将液体的压力能再转换为机械能以推动负载运动。液压传动系统的工作过程就是机械能—液压能—机械能的能量转换过程。

二、液压传动系统的组成

由上述例子可以看出液压传动系统的基本组成为:

(1)动力元件——液压泵。将动力机(电动机或其他原动机)所输出的机械能转换成液压能,给系统提供压力油液。

(2)执行元件——液动机(液压缸、液压马达)。把液压能转换成机械能,带动负载运行。

(3)控制元件——液压阀(流量阀、压力阀、方向阀等)。通过它们的控制或调节,使油液的压力、流量和方向得到改变,从而改变执行元件的力(或力矩)、速度(或转速)及运动方向。

(4)辅助元件——油箱、管路、储能器、滤油器、管接头、压力表、流量表、开关等。通过这些元件把系统联结起来,以实现各种工作循环。

三、液压传动系统图及图形符号

在图6-1(a)所示的液压系统中,各元件是以结构示意的形式表示的,称为结构式原理图。它直观性强,容易理解,但图形复杂,绘制困难。为了简化液压系统图,目前各国均用元件的图形符号来绘制液压系统图。这些符号只表示元件的职能及连接通路,而不表示其结构。目前我国的液压系统图采用GB/T 786.1—2009《液体传动系统及元件图形符号和回路图 第1部分:用于常规用途和数据处理的图形符号》所规定的图形符号(见附录二)。图6-2是用液压元件图形符号绘制的机床工作台液压系统图。

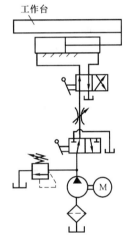

图6-2 机床工作台液压系统
的图形符号图

四、液压传动的工作特征

1. 以静压传递原理进行工作

我们知道液体占有一定体积而没有固定的形状,所以这种传动必须在密闭的容器(液压泵、液压缸、管路)内进行,如图6-1所示。由于连接液压泵和液压缸的管线比较短,管内的流速不大(一般低于5m/s),从液压泵到液压缸的压力降很小,因此这个装置可看作充满液体的密闭的连通器,当一处受到压力时,这个压力将通过液体传到各个连通容器内,并且其压力处处相等。液压传动系统就是利用这种静压传递原理(巴斯卡原理)来进行工作的。

2. 工作压力的大小取决于负载

液体中的静压力,主要是由液体自重和液体表面受外力作用而产生的。这里所指的压力实际上是指单位面积上所受的压力,即压力强度,其单位为Pa(或 N/m²)。在液压系统中由于由液体自重所产生的压力不大,可以忽略不计。因此液体的压力主要由外力而引起的。如图6-1所示,外力 F 通过液压缸的活塞作用在液压缸内的液体表面上,使缸内液体表面受到挤压产生压力 p,即

$$p = \frac{F}{A}$$

(6-1)

式中 A——液压缸活塞面积，m^2；

　　　　F——外载荷，N。

　　由式（6-1）可知，当负载 F 为零时，系统压力为零；负载 F 增加时，压力也随之增高。即：液压传动系统中，工作压力的大小取决于负载。也就是说，液压传动是用压力来满足外力要求的，这是液压传动系统的重要特征之一。

3. 执行元件运动速度的大小取决于进入执行元件液体的流量

　　如图 8-1 所示，进入液压缸液体的流量为

$$Q = Av$$

$$v = \frac{Q}{A} \tag{6-2}$$

式中 A——液压缸活塞面积，m^2；

　　　　v——液压缸活塞运动速度，m/s。

　　这说明当活塞面积一定时，液压缸活塞运动的速度仅取决于进入液压缸的流量，而与负载 F（或压力 p）无关。也就是说液压传动系统是用流量来满足对速度的要求的。这是液压传动又一个重要特征。

4. 液体流动时的阻力产生压力损失

　　在液压传动中，液压油在缸（执行元件）内及管道中是流动的。由于液压油黏性的存在液压油在管路中流动时会产生能量损失即压力损失；液压油在管路中的压力损失可分为沿程压力损失和局部压力损失两种。沿程压力损失是指液体在等径直管中流动时因内外摩擦而产生的压力损失，它主要取决于液压油的平均流速、黏性和管路的长度以及油管的内径等。其计算公式为

$$\Delta p_\lambda = \lambda \frac{L}{d} \frac{\rho v^2}{2} \tag{6-3}$$

式中 v——液流的平均流速；

　　　　ρ——液体的密度；

　　　　λ——沿程阻力系数，可通过实验或计算确定（但应注意的是它与液压油在管路中的流动状态有关）；

　　　　L——管线长度；

　　　　d——油管内径。

　　局部压力损失是指液体流经管道的弯头、接头、突变截面及阀口，致使流速的方向和大小发生剧烈变化，形成旋涡、脱流，因而使液体质点相互撞击，造成能量损失，这种能量损失表现为局部压力损失。其计算公式为

$$\Delta p_\zeta = \zeta \frac{\rho v^2}{2} \tag{6-4}$$

式中 ζ——局部阻力系数，可由实验确定，也可查相关手册。

　　在液压传动中，液体在流经各种阀件及其他元件时同样会产生压力损失，上述各项压力损

失之和即为系统总压力损失 $\sum \Delta p$。液压传动中的绝大部分压力损失转变成了热能,造成油温升高,泄漏增多,使液压传动效率降低,甚至影响系统的工作性能。所以应注意尽量减少压力损失。

如图 6-1 所示,当液压缸活塞以一定的速度运动时,由于管路的阻力,液压泵的供油压力 p_1 应大于液压缸的工作压力 p_2。液压泵的供油压力 p_1 的计算公式为

$$p_1 = p_2 + \sum \Delta p \tag{6-5}$$

式中　　$\sum \Delta p$ ——管路中的压力损失。

注意,对液压泵而言,液压油在液压元件及管路中流动阻力也是一种负载,这样"系统中压力取决于负载"这一概念在液体流动时也适用。

5. 功率的大小取决于压力和流量的乘积

我们知道功率等于力乘以速度,故液压缸的输出功率为

$$P = Fv$$

而　　　　　　　　　　　　　$F = pA$

则　　　　　　　　　　　　　$P = pAv$

由于　　　　　　　　　　　　$Av = Q$

故　　　　　　　　　　　　　$P = pQ \tag{6-6}$

式(6-6)表明液压系统的功率等于系统压力 p 和流量 Q 的乘积。

五、液压传动的优点和缺点

1. 液压传动的优点

液压传动与机械传动、电传动和气压传动等相比较,具有以下优点:

(1)在功率相同的情况下,液压传动装置的体积小,质量轻,结构紧凑,如液压马达的质量只有同功率电动机质量的 10% ~20%。高压时,更容易获得很大的力或力矩。

(2)液压系统执行机构的运动比较平稳,能在低速下稳定运动。当负载变化时,其运动速度也较稳定。同时,因其惯性小,反应快,易于实现快速启动、制动和频繁地换向;在往复回转运动时换向可达每分钟 500 次,往复直线运动时换向可达每分钟 1000 次。

(3)液压传动可在大范围内实现无级调速,调速比一般可达 100 以上,最大可达 2000 以上,并且可在液压装置运行的过程中进行调速。

(4)液压传动容易实现自动化,因为它可对液体的压力、流量和流动方向进行控制或调节,操纵方便。当液压控制和电、气控制结合使用时,能实现较复杂的顺序动作和远程控制。

(5)液压装置易于实现过载保护且液压件能自动润滑,因此使用寿命较长。

(6)由于液压元件已实现了标准化、系列化和通用化,所以液压系统的设计、制造和使用都比较方便。

2. 液压传动的缺点

（1）液压传动不能保证严格的传动比,这是由液压油的可压缩性和泄漏等因素所造成的。

（2）液压传动在工作过程中常有较多的能量损失(摩擦损失、泄漏损失等)。

（3）液压传动对油温的变化比较敏感,它的工作稳定性容易受到温度变化的影响,因此不宜在温度变化很大的环境中工作。

（4）为了减少泄漏,液压元件在制造精度上的要求比较高,因此其造价较高,且对油液的污染比较敏感。

（5）液压传动出现故障的原因较复杂,而且查找困难。

六、液压油的主要性能及选用

1. 液压油的主要性能

1) 密度

单位体积液体的质量称为液体的密度,用 ρ 表示:

$$\rho = \frac{m}{V} \tag{6-7}$$

式中　m——体积为 V 的液体的质量;

　　　V——液体的体积。

液体的密度随温度的升高而下降,随压力的增加而增大。对于液压传动中常用的液压油(矿物油)来说,在常用的温度和压力范围内,密度变化很小,可视为常数。在计算时,通常取 $15^{\circ}C$ 时的液压油密度 $\rho = 900\text{kg/m}^3$。

2) 压缩性

液体受压力作用而发生体积减小、密度增加的特性称为液体的压缩性。压缩性的大小用体积压缩系数 k 来表示,是指液体在单位压力变化下的体积相对变化量,即

$$k = -\frac{1}{\Delta p}\left(\frac{\Delta V}{V}\right) \tag{6-8}$$

式中　V——压力变化前液体的体积;

　　　ΔV——压力变化 Δp 时液体体积的变化量;

　　　Δp——液体压力的变化量。

由于压力增大时液体的体积减小,因此式(6-8)的右边须加一负号,使 k 为正值。常用液压油的体积压缩系数 $k = (5 \sim 7) \times 10^{-10}\text{m}^2/\text{N}$。

液体的体积压缩系数 k 的倒数称为体积模量,用 K 来表示:

$$K = \frac{1}{k} = -\frac{V\Delta p}{\Delta V} \tag{6-9}$$

在实际应用中,常用 K 值说明液体抵抗压缩能力的大小,它表示产生单位体积相对变化量所需的压力增量。

液压油的体积模量为 $K = (1.4 \sim 2) \times 10^9 \mathrm{N/m^2}$，其数值很大，故对于一般液压系统，可认为油液是不可压缩的。只有在研究液压系统的动态特性和高压情况下，才考虑油液的可压缩性。但是，若液压油中混入空气，其压缩性将显著增加，并将严重影响液压系统的工作性能，故在液压系统中应尽量减少油液中的空气含量。在实际液压系统的液压油中，难免会混有空气，通常对矿物油型液压油取 $K = (0.7 \sim 1.4) \times 10^9 \mathrm{N/m^2}$。

3）黏性

（1）黏性的定义。

液体在外力作用下流动时，分子间的内聚力阻碍分子间的相对运动而产生内摩擦力的性质称为黏性。黏性是液体的重要物理性质，也是选择液压油的主要依据。

液体流动时，由于它和固体壁面间的附着力及它的黏性，会使其内各液层间的速度大小不等。设在两个平行平板之间充满液体，两平行平板间的距离为 h，如图 6 - 3 所示。当上平板以速度 u_0 相对于静止的下平板向右移动时，紧贴于上平板极薄的一层液体，在附着力的作用下，随着上平板一起以 u_0 的速度向右运动；紧贴于下平板极薄的一层液体和下平板一起保持不动；而中间各层液体则从上到下按递减的速度向右运动。这是因为相邻两薄层液体间存在内摩擦力，该力对上层液体起阻滞作用，而对下层液体起拖曳作用。当两平板间的距离较小时，各液层的速度按线性规律分布。

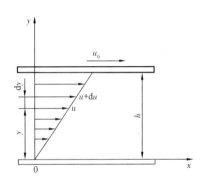

图 6 - 3　液体黏性示意图

实际测定表明：液体流动时，相邻液层间的内摩擦力 F 与液层间的接触面积 A 和液层间相对运动的速度 $\mathrm{d}u$ 成正比，而与液层间的距离 $\mathrm{d}y$ 成反比。

$$F = \mu A \frac{\mathrm{d}u}{\mathrm{d}y} \qquad (6 - 10)$$

若用单位面积上的摩擦力 τ（切应力）来表示，则式（6 - 10）可以改写成

$$\tau = \frac{F}{A} = \mu \frac{\mathrm{d}u}{\mathrm{d}y} \qquad (6 - 11)$$

式中　μ——比例系数，称为动力黏度；

　　　　$\mathrm{d}u/\mathrm{d}y$——速度梯度，即相对运动速度对液层距离的变化率。

式（6 - 11）称为牛顿液体内摩擦定律。由式（6 - 11）可知，在静止液体中，因速度梯度 $\mathrm{d}u/\mathrm{d}y = 0$，故内摩擦力为零，因此液体在静止下是不呈现黏性的。

（2）液体的黏度。

液体黏性的大小用黏度表示。常用的黏度有三种，即动力黏度、运动黏度和相对黏度。

① 动力黏度也称为绝对黏度，它是表征液体黏性的内摩擦系数，用 μ 表示，由式（6 - 11）可得

$$\mu = \frac{\tau}{\mathrm{d}u/\mathrm{d}y} \qquad (6 - 12)$$

由此可知,液体动力黏度的物理意义是:当速度梯度等于 1 时,流动液体液层间单位面积上的内摩擦力。

动力黏度 μ 的法定计量单位为 $N \cdot s/m^2$ 或 $Pa \cdot s$。

② 动力黏度 μ 与液体密度 ρ 的比值称为运动黏度,用 ν 来表示。

$$\nu = \frac{\mu}{\rho} \tag{6 – 13}$$

运动黏度没有明确的物理意义。因为在其单位中只有长度和时间的量纲,所以称为运动黏度,它在液压分析计算中是一个经常遇到的物理量。

运动黏度的法定计量单位是 m^2/s。

就物理意义来说,运动黏度并不是一个黏度的量,但工程中常用它来表示液体黏度。如液压油的牌号,就是这种液压油在40℃时的运动黏度的平均值。例如 Y4 – N32 液压油就是指这种液压油在40℃时的运动黏度的平均值为 $32mm^2/s$。

③ 相对黏度又称条件黏度。它是采用特定的黏度计,在规定的条件下测出的液体黏度。根据测量条件的不同,各国采用的相对黏度的单位也不同。如美国采用国际赛氏秒(SSU),英国采用商用雷氏秒($''R$),我国和欧洲一些国家采用恩氏黏度($°E$)。

恩氏黏度由恩氏黏度计测定,即:把 $200cm^3$ 的被测液体装入底部有直径为 2.8mm 小孔的恩氏黏度计的容器中,在某一特定温度 $T(℃)$ 时,测定全部液体在自重作用下流过小孔所需的时间 t_1 与同体积的蒸馏水在20℃时流过同一小孔所需的时间 t_2($t_2 = 50 \sim 52s$)之比值,便是该液体在 $T(℃)$ 时的恩氏黏度,用符号 $°E_T$ 表示:

$$°E_T = \frac{t_1}{t_2} \tag{6 – 14}$$

恩氏黏度和运动黏度之间可用下面的经验公式换算:

$$\nu = \left(7.31°E - \frac{6.31}{°E}\right) \times 10^{-6} \tag{6 – 15}$$

2. 对液压油的要求和选用

1)要求

液压油既是液压传动的工作介质,又是各种液压元件的润滑剂,因此液压油的性能会直接影响液压系统的性能,如工作可靠性、灵敏性、稳定性、系统效率和零件寿命等。选用液压油时应满足下列要求:

(1)黏温性好。在使用温度范围内,黏度随温度的变化越小越好。

(2)润滑性能好。在规定的范围内有足够的油膜强度,以免产生干摩擦。

(3)化学稳定性好。在储存和工作过程中不易氧化变质,以防胶质沉淀物影响系统正常工作;防止油液变酸,腐蚀金属表面。

(4)质地纯净,抗泡沫性好。油液中含有机械杂质易堵塞油路,含有易挥发性物质,则会使油液中产生气泡,影响运动平稳性。

(5)闪点要高,凝点要低。油液用于高温场合时,为了防火安全,要求闪点高;在温度低的环境下工作时,要求凝点低。一般液压系统中所用的液压油的闪点约为 130～150℃,凝点约为 –10～ –15℃。

2)种类及其选用

液压油的品种很多,主要可分为三大类:矿物油型、合成型和乳化型。液压油的主要品种及性质见表 6–1。

表 6–1   液压油的主要品种及其性质

性能		可燃性液压油			抗燃性液压油			
		矿物油型			合成型		乳化型	
		通用液压油	抗磨液压油	低温液压油	磷酸酯液	水 – 乙二醇液	油包水液	水包油液
密度,kg/m³		850～900			1100～1500	1040～1100	920～940	1000
黏度,10^{-6}m²/s		15,22,32,46,68,100	15,22,32,46,68,100,150	10,15,22,32,46	22 – 100	22 – 68	22 – 100	46 – 100
黏度指数 VI	≥	90	95	130	130～180	140～170	130～150	极高
润滑性		优	优	优	优	良	良	可
防锈蚀性		优	优	优	良	良	良	可
闪点,℃	≥	170～200	170	150～170	难燃	难燃	难燃	不燃
凝点,℃	≤	–10	–25	–35～–45	–20～–50	–50	–25	–5

正确选用液压油是保证液压设备高效率正常运转的前提。目前,90%以上的液压系统采用矿物油型液压油为工作介质,选用时,普通液压油优先考虑,有特殊要求时,则选用抗磨、低温或高黏度指数的液压油,如没有普通液压油,则可用汽轮机油或机械油代用;合成型液压油价格贵,只有在某些特殊设备中,例如在对抗燃性要求高并且使用压力高、温度变化范围大等情况下采用;在工作压力不高时,高水基乳化液也是一种良好的抗燃液。在选用液压油时,合适的黏度有时更为重要。黏度的高低将影响运动部件的润滑、缝隙的泄漏及流动时的压力损失、系统的发热等。一般根据黏度选择液压油的原则是:运动速度高或配合间隙小时,宜采用黏度较低的液压油以减少摩擦损失;工作压力高或温度高时,宜采用黏度较高的液压油以减少泄漏。实际上,系统中使用的液压泵对液压油黏度的选用往往起决定性作用,可根据表 6–2 的推荐值来选用油液黏度。

表 6–2   液压泵采用油液的黏度表

液压泵类型		40℃黏度 ν,10^{-6}m²/s	
		环境温度 5～40℃	环境温度 40～80℃
叶片泵	$p<7$MPa	30～50	40～75
	$p\geqslant7$MPa	50～70	55～90
齿轮泵		30～70	95～165
轴向柱塞泵		40～75	70～150
径向柱塞泵		30～80	65～240

七、液体静力学基础

1. 液体的压力

静止液体在单位面积上所受的法向力称为静压力,如果在液体内某点处微小面积 ΔA 上作用有法向力 ΔF,则 $\Delta F/\Delta A$ 的极限就是该点的静压力,用 p 表示。

$$p = \lim_{\Delta A \to 0} \frac{\Delta F}{\Delta A} \tag{6-16}$$

若在液体的面积 A 上,所受的为均匀分布的作用力 F 时,则静压力可表示为

$$p = F/A \tag{6-17}$$

液体的静压力在物理学上称为压强,但在液压传动中习惯称为压力。压力的法定计量单位是 Pa($1Pa = 1N/m^2$)。由于 Pa 单位太小,工程上使用不便,因而常用 MPa,二者间的换算关系为 $1MPa = 10^6 Pa$。

2. 液体静压力的性质

(1)液体静压力垂直于作用面,其方向与该面的内法线方向一致。
(2)静止液体内任意点处的静压力在各个方向上都相等。

3. 压力的表示方法

根据度量基准的不同,液体压力分为绝对压力和相对压力两种。绝对压力是以绝对零压力作为基准来进行度量;相对压力是以当地大气压为基准来进行度量。显然:

绝对压力 = 大气压力 + 相对压力

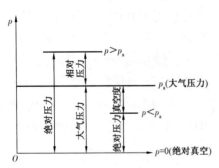

因大气中的物体在大气压的作用下是自相平衡的,所以大多数压力表测得的压力值是相对压力。故相对压力又称表压力。当绝对压力低于大气压时,绝对压力不足于大气压力的那部分压力值称为真空度。真空度就是大气压力和绝对压力之差,即

真空度 = 大气压力 − 绝对压力

绝对压力、相对压力和真空度之间的相对关系如图6-4所示。

图 6-4 绝对压力、相对压力及真空度

4. 液体作用于容器壁面上的力

液体和固体壁面相接触时,固体壁面将受到液体静压力的作用。由于静压力近似处处相等,所以可认为作用于固体壁面上的压力是均匀分布的。

当固体壁面为一平面时,作用在该面上静压力的方向与该平面垂直,是相互平行的。作用力 F 为液体的压力 p 与该平面面积的乘积,即

$$F = pA \tag{6-18}$$

八、液体动力学基础

1. 基本概念

1）理想液体和恒定流动

由于液体具有黏性，因此在研究流动液体时必须考虑黏性的影响。液体中的黏性问题非常复杂，为了便于分析和计算，可先假设液体没有黏性，然后再考虑黏性的影响，并通过实验验证等办法对上述结论进行补充或修正。这种方法同样可用来处理液体的可压缩性问题。为此，把既无黏性也不可压缩的假想液体称为理想液体，而把事实上既有黏性又可压缩的液体称为实际液体。

液体流动时，若液体中任何一点的压力、流速和密度都不随时间而变化，这种流动就称为恒定流动。反之，如流动时压力、流速和密度中任何一个参数会随时间而变化，则称为非恒定流动。

2）通流截面、流量和平均流速

液体在管道中流动时，垂直于流动方向的截面称为通流截面。

单位时间内流过通流截面的液体体积称为体积流量，简称流量，用 q 表示，单位为 m^3/s，工程上也常用 L/min 作单位。

平均流速是指通流截面通过的流量 Q 与该通流截面面积 A 的比值，用 v 表示：

$$v = Q/A \qquad\qquad (6-19)$$

3）层流、紊流、雷诺数

液体的流动有两种状态，即层流和紊流。这两种流动状态的物理现象可以通过一个实验观察出来，这就是雷诺实验。如果液体是分层流动的，层与层之间互不干扰，液体的这种流动状态称为层流。如果流动液体的质点在流动时不仅沿轴向运动还有横向运动，呈现极其紊乱的状态，液体的这种流动状态称为紊流。

实验证明，液体在管中流动时是层流还是紊流，不仅与管内平均流速有关，还和管径 d、液体的运动黏度 ν 有关。而决定流动状态的，是这三个参数所组成的一个称为雷诺数 Re 的无因次量，即

$$Re = \frac{vd}{\nu} \qquad\qquad (6-20)$$

液体流动时雷诺数相同，则其流动状态也相同。液体的流态由临界雷诺数 Re_{cr} 决定。当 $Re < Re_{cr}$ 时为层流；当 $Re > Re_{cr}$ 时为紊流。临界雷诺数 Re_{cr} 可由相关手册查取。

2. 连续性方程

连续性方程是质量守恒定律在流体力学中的一种表达形式。图 6-5 为液体在管路中做恒定流动，由于液体不可压缩（密度 ρ 不变），在压力作用下液体内部也不可能有空隙，在管路上任意取截面 1 和 2，若其通流截面面积分别为 A_1 和 A_2，液体流经两截面时的平均流速分别为 v_1 和 v_2。根据质量守恒定律，则在单位时间内流过两个断面的液体质量相等，即 $\rho v_1 A_1 = \rho v_2 A_2$，则

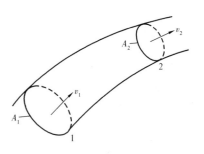

图 6-5　连续性方程示意图

$$v_1 A_1 = v_2 A_2 \qquad (6-21)$$

或写成
$$Q = vA = 常数$$

式(6-21)就是液流的流量连续性方程。该方程说明:在管道中做恒定流动的不可压缩液体,流过各截面的流量是相等的,因而流速与通流面积成反比。

3. 伯努利方程

伯努利方程是能量守恒定律在流动液体中的表现形式。流动的液体不仅具有压力能和位能,而且由于它具有一定的流速,因此还具有动能。伯努利方程主要反映液体所具有的动能、位能、压力能三种能量之间的转换规律。

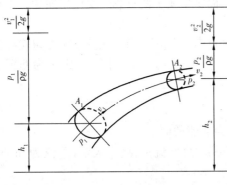

图6-6 伯努利方程示意图

1)理想液体的伯努利方程

如图6-6所示,液流管道内所流流体为理想液体,并为恒定流动。根据能量守恒定律,在同一管内各个截面处的总能量都相等。当液体在图6-6所示的管路中流动时,取两通流截面 A_1、A_2,它们离高度基准线的距离分别为 h_1、h_2,流速分别为 v_1、v_2,压力分别为 p_1、p_2,根据能量守恒定律有

$$\frac{p_1}{\rho g} + \frac{v_1^2}{2g} + h_1 = \frac{p_2}{\rho g} + \frac{v_2^2}{2g} + h_2 \qquad (6-22)$$

式(6-22)称为理想液体的伯努利方程。其物理意义是:在密闭管道内做稳定流动的理想液体具有三种形式的能量(压力能、位能、动能),在沿管道流动过程中三种能量之间可以互相转化,但在任一截面处,三种能量的总和为一常数。

2)实际液体的伯努利方程

液压传动中使用的液压油都具有黏性,流动时必须考虑因黏性而损失的一部分能量。另外,实际液体的黏性使流束在通流截面上各点的真实流速并不相同,精确计算时必须引进动能修正系数。因此,实际液体的伯努利方程可写成

$$\frac{p_1}{\rho g} + \frac{\alpha_1 v_1^2}{2g} + h_1 = \frac{p_2}{\rho g} + \frac{\alpha_2 v_2^2}{2g} + h_2 + h_w \qquad (6-23)$$

式中 h_w——液体从一个截面运动到另一个截面时,单位质量液体因克服内摩擦而损失的能量;
  α_1,α_2——动能修正系数,层流时分别取2,紊流时分别取1。

九、液压冲击和空穴现象

1. 液压冲击

在液压系统中,由于某种原因而引起油液的压力在瞬间急剧上升,这种现象称为液压冲击。

液压系统中产生液压冲击的原因很多,如液流速度突变(如关闭阀门)或突然改变液流方向(换向)等因素都将会引起系统中油液压力的猛然升高而产生液压冲击。液压冲击会引起振动和噪声,导致密封装置、管路等液压元件的损坏,有时还会使某些元件,如压力继电器、顺

序阀产生误动作,影响系统的正常工作。因此,必须采取有效措施来减轻或防止液压冲击。

避免产生液压冲击的基本措施是尽量避免液流速度发生急剧变化,延缓速度变化的时间,其具体办法是:

(1)缓慢开关阀门;

(2)限制管路中液流的速度;

(3)系统中设置蓄能器和安全阀;

(4)在液压元件中设置缓冲装置(如节流孔)。

2. 空穴现象

在液压系统中,由于流速突然变大、供油不足等因素,压力迅速下降至低于空气分离压力时,溶于油液中的空气游离出来形成气泡,这些气泡夹杂在油液中形成气穴,这种现象称为空穴现象。

当液压系统中出现空穴现象时,大量的气泡破坏了油流的连续性,造成流量和压力脉动,当气泡随油流进入高压区时又急剧破灭,引起局部液压冲击,使系统产生强烈的噪声和振动。当附着在金属表面上的气泡破灭时,它所产生的局部高温、高压及油液中逸出的气体的氧化作用,使金属表面剥蚀或出现海绵状的小洞穴。这种因空穴造成的腐蚀作用称为气蚀,导致元件寿命的缩短。

气穴多发生在阀口和液压泵的进口处。由于阀口的通道狭窄,流速增大,压力大幅度下降,以致产生气穴;当泵的安装高度过大或油面不足,吸油管直径太小时,吸油阻力大,滤油器阻塞,造成进口处真空度过大,亦会产生气穴。为减少气穴和气蚀的危害,一般采取下列措施:

(1)减小液流在间隙处的压力降,一般间隙前后的压力比 $p_1/p_2 < 3.5$。

(2)降低吸油高度,适当加大吸油管内径,限制吸油管的流速,及时清洗滤油器。对高压泵可采用辅助泵供油。

(3)管路要有良好密封,防止空气进入。

第二节　液压泵和液压马达

在液压系统中,液压泵和液压马达都是能量转换元件,液压泵是把原动机输入的机械能转换为液体能的机器,是系统的动力元件;而液压马达是把液压系统的压力能重新转换为机械能带动负载运行的机器,是执行元件。液压泵和液压马达就其结构来讲基本相同,就其原理来讲互为逆装置,因此本节把液压泵和液压马达放在一起讨论。

一、液压泵的基本工作原理

液压泵是依靠密封容积变化来进行工作的,故一般称为容积式液压泵。如图 6 – 7 所示,柱塞 5 装在缸体 4 中形成一个密封容积,柱塞在弹簧 2 的作用下始终压紧在偏心轮 6 上。原动机驱动偏心轮 6 旋转,柱塞在缸体中做往复运动,使密封容积的大小发生周期性的交替变化。当柱塞向下移动时,密封容积由小变大形成真空度,油箱中的油液在大气压力的作用下经吸油管顶开单向阀 1 进入油腔 a 而实现吸油;反之,柱塞向上移动时,密封容积由大变小,油腔 a 中吸满的油液将顶开单向阀 3 流入系统而实现压油。这样液压泵就将原动机输入的机械能转换为液体的压力能,原动机驱动偏心轮不断旋转,液压泵就不断地吸油和压油。

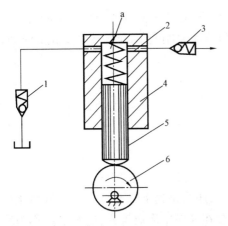

图6-7 液压泵工作原理图
1—单向阀;2—弹簧;3—单向阀;
4—缸体;5—柱塞;6—偏心轮

显然,组成容积式液压泵的三个条件为:

(1)必须具有密封容积V;

(2)V能由小变大(吸油过程),由大变小(排油过程);

(3)吸油口与排油口不能相通(靠配流机构分开)。

液压泵按其结构形式不同,可分为齿轮泵、叶片泵、柱塞泵;按输出流量能否变化,可分为定量泵和变量泵。

在液压系统中,各种液压泵虽然组成密封容积的零件构造不尽相同,配流机构也有多种形式,但它们都满足上述三个条件,故都属容积式液压泵。

液压泵的图形符号见附录二。

二、液压泵的主要性能参数

1. 压力

(1)额定压力p_r:液压泵在正常工作条件下,按试验标准规定连续运转的最高工作压力。

(2)工作压力p:液压泵实际工作时的输出压力称为工作压力。工作压力的大小取决于外负载和排油管路上的压力损失,其值应小于或等于额定压力。

(3)最高允许压力p_{max}:在超过额定压力的条件下,根据试验标准规定,允许液压泵短时运行的最高压力值,称为液压泵的最高允许压力。

2. 排量和流量

(1)排量q:液压泵主轴旋转一周所排出液体的体积。如图6-7所示,设柱塞截面积为A,行程为L,则排量$q = AL$。排量可以调节的液压泵称为变量泵;排量不可以调节的液压泵则称为定量泵。

(2)理论流量Q_t:理论流量是指不考虑泄漏等因素的影响,液压泵在单位时间内所排出的液体体积。图6-7所示的柱塞泵,如果液压泵的排量为q,其主轴转速为n,则该液压泵的理论流量

$$Q_t = q \cdot n \qquad (6-24)$$

式中 q——液压泵的排量,m^3/s;

n——主轴转速,r/s。

(3)实际流量Q:液压泵工作时实际输出的流量。它等于理论流量Q_t减去泄漏流量Δq。

$$Q = Q_t - \Delta q \qquad (6-25)$$

(4)额定流量Q_r:液压泵在正常工作条件下,按试验标准规定(如在额定压力和额定转速下)必须保证的流量。

3. 功率和效率

1) 液压泵的功率

(1) 输入功率 P_i：指作用在液压泵主轴上的机械功率。当输入转矩为 T_i、角速度为 ω 时，有

$$P_i = T_i\omega = 2\pi T_i n \tag{6-26}$$

(2) 输出功率 P_0：指液压泵在工作过程中的实际吸、压油口间的压差 Δp 和输出流量 Q 的乘积，即

$$P_0 = \Delta pQ \tag{6-27}$$

式中　Δp——液压泵吸、压油口之间的压力差，Pa；

　　　Q——液压泵的输出流量，m^3/s；

　　　P_0——液压泵的输出功率，W。

在工程实际中，若液压泵吸、压油口的压力差 Δp 的计量单位用 MPa 表示，输出流量 Q 用 L/min 表示，则液压泵的输出功率 P_0 可表示为

$$P_0 = \Delta pQ/60 \tag{6-28}$$

式中，P_0 的单位为 kW。

在实际的计算中，若油箱通大气，液压泵吸、压油口的压力差 Δp 往往用液压泵出口压力 p 代入。

2) 液压泵的效率

(1) 容积效率 η_V：若忽略由于吸油腔的气穴及排油腔的油液压缩所造成的流量损失，则液压泵的实际流量 Q 为其理论流量 Q_t 减去泄漏量 Δq，即 $Q = Q_t - \Delta q$，若以泵的容积效率表示其容积损失，则

$$\eta_V = Q/Q_t = (Q_t - \Delta q)/Q_t = 1 - \Delta q/Q_t \tag{6-29}$$

因此液压泵的实际输出流量 Q 为

$$Q = Q_t\eta_V = qn\eta_V \tag{6-30}$$

液压泵的容积效率随着液压泵工作压力的增大而减小，且随液压泵的结构类型不同而不同。

(2) 机械效率 η_m：液压泵的实际输入转矩 M_i 总是大于理论上所需要的转矩 M_t，其主要原因是由于液压泵泵体内相对运动部件之间因机械摩擦而引起的摩擦转矩损失以及液体的黏性而引起的摩擦损失。若以泵的机械效率表示机械损失，它等于液压泵的理论转矩 M_t 与实际输入转矩 M_i 之比，即液压泵的机械效率为

$$\eta_m = T_t/T_i = \frac{1}{1 + \dfrac{\Delta T}{T_t}} \tag{6-31}$$

(3) 总效率 η：指液压泵的实际输出功率与其输入功率的比值，即

$$\eta = P_0/P_i = \frac{\Delta pQ}{2\pi nT_i} = \frac{\Delta pqn\eta_V}{\dfrac{2\pi nT_t}{\eta_m}} = \eta_V\eta_m \tag{6-32}$$

由式(6－32)可知,液压泵的总效率等于其容积效率与机械效率的乘积,所以液压泵的输入功率也可写成

$$P_i = \frac{\Delta p Q}{\eta} \qquad (6-33)$$

三、齿轮泵

齿轮泵是液压系统中广泛采用的一种液压泵,按啮合方式的不同分为外啮合、内啮合两种结构形式,外啮合齿轮泵应用较为广泛。

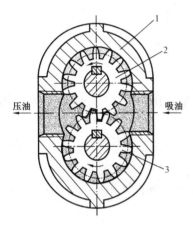

图6－8　齿轮泵的工作原理
1—壳体;2—主动齿轮;3—从动齿轮

图6－8为外啮合齿轮泵的工作原理图,齿轮泵的主要部件是装在壳体内的一对齿轮。齿轮两侧有端盖(图中未画出),壳体、端盖和齿轮的各个齿槽组成了许多密封工作腔。当齿轮按图示方向旋转时,右侧吸油腔由于相互啮合的轮齿逐渐脱开,密封工作容积逐渐增大,形成部分真空,因此油箱中的油液在外界大气压力的作用下,经吸油管进入吸油腔,将齿槽充满,并随着齿轮旋转,把油液带到左侧压油腔内。在压油腔,由于轮齿在这里逐渐进入啮合,密封工作腔容积不断减小,油液便被挤出,进入管路。在齿轮泵的工作过程中,只要两齿轮的旋转方向不变,其吸、排油腔的位置也就确定不变。啮合线把高、低压两腔分隔开来,起配油作用,因此齿轮泵不需设置专门的配流机构,这是它和其他类型容积式液压泵的不同之处。

齿轮泵和其他类型泵相比,齿轮泵的优点是结构简单紧凑、工作可靠、制造容易、价格低廉、自吸性能好、维护容易及对工作介质污染不敏感等。其缺点是流量和压力脉动大,噪声也较大。此外,容积效率低、径向不平衡力大限制了其工作压力的提高。

四、叶片泵

叶片泵的结构较齿轮泵复杂,但其工作压力较高,且流量脉动小,工作平稳,噪声较小,寿命较长。所以它被广泛应用于机械制造中的专用机床、自动线等中低压液压系统,但其结构复杂,吸油特性不太好,对油液的污染也比较敏感。

根据各密封工作容积在转子旋转一周吸、排油液次数的不同,叶片泵分为两类,即完一周成一次吸、排油液的单作用叶片泵和完成两次吸、排油液的双作用叶片泵。单作用叶片泵多用于变量泵,工作压力最大为7.0MPa,结构经改进的高压叶片泵最大工作压力可达16.0～21.0MPa。

1. 单作用叶片泵

单作用叶片泵由转子、定子、叶片和端盖等组成,其工作原理如图6－9所示。定子具有圆柱形内表面,定子和转子间的偏心距为e,叶片装在转子槽中,并可在槽内滑动,当转子回转时,由于离心力的作用,使叶片伸出紧靠在定子内壁上,这样在定子、转子、叶片和两侧配油盘间就形成若干个密封的工作空间,当转子按图示的方向回转时,在图的右部,叶片逐渐伸出,叶片间的工作空间逐渐增大,从吸油口吸油,这是吸油腔。在图的左部,叶片被定子内壁逐渐压进槽内,工作空间逐渐缩小,将油液从压油口压出,这就是压油腔。在吸油腔和压油腔之间,有

一段封油区,把吸油腔和压油腔隔开,这种叶片泵转子每转一周,每个工作空间完成一次吸油和压油,因此称为单作用叶片泵。转子不停地旋转,泵就不断地吸液和排液。

单作用叶片泵的流量是脉动的,泵内叶片数越多,流量脉动率越小。此外,奇数叶片的脉动率比偶数叶片的脉动率小,所以单作用叶片泵的叶片数均为奇数,一般为13片或15片。

2. 双作用叶片泵

双作用叶片泵是由定子、转子、叶片和配油盘(图中未画出)等组成,其工作原理如图6-10所示。转子和定子中心重合,定子内表面是由两段长半径圆弧、两段短半径圆弧和四段过渡曲线所组成的近似椭圆面。当转子转动时,叶片在离心力和(建压后)根部压力油的作用下,压向定子内表面,叶片、定子内表面,转子外表面和两侧配油盘间就形成若干个密封空间,当转子按图示方向旋转时,处在小圆弧上的密封空间经过渡曲线而运动到大圆弧的过程中,叶片外伸,密封空间的容积增大,吸入油液;再从大圆弧经过渡曲线运动到小圆弧的过程中,叶片被定子内壁逐渐压进槽内,密封空间容积变小,将油液从压油口压出。因而,转子每转一周,每个工作空间要完成两次吸油和压油,因此称之为双作用叶片泵。这种叶片泵由于有两个吸油腔和两个压油腔,并且各自的中心夹角是对称的,作用在转子上的油液压力相互平衡,因此双作用叶片泵又称为卸荷式叶片泵,为了使径向力完全平衡,密封空间数(即叶片数)应当是双数。

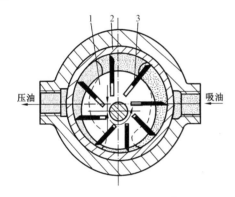

图6-9 单作用叶片泵工作原理
1—转子;2—定子;3—叶片

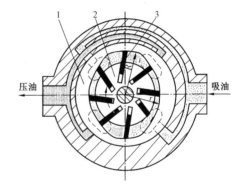

图6-10 双作用叶片泵工作原理
1—定子;2—转子;3—叶片

(1)双作用叶片泵的优点如下:

① 流量均匀,压力脉动很小,故运转平稳,噪声也比较小。

② 由于叶片泵中有较大的密封工作腔,尤其是双作用式叶片泵,每转中每个密封工作腔各吸、排油两次,使流量增大,故结构紧凑,体积小。

③ 密封可靠,压力较高,一般多为中压泵。

(2)双作用叶片泵也存在下列缺点:

① 制造要求高,加工较困难。泵的定子曲线必须使用专门设备才能加工出来。

② 对油液污染敏感,容易损坏。由于叶片与叶片槽的配合间隙极小,故油液稍受污染便会将叶片卡死。叶片本身很薄,卡死后极易折断。这使得叶片泵的适应性大大降低。

③ 吸油能力较差。由于双作用叶片泵密封腔体积变化小,造成吸油能力较低。

双作用叶片泵广泛应用于各种中、低压液压系统,完成中等负荷的工作,如金属切削机床、锻压机械及辅助设备等的液压系统。

五、柱塞泵

柱塞泵是靠柱塞在缸体中做往复运动造成密封容积的变化来实现吸油与压油的。与齿轮泵和叶片泵相比,柱塞泵的优点如下:(1)构成密封容积的零件为圆柱形的柱塞和缸孔,加工方便,可得到较高的配合精度,密封性能好,在高压下工作仍有较高的容积效率。(2)只需改变柱塞的工作行程就能改变流量。(3)柱塞泵主要零件均受压应力,材料强度性能可得以充分利用。由于柱塞泵压力高、结构紧凑、效率高、流量调节方便,故在高压、大流量、大功率的系统中和流量需要调节的场合,如在龙门刨床、液压机、工程机械、矿山冶金机械、石油机械和船舶上得到广泛的应用。

柱塞泵按柱塞的排列方式不同,可分为径向柱塞泵和轴向柱塞泵两大类。

1. 径向柱塞泵

径向柱塞泵的工作原理如图 6-11 所示,柱塞 1 径向排列安装在缸体(转子)2 中,缸体由原动机带动连同柱塞 1 一起旋转,柱塞 1 在离心力的作用下抵紧定子 4 内壁,当转子按图示方向回转时,由于定子和转子之间有偏心距 e,柱塞绕经上半周时向外伸出,柱塞底部的容积逐渐增大,形成部分真空,因此经过衬套 3(衬套 3 是压紧在转子内,并和转子一起回转)上的油孔可从配油轴 5 的吸油口 b 吸油;当柱塞转到下半周时,定子内壁将柱塞向里推,柱塞底部的容积逐渐减小,向配油轴的压油口 c 压油,当转子回转一周时,每个柱塞底部的密封容积完成一次吸压油,转子连续运转,即完成吸压油工作。配油轴固定不动,油液从配油轴上半部的两个孔 a 流入,从下半部两个孔 d 压出,为了进行配油,配油轴在和衬套 3 接触的一段加工出上下两个缺口,形成吸油口 b 和压油口 c,留下的部分形成封油区,封油区的宽度应能封住衬套上的吸压油孔,以防吸油口和压油口相连通,但尺寸也不能过大,以免产生困油现象。

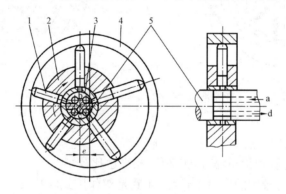

图 6-11　径向柱塞泵的工作原理
1—柱塞;2—缸体;3—衬套;4—定子;5—配油轴

径向柱塞泵的流量因偏心距 e 的大小而不同,若偏心距 e 做成可调的(一般是使定子做水平移动以调节偏心量),就成为变量泵,如偏心距的方向改变后,进油口和压油口也随之互相变换,这就是双向变量泵。

由于径向柱塞泵径向尺寸大、转动惯量大、自吸能力差,且配油轴受到径向不平衡液压力的作用,易于磨损,从而限制了它的转速和压力的提高。因此,逐渐被轴向柱塞泵代替。

由于径向柱塞泵中的柱塞在缸体中的移动速度是变化的,因此泵的输出流量是脉动的,当柱塞较多且为奇数时,流量脉动较小。

2. 轴向柱塞泵

斜盘式轴向柱塞泵的工作原理如图6-12所示,配油盘1上的两个弧形孔(见左视图)为吸、排油窗口,斜盘10与配油盘1均固定不动,弹簧5通过芯套7将回程盘8和滑靴9压紧在斜盘上。传动轴2通过键3带动缸体4和柱塞6旋转,斜盘与缸体轴线倾斜一角度γ。由于斜盘的作用迫使柱塞在缸体孔中做往复运动,并通过配油盘的配油窗口进行吸油和压油。当柱塞从图示最下方的位置向上方转动时,被滑靴(其头部为球铰连接)从柱塞孔中拉出,使柱塞与柱塞孔组成的密封工作容积增大而产生真空,油液通过配油盘的吸油窗口被吸进柱塞孔内,从而完成吸油过程。当柱塞从图示最上方的位置向下方转动时,柱塞被斜盘的斜面通过滑靴压进柱塞孔内,使密封工作容积减小,油液受压,通过配油盘的排油窗口排出泵外,从而完成排油过程。缸体旋转一周,每个柱塞都完成一次吸油和排油。

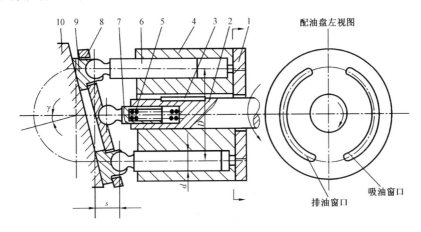

图6-12 斜盘式轴向柱塞泵的工作原理

1—配油盘;2—传动轴;3—键;4—缸体;5—弹簧;6—柱塞;7—芯套;8—回程盘;9—滑靴;10—斜盘

六、液压马达

1. 液压马达的特点及分类

从能量转换的观点来看,液压泵与液压马达是可逆工作的液压元件,向任何一种液压泵输入工作液体,都可使其变成液压马达工况;反之,当液压马达的主轴由外力矩驱动旋转时,也可变为液压泵工况。因为它们具有同样的基本结构要素——密闭而又可以周期变化的容积和相应的配油机构。

但是,由于液压马达和液压泵的工作条件不同,对它们的性能要求也不一样,所以同类型的液压马达和液压泵之间仍存在许多差别。首先,液压马达应能够正、反转,因而要求其内部结构对称;液压马达的转速范围需要足够大,特别对它的最低稳定转速有一定的要求。因此,它通常都采用滚动轴承或静压滑动轴承。其次,液压马达由于在输入压力油条件下工作,因而不必具备自吸能力,但需要一定的初始密封性,才能提供必要的转矩。由于存在着这些差别,使得液压马达和液压泵在结构上比较相似,但不宜可逆工作。

液压马达按其结构类型可分为齿轮式、叶片式、柱塞式和其他形式。按液压马达的额定转速可分为高速和低速两大类。额定转速高于 500r/min 的属于高速液压马达,额定转速低于 500r/min 的属于低速液压马达。高速液压马达的基本型式有齿轮式、螺杆式、叶片式和轴向柱塞式等。它们的主要特点是转速较高,转动惯量小,便于启动和制动,调节(调速及换向)灵敏度高。通常高速液压马达输出转矩不大,所以又称为高速小扭矩马达。低速液压马达的基本形式是径向柱塞式,此外,在轴向柱塞式、叶片式和齿轮式中也有低速的结构形式。低速液压马达的主要特点是排量大,体积大,转速低(有时可达每分钟几转甚至零点几转)。因此可直接与工作机构连接,不需要减速装置,使传动机构大为简化,通常低速液压马达输出转矩较大(可达几千 N·m 到几万 N·m),所以又称为低速大转矩液压马达。

液压马达的图形符号见附录二。

2. 液压马达的工作原理

液压马达的结构与同类型的液压泵很相似,下面以叶片式和径向柱塞式液压马达为例对其工作原理作简单介绍。

1)叶片式液压马达

图 6-13 为叶片式液压马达工作原理图,当压力油通入压油腔后,叶片 1、3(或 5、7)一面作用是压力油,另一面为低压油。由于叶片 3、7 伸出的面积大于叶片 1、5 伸出的面积,因此作用于叶片 3、7 上的总液压力大于作用于叶片 1、5 上的总液压力,于是压力差使叶片带动转子做逆时针方向旋转。叶片 2、6 两面同时受压力油作用,受力平衡对转子不产生作用转矩。叶片式液压马达的输出转矩与液压马达的排量和液压马达进出油口之间的压力差有关,其转速由输入液压马达的流量大小来决定。

由于液压马达一般要求能正反转,所以叶片式液压马达的叶片既不前倾也不后倾,要径向放置。为了使叶片根部始终通有压力油,在回、压油腔通入叶片根部的通路上应设置单向阀。为了确保叶片式液压马达在压力油通入后能正常启动,必须使叶片顶部和定子内表面紧密接触,以保证良好的密封,因此在叶片根部应设置预紧弹簧。

叶片式液压马达体积小,转动惯量小,动作灵敏,可适用于换向频率较高的场合,但泄漏量较大,低速工作时不稳定。因此叶片式液压马达一般用于转速高、转矩小和动作要求灵敏的场合。

2)径向柱塞式液压马达

图 6-14 为径向柱塞式液压马达工作原理图,当压力油经固定的配油轴 4 的窗口进入柱塞 1 的底部时,柱塞向外伸出,紧紧顶住定子 2 的内壁,由于定子与缸体存在一偏心距 e,在柱塞与定子接触处,定子对柱塞的反作用力为 F_N。力 F_N 可分解为 F_F 和 F_T 两个分力。当作用在柱塞底部的油液压力为 p,柱塞直径为 d,力 F_F 和 F_N 之间的夹角为 ϕ 时,则有

$$F_F = p \frac{\pi}{4} d^2 \qquad\qquad (6-34a)$$

$$F_T = F_F \tan\phi \qquad\qquad (6-34b)$$

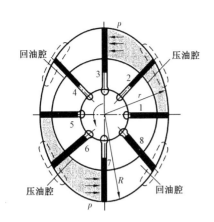

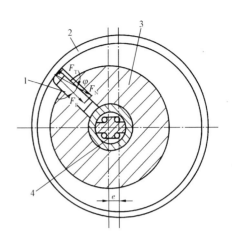

图 6-13　叶片式液压马达工作原理图
1~8—叶片；R—定张半径；
r—定子短半径；p—油液压力

图 6-14　径向柱塞马达工作原理
1—柱塞；2—定子；3—缸体；4—配油轴

F_T 对缸体产生一转矩，使缸体旋转。缸体通过传动轴向外输出转矩和转速。以上分析的是一个柱塞产生转矩的情况，由于在压油区作用有几个柱塞，在这些柱塞上所产生的转矩都使缸体旋转，并输出转矩。径向柱塞液压马达多用于低速、大转矩的情况。

3. 液压马达的基本参数

1) 液压马达的排量 q 及排量和转矩的关系

液压马达工作容积大小的表示方法和液压泵相同，也用排量 q 表示。液压马达的排量是个重要的参数。根据排量的大小，可以计算在给定压力下液压马达所能输出的转矩的大小，也可以计算在给定的负载转矩下液压马达的工作压力的大小。当液压马达进、出油口之间的压力差为 Δp，输入液压马达的流量为 Q，液压马达输出的理论转矩为 T_t，角速度为 ω，如果不计损失，液压泵输出的液压功率应当全部转化为液压马达输出的机械功率，即

$$\Delta pQ = T_t\omega \qquad (6-35)$$

又因为 $\omega = 2\pi n$，$Q = q \cdot n$，所以液压马达的理论转矩为

$$T_t = \frac{\Delta pq}{2\pi} \qquad (6-36)$$

2) 液压马达的功率和效率

(1) 功率。

① 输入功率 P_i：

$$P_i = pQ \qquad (6-37)$$

式中　p——液压马达的输入压力，Pa；

　　　q——液压马达的输入流量，m^3/s。

② 输出功率 P_0：

$$P_0 = 2\pi T_0 n \qquad (6-38)$$

式中 T_0——液压马达的输出转矩,N·m;

n——液压马达的转速,r/s。

(2)效率。

① 容积效率 η_V:与液压泵相反,液压马达的实际流量 Q 大于其理论流量 Q_t,即 $Q = Q_t + \Delta q$,故其容积效率 η_V 为

$$\eta_V = Q_t/Q = (1 - \Delta q)/Q \tag{6-39}$$

② 机械效率 η_m:与液压泵相反,液压马达的轴上转矩 T_0 小于理论转矩 T_t,即 $T_0 = T_t - \Delta T$,故液压马达的机械效率 η_m 为

$$\eta_m = T_0/T_t = 1 - \Delta T/T_t \tag{6-40}$$

③ 总效率 η:

$$\eta = \frac{P_0}{P_i} = \frac{2\pi T_0 n}{pQ} \tag{6-41}$$

$$\eta = \eta_V \eta_m \tag{6-42}$$

3)液压马达的转速 n

液压马达的转速取决于供液的流量 Q 和液压马达本身的排量 q。由于液压马达内部有泄漏,并不是所有进入液压马达的液体都推动液压马达做功,一小部分液体因泄漏损失掉了,所以液压马达的实际转速要比理想情况低一些。

$$n = \frac{Q}{q}\eta_V \tag{6-43}$$

第三节 液 压 缸

液压缸作为执行元件,是把液体的压力能转换成机械能的能量转换装置,主要用来驱动工作机构实现直线往复运动或摆动往复运动。液压缸结构简单、工作可靠,做直线往复运动时,可省去减速机构,且没有传动间隙、传动平稳、反应快,因此在液压系统中被广泛应用。

液压缸按其结构特点,可分为活塞式、柱塞式、摆动式三大类;按作用方式,可分为双作用式和单作用式两种。对于双作用式液压缸,两个方向的运动转换由压力油控制实现,单作用式液压缸则只能使活塞(或柱塞)单方向运动,其反向运动必须依靠外力来实现。下面介绍几种石油矿厂机械中常用的液压缸。

一、活塞式液压缸

活塞式液压缸可分为双出杆活塞式液压缸和单出杆活塞式液压缸两种。

1. 双出杆活塞式液压缸

双出杆活塞式液压缸,在缸的两端都有活塞杆伸出,如图 6-15 所示。它主要由活塞杆 1、压盖 2、缸盖 3、缸体 4、活塞 5、密封圈 6 等组成。缸体固定在床身上,活塞杆和支架连在一起,这样活塞杆只受拉力,因而可做得较细。缸体 4 与缸盖 3 采用法兰连接,活塞 5 与活塞杆 1

采用锥销连接。活塞与缸体之间采用间隙密封,这种密封内泄量较大,但对压力较低、运动速度较快的设备还是适用的。活塞杆与缸体端盖处采用V形密封圈密封,这种密封圈密封性较好,但摩擦力较大,其压紧力可由压盖2调整。

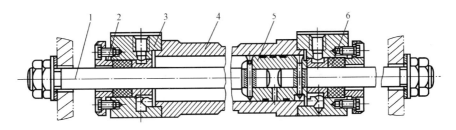

图 6-15　双出杆活塞式液压缸

1—活塞杆;2—压盖;3—缸盖;4—缸体;5—活塞;6—密封圈

对于双出杆液压缸,通常是两个活塞杆相同,活塞两端的有效面积相同。如果供油压力和流量不变,则活塞往复运动时两个方向的作用力 F_1 和 F_2 相等,速度 v_1 和 v_2 相等,其值为

$$F_1 = F_2 = (p_1 - p_2)A = (p_1 - p_2)\frac{\pi}{4}(D^2 - d^2) \tag{6-44}$$

$$v_1 = v_2 = \frac{Q}{\pi(D^2 - d^2)/4} \tag{6-45}$$

式中　F_1, F_2——活塞上的作用力,其方向见图 6-16;

　　　p_1, p_2——液压缸进、出口压力;

　　　v_1, v_2——活塞的运动速度,其方向见图 6-16;

　　　A——活塞有效面积;

　　　D——活塞直径;

　　　d——活塞杆直径;

　　　Q——进入液压缸的流量。

若将缸体固定在床身上,活塞杆和工作台相连,缸的左腔进油,则推动活塞向右运动;反之,缸的右腔进油,推动活塞向左运动。当活塞的有效行程为 l 时,其运动范围为活塞有效行程的三倍即 $3l$,如图 6-16(a)所示。这种连接的占地较大,一般用于中、小型设备。若将活塞杆固定在床身上,缸体与工作台相连时,其运动范围为液压缸有效行程的二倍即 $2l$,如图6-16(b)所示。这种连接占地小,常用于大、中型设备中。

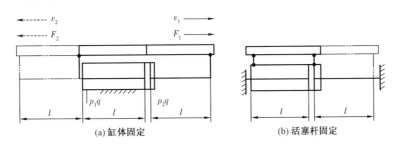

图 6-16　双出杆液压缸运动范围

2. 单出杆活塞式液压缸

单出杆活塞式液压缸是仅在液压缸的一侧有活塞杆,图6-17为工程机械设备常用的一种单出杆液压缸,主要由缸底1、活塞2、O形密封圈3、Y形密封圈4、缸体5、活塞杆6、导向套7等组成。

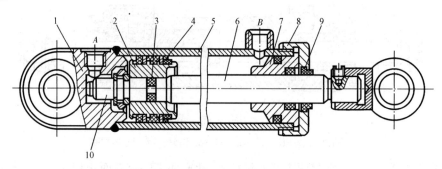

图6-17 单出杆液压缸结构

1—缸底;2—活塞;3—O形密封圈;4—Y形密封圈;5—缸体;
6—活塞杆;7—导向套;8—缸盖;9—防尘圈;10—缓冲柱塞

两端进、出油口都可以进、排油,实现双向的往复运动,同双出杆液压缸一样又称为双作用式液压缸。

活塞与缸体的密封采用Y形密封圈密封,活塞的内孔与活塞杆之间采用O形密封圈密封。导向套起导向、定心作用,活塞上套有一个用聚四氟乙烯制成的支承环,缸盖上设有防尘圈9,活塞杆左端设有缓冲柱塞10。

由于液压缸两腔的有效面积不等,因此它在两个方向输出的推力 F_1、F_2,速度 v_1、v_2 也不等,其值为(方向见图6-18)

$$F_1 = p_1A_1 - p_2A_2 = \frac{\pi}{4}D^2p_1 - \frac{\pi}{4}(D^2 - d^2)p_2 = \frac{\pi}{4}\left[(p_1 - p_2)D^2 + p_2d^2\right] \quad (6-46)$$

$$F_2 = p_1A_2 - p_2A_1 = \frac{\pi}{4}(D^2 - d^2)p_1 - \frac{\pi}{4}D^2p_2 = \frac{\pi}{4}\left[(p_1 - p_2)D^2 + p_1d^2\right] \quad (6-47)$$

$$v_1 = \frac{Q}{A_1} = \frac{Q}{\pi D^2/4} \quad (6-48)$$

$$v_2 = \frac{Q}{A_2} = \frac{Q}{\pi(D^2 - d^2)/4} \quad (6-49)$$

式中　v_1,v_2——活塞往复运动的速度;

$\quad\quad$ F_1,F_2——活塞输出的推力;

$\quad\quad$ A_1,A_2——无杆腔和有杆腔的面积;

$\quad\quad$ D——活塞直径(缸体内径);

$\quad\quad$ d——活塞杆直径。

由于 $A_1 > A_2$,所以 $v_1 < v_2$。其速度比为 φ,所以

$$\varphi = \frac{v_2}{v_1} = \frac{D^2}{D^2 - d^2}$$

则
$$d = D \sqrt{(\varphi - 1)/\varphi} \qquad (6-50)$$

活塞杆直径越小,速度比 φ 越接近1,两个方向的速度差值越小。若已知活塞直径 D 和速度比 φ,即可确定活塞杆直径 d。

当单出杆液压缸两腔互通,都通入压力油时(图6-19),由于无杆腔面积大于有杆腔面积,两腔互通压力且相等,活塞向右的作用力大于向左的作用力,这时活塞向右运动,并使有杆腔的油流入无杆腔,这种连接称为差动连接。

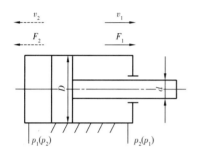 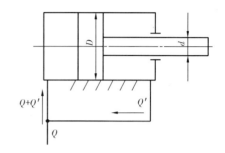

图6-18 单出杆液压缸计算简图   图6-19 差动连接液压缸

差动连接时,活塞杆运动速度为 v_3,输出推力为 F_3,与非差动连接液压油进入无杆腔时的速度 v_1 和推力 F_1 相比,速度变快,推力变小,此时有杆腔流出的流量 $Q' = v_3 A_2$,流入无杆腔的流量为

$$Q + Q' = v_3 A_1$$

所以
$$v_3 = \frac{Q}{A_1 - A_2} = \frac{Q}{\frac{\pi d^2}{4}} \qquad (6-51)$$

$$F_3 = p \frac{\pi d^2}{4} \qquad (6-52)$$

由式(6-51)和式(6-52)可见,差动连接时,相当于活塞杆面积在起作用。欲使差动液压缸往复速度相等,即 $v_2 = v_3$,需要满足 $D = 2d$。因此,差动连接在不增加泵的流量的前提下实现了快速运动,从而满足了工程上常用的工况:快进(差动连接)→工进(无杆腔进油)→快退(有杆腔进油),因而差动连接常用于组合机床和各类专用机床的液压系统中。

单出杆液压缸连接时,可以缸体固定,活塞运动;也可以活塞杆固定,缸体运动。这两种连接方式的液压缸运动范围都是两倍的行程。单出杆液压缸连接的结构紧凑,应用广泛。

二、柱塞式液压缸

由于活塞式液压缸内壁精度要求很高,当缸体较长时,孔的精加工较困难,故改用柱塞式液压缸。因柱塞式液压缸内壁不与柱塞接触,缸体内壁可以粗加工或不加工,只要求柱塞精加工即可。如图6-20所示,柱塞缸由缸体1、柱塞2、导向套3、弹簧卡圈4等组成。其特点如下:

(1)柱塞和缸体内壁不接触,具有加工工艺性好、成本低的优点,适用于行程较长的场合。

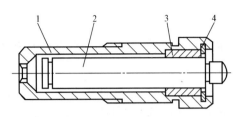

图 6 - 20　柱塞式液压缸

1—缸体;2—柱塞;3—导向套;4—弹簧卡圈

（2）柱塞缸是单作用缸,即只能实现一个方向的运动,回程要靠外力（如弹簧力、重力）或成对使用。

（3）柱塞工作时总是受压,因而要有足够的刚度。

（4）柱塞重力较大（有时做成中空结构）,水平安置时因自重会下垂,引起密封件和导向套单边磨损,故多垂直使用。

柱塞输出的力和速度分别为

$$F = pA = p\frac{\pi d^2}{4} \tag{6-53}$$

$$v = QA = \frac{Q}{\frac{\pi d^2}{4}} \tag{6-54}$$

式中　d——柱塞直径。

三、摆动式液压缸

摆动式液压缸是输出转矩并实现往复摆动的执行元件,也称为摆动液压马达,分为单叶片式和双叶片式两种。单叶片式摆动缸主要由定子块、缸体、转子、叶片、左右支承盘等主要件组成,如图 6 - 21 所示。定子块 1 固定在缸体 2 上,叶片 6 和转子 5 连接为一体,当油口 a、b 交替通压力油时,叶片便带动转子做往复摆动。图 6 - 22 为双叶片摆动液压缸结构图。若输入液压油的压力为 p_1,回油压力为 p_2 时,摆动轴输出的转矩 T 为

$$T = Fr$$

式中　F——压力油作用于叶片上的合力。

$$F = \frac{D - d}{2} \cdot b(p_1 - p_2)$$

$$r = \frac{D + d}{2}$$

式中　r——叶片中点到轴心的距离。

单叶片摆动缸输出转矩 T 和角速度 ω 的计算式为

$$T = \frac{b(D^2 - d^2)}{8}(p_1 - p_2)\eta_m \tag{6-55}$$

$$\omega = \frac{8Q}{b(D^2 - d^2)}\eta_V \tag{6-56}$$

式中　b——叶片宽度;

　　　D——缸体内径;

　　　d——摆动轴直径。

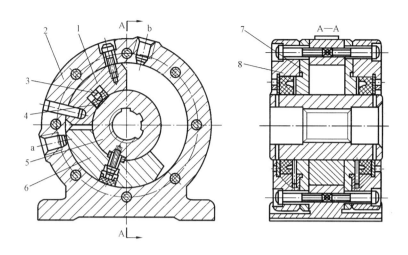

图 6 - 21　单叶片摆动缸结构

1—定子块;2—缸体;3—弹簧片;4—密封条;5—转子;6—叶片;7—支承盘;8—盖板

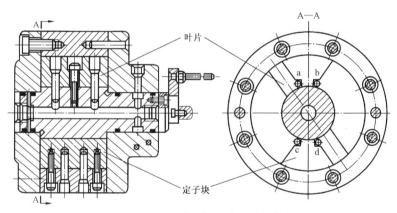

图 6 - 22　双叶片摆动液压缸结构

单叶片缸的摆动角度一般不超过 280°;而双叶片缸的摆角度不超过 150°,其输出转矩是单叶片缸的两倍,角速度是单叶片缸的一半。摆动缸具有结构紧凑、输出转矩大的特点,但密封困难。

四、双作用多级伸缩式油缸

多级伸缩式油缸又称套筒伸缩油缸,它的特点是缩回时尺寸很小,而伸长时行程很大。在一般油缸无法满足长行程要求时,都可用伸缩式油缸,如起重机的吊臂等。

双作用多级伸缩式油缸由套筒式活塞杆 1 和 2、缸体 3、缸盖 4、密封圈 5、6 等组成,如图 6 - 23所示。当油缸的 A 腔通入压力油时,活塞杆 1、2 同时向外伸出,到极端位置时,活塞杆 1 才开始从活塞杆 2 中伸出。相反,当活塞杆上 B 孔与压力油路接通时,压力油由 a 经油孔 C_1 进入 b 腔,推动活塞杆 1 先缩回,当活塞杆 1 缩回到底端后,压力油便可经孔 C_2 进入 c 腔,推动活塞杆 2 连同 1 一起缩回。伸出与缩回的运动速度为

伸出时

$$v_1 = \frac{4Q}{\pi D_1^2} \qquad (6-57)$$

$$v_2 = \frac{4Q}{\pi D_2^2} \qquad (6-58)$$

缩回时

$$v_1 = \frac{4Q}{\pi(D_1^2 - d_1^2)} \qquad (6-59)$$

$$v_2 = \frac{4Q}{\pi(D_2^2 - d_1^2)} \qquad (6-60)$$

式中　v_1, v_2——一级、二级活塞的运动速度；

　　　D_1, D_2——一级、二级活塞的直径；

　　　d_1, d_2——一级、二级活塞杆的直径；

　　　Q——进入油缸的流量。

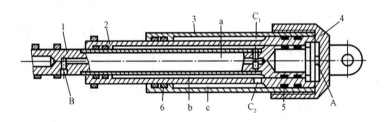

图 6 - 23　多级伸缩式油缸原理图

1,2—活塞杆;3—油缸体;4—缸盖;5,6—密封圈

　　在液压传动中,由负载大小决定的执行机构中的工作压力称为负载压力。伸缩式油缸的工作过程说明多级油缸的顺序动作是负载小的先动,负载大的后动。这也说明液压系统压力是取决于负载。另外,各级活塞是依次向外伸的,压力油的有效作用面积是逐级变化的,因此,在油缸工作过程中,若工作压力 p 与流量保持不变,则油缸的推力与速度也是逐级变化的。

第四节　液压控制阀

　　在液压系统中,液压控制阀用来控制油液的压力、流量和流动方向,从而控制液压执行元件的启动、停止、运动方向、速度、作用力等,以满足液压设备对各工况的要求。

　　液压控制阀的种类繁多,功能各异,是组成液压系统的重要元件。按用途可分为方向控制阀、压力控制阀、流量控制阀。这三类阀可以相互组合,成为组合阀,以减少管路连接,使结构紧凑,如单向顺序阀等。按操纵方式可分为手动式、机动式、电动式、液动式和电液动式等。按安装连接方式可分为管式(螺纹式)连接阀、板式连接阀、叠加式连接阀和插装式连接阀。

液压传动系统对液压控制阀的基本要求如下:

(1)动作灵敏,工作可靠,工作时冲击和振动小,使用寿命长;

(2)油液通过时压力损失小;

(3)密封性能好,内泄漏少,无外泄漏;

(4)结构紧凑,安装、调试、维护方便,通用性好。

一、方向控制阀

方向控制阀的作用是控制液压系统中的液流方向。方向控制阀的工作原理是利用阀芯和阀体间相对位置的改变,实现油路与油路间的接通或断开,以满足系统对油路提出的各种要求。

方向控制阀分为单向阀和换向阀两类。

1. 单向阀

1)普通单向阀

普通单向阀(简称单向阀)的作用是只允许液流沿一个方向通过,而反向流动截止。要求其正向液流通过时压力损失小,反向截止时密封性能好。

单向阀由阀体、阀芯和弹簧等组成,如图 6-24 所示。当压力油从 p_1 口进入单向阀时,油压克服弹簧力的作用推动阀芯右移,使油路接通,油液经阀口、阀芯上的径向孔 a 和轴向孔 b,从 p_2 口流出;当压力油从 p_2 口流入时,油压及弹簧力将阀芯压紧在阀体 1 上,关闭 p_2 和 p_1 的通道,使油液不能通过。在这里,弹簧主要是用来克服阀芯的摩擦阻力和惯性力,所以单向阀的弹簧刚度较小,一般单向阀的开启压力在 0.03~0.05MPa 左右。

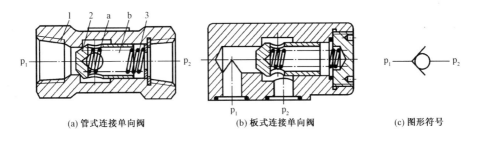

(a) 管式连接单向阀　　　　(b) 板式连接单向阀　　　　(c) 图形符号

图 6-24　单向阀
1—阀体;2—阀芯;3—弹簧

单向阀常被安装在泵的出口,既可防止系统的压力冲击影响泵的正常工作,又可防止当泵不工作时油液倒流;单向阀还被用来分隔油路以防止干扰。

当更换为硬弹簧,使单向阀的开启压力达到 0.3~0.6MPa 时,单向阀可作为背压阀使用。

2)液控单向阀

如图 6-25 所示,液控单向阀比普通单向阀多一控制油口 K,当控制口不通压力油而通油箱时,液控单向阀的作用与普通单向阀一样。当控制油口通压力油时,液压力作用在控制活塞的下端,推动控制活塞克服阀芯上端的弹簧力顶开单向阀阀芯,使阀口开启,油口 p_1 和 p_2 接通,这时,正反向的液流可自由通过。

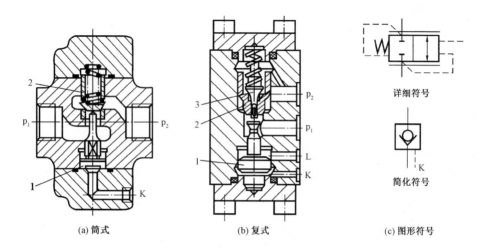

(a) 筒式   (b) 复式   (c) 图形符号

图 6-25　液控单向阀
1—控制活塞;2—单向阀阀芯;3—卸载阀小阀芯

图 6-25(b)为带有卸荷阀阀芯的液控单向阀。在阀芯内装了直径较小的卸荷阀阀芯 3。因卸荷阀阀芯承压面积小,不需多大推力便可将它先行顶开,p_1 和 p_2 两腔可通过卸荷阀阀芯圆杆上的小缺口相互沟通,使 p_2 腔逐渐卸压,直至阀芯两端油压平衡,控制活塞便可较容易地将单向阀阀芯顶开。该阀常用于 p_2 腔压力很高的场合。

液控单向阀既可以对反向液流起截止作用,而且密封性好,又可以在一定条件下允许正反向液流自由通过,因此常用于液压系统的保压、锁紧和平衡回路。

3)双单向阀(双向液压锁)

如图 6-26 所示,使两个液控单向阀阀芯共用一个阀体 1 和一个控制活塞 2,而顶杆及卸荷阀阀芯 3 分别置于控制活塞两端,这样就组成了双向液压锁。当 p_1 腔通压力油时,一方面油液通过左阀到 p_2 腔,另一方面使右阀顶开,保持 p_4 与 p_3 腔畅通。同样,当 p_3 腔通压力油时,一方面油液通过右阀到 p_4 腔,另一方面使左阀顶开,保持 p_2 与 p_1 腔畅通。而当 p_1 和 p_3 腔都不通压力油时,p_2 和 p_4 腔被两个单向阀密闭,执行元件被双向锁住,故称为双向液压锁。

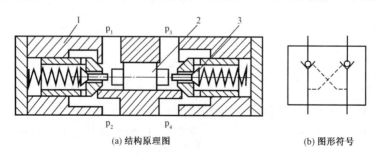

(a) 结构原理图   (b) 图形符号

图 6-26　双向液压锁结构原理图
1—阀体;2—控制活塞;3—顶杆

2. 换向阀

换向阀是利用阀芯与阀体相对位置的改变,控制相应油路接通、切断或变换油液的方向,从而实现对执行元件运动方向的控制。换向阀阀芯的结构形式有:滑阀式、转阀式和锥阀式等,其中以滑阀式应用最多。

1)换向阀原理及图形符号

滑阀式换向阀是利用阀芯在阀体内做轴向滑动来实现换向作用的。如图 6 - 27 所示,滑阀阀芯是一个具有多段环形槽的圆柱体(图示阀芯有三个台肩,阀体孔内有五个沉割槽)。每条槽都通过相应的孔道与外部相通,其中 p 为进油口,T 为回油口,A 和 B 通执行元件的两腔。当阀芯处于图 6 - 27(b)工作位置时,四个油口互不相通,液压缸两腔不通压力油,处于停机状态。若使换向阀的阀芯右移,如图 6 - 27(a)所示,阀体上的油口 p 和 A 相通,B 和 T 相通,压力油经 p、A 油口进入液压缸左腔,活塞右移,右腔油液经 B、T 油口回油箱。反之,若使阀芯左移,如图 6 - 27(c)所示,则 p 和 B 相通,A 和 T 相通,活塞便左移。

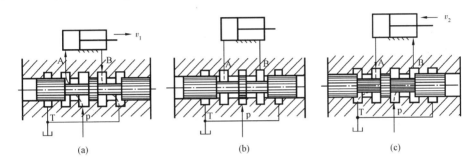

图 6 - 27　滑阀式换向阀的换向原理

换向阀按阀芯换位的控制方式,可分为手动、机动、电动、液动和电液动阀;按阀芯在阀体内的工作位置数和换向阀所控制的油口通路数,可分为二位二通、二位三通、二位四通、二位五通、三位四通、三位五通阀(表 6 - 3)。不同的位数和通路数是由阀体上的沉割槽和阀芯上台肩的不同组合形成的。将五通阀的两个回油口 T_1 和 T_2 沟通成一个油口 T,便成四通阀。

表 6 - 3 列出了几种常用的滑阀式换向阀的结构原理图以及与之相对应的图形符号,现对换向阀的图形符号做以下说明:

(1)用方格数表示阀的工作位置数,三格表示三个工作位置,即"三位"。

(2)在一个方格内,箭头或堵塞符号"⊥"与方格的相交点数为油口通路数。箭头表示两油口相通,并不表示实际流向;"⊥"表示该油口不通流。

(3)一个方框的上边和下边与外部连接的接口数就表示"几通"。

(4)p 表示进油口,T 表示通油箱的回油口,A 和 B 表示连接其他两个工作油路的油口。

(5)控制方式和复位弹簧的符号画在方格的两侧。

(6)三位阀的中位、二位阀靠有弹簧的那一位为常态位。在液压系统图中,换向阀的符号与油路的连接应画在常态位上。

表 6 – 3 常用换向阀的结构原理和图形符号

位和通	结构原理图	图形符号
二位二通		
二位三通		
二位四通		
二位五通		
三位四通		
三位五通		

2）三位换向阀的中位机能

三位阀常态位时各油口的连通方式称为中位机能。不同机能的阀,阀体通用,仅阀芯台肩结构、尺寸及内部通孔情况有区别。

表6-4列出了常见的中位机能的结构原理、机能代号、图形符号及机能特点和作用。

表6-4 三位四通换向阀的中位机能

位和通	结构原理图	图形符号
二位二通	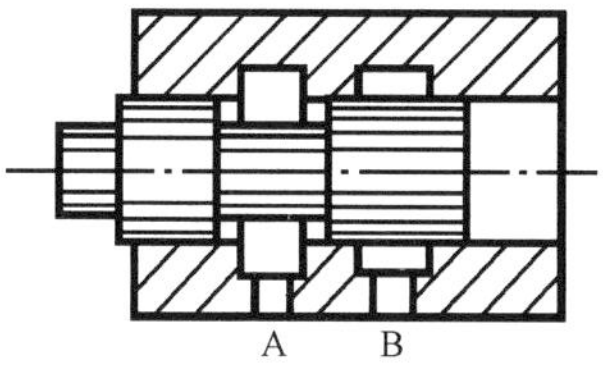	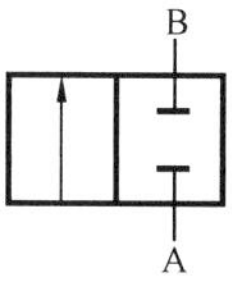
二位三通	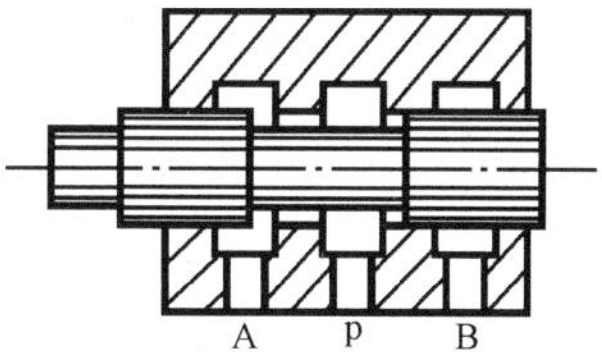	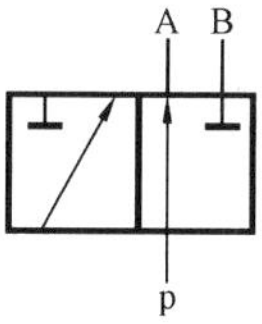
二位四通	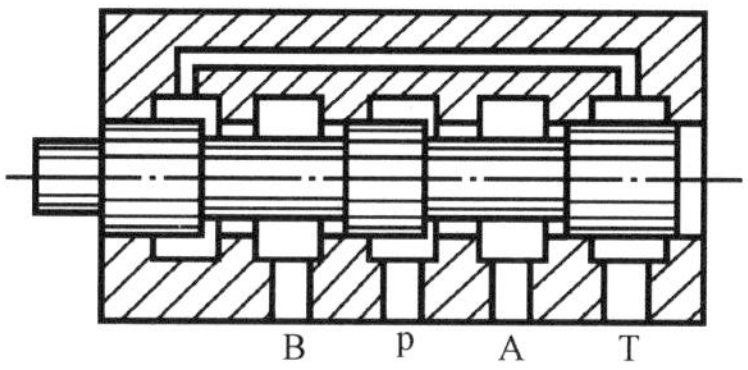	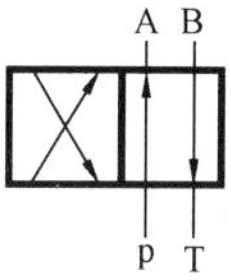
二位五通	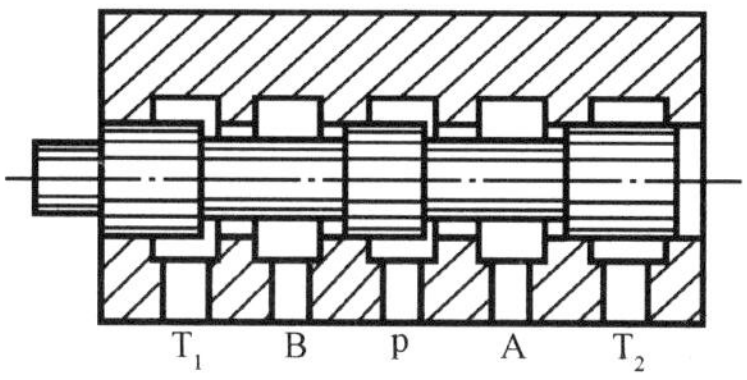	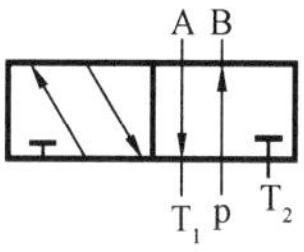
三位四通	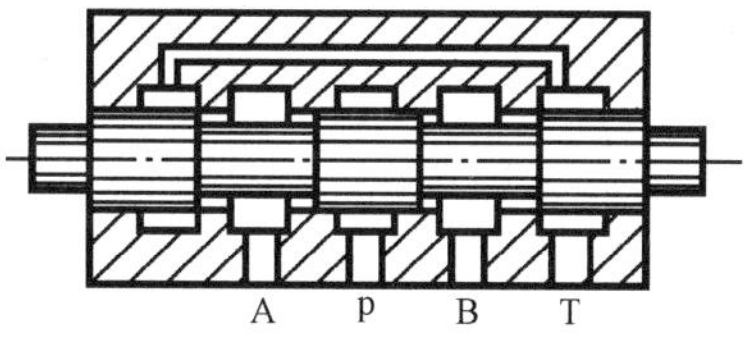	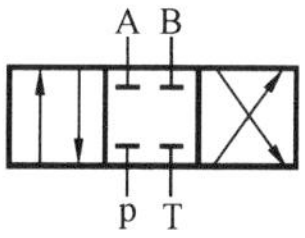
三位五通	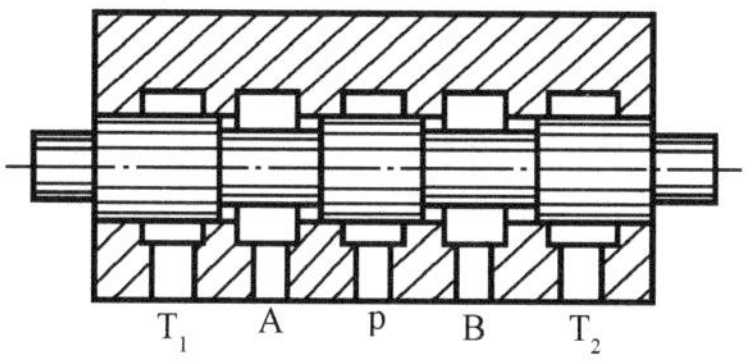	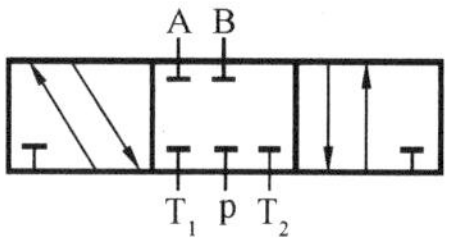

3）几种常用的换向阀

（1）手动换向阀。

手动换向阀是由操作者直接控制的换向阀。如图6-28（a）所示，松开手柄，在弹簧的作用下，阀芯处于中位，油口p、A、B、T全部封闭（图示位置）；推动手柄向右，阀芯移至左位，油口p和A相通，B口与T口经阀芯内的轴向孔相通；推动手柄向左，阀芯移至右位，p口与B口，A口与T口相通，从而实现换向。

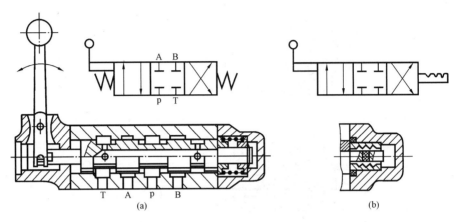

图6-28　三位四通手动换向阀

图6-28（b）为钢球定位式三位四通换向阀定位部分结构原理图。其定位缺口数由阀的工作位置数决定。由于定位机构的作用，当松开手柄后，阀仍保持在所需的工作位置上，它应用于机床、液压机、船舶等需保持工作状态时间较长的情况。

（2）机动换向阀。

机动换向阀是由行程挡块（或凸轮）推动阀芯实现换向。如图6-29所示，在常态位，p口与A口相通；当行程挡块5压下机动换向阀滚轮4时，阀芯动作，p口与B口相通。图中阀芯2上的轴向孔是泄油通道。机动换向阀通常是弹簧复位式的二位阀。其结构简单，动作可靠，换向位置精度高，改变挡块斜面角度或凸轮外形，可使阀芯获得合适的换向速度，减小换向冲击。

（3）电磁换向阀。

电磁换向阀也称为电磁阀，通电后电磁铁产生的电磁力推动阀芯动作，从而控制液流方向。现以三位四通电磁阀为例介绍电磁换向阀的结构原理。

图6-30为三位四通电磁换向阀的结构图和图形符号图。当电磁铁未通电时，阀芯2在左右两个对中弹簧4的作用下位于中位，油口p、A、B、T均不相通；左边电磁铁通电，铁芯9通过推杆将阀芯推至右端，则p与A相通，B与T相通；同理，当右侧电磁铁通电时，p口与B口相通，A口与T口相通。因此，通过控制左右电磁铁的通电和断电，就可以控制液流的方向，实现执行元件的换向。

由于电磁阀控制方便，所以在各种液压设备中应用广泛。但由于电磁铁吸力的限制，所以电磁阀只宜用于流量不大的场合。

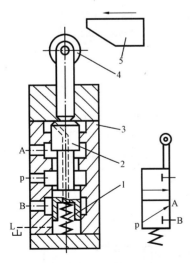

图6-29　机动换向阀

1—弹簧；2—阀芯；3—阀体；
4—滚轮；5—行程挡块

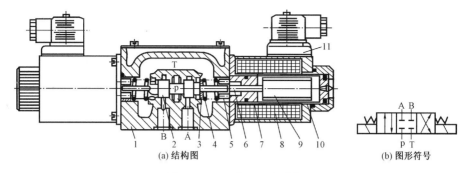

图 6-30 三位四通电磁阀

1—阀体;2—阀芯;3—定位套;4—对中弹簧;5—挡圈;6—推杆;7—环;8—线圈;9—铁芯;10—导套;11—插头组件

（4）液动换向阀。

液动换向阀是利用控制油路的压力油来推动阀芯实现换向的。由于控制压力可以调节，所以液控换向阀可以制造成流量较大的换向阀。

图 6-31 为三位四通液动换向阀的结构图及图形符号图。当左右两端控制油口 K_1、K_2 都没有压力油进入时，阀芯在弹簧力的作用下处于图示位置，此时 p、A、B、T 口互不相通。当控制油路的压力油从控制油口 K_1 进入时，阀芯在油压的作用下右移，p 与 A 接通，B 与 T 接通。当控制油从控制油口 K_2 进入时，阀芯左移，p 与 B 接通，A 与 T 接通。

液动换向阀的优点是结构简单，动作可靠、平稳，由于液压驱动力大，故可用于流量大的液压系统中。该阀较少单独使用，常与电磁换向阀联合使用。

（5）电液换向阀。

电液换向阀由电磁换向阀和液动换向阀组合而成。其中，液动换向阀实现主油路的换向，称为主阀；电磁换向阀改变液动换向阀控制油路的方向，称为先导阀。

图 6-32 为电液换向阀的结构图、图形符号图和简化图形符号图。先导阀的中位机能为 Y型。这样，在先导阀不通电时，能使主阀可靠地停在中位。阀体内的节流阀可以调节主阀阀芯的运动速度，降低换向冲击。控制油路可以和主油路来自同一液压泵，也可以另用独立的油源。

电液换向阀综合了电磁换向阀和液动换向阀的优点，具有控制方便、流量大的特点。

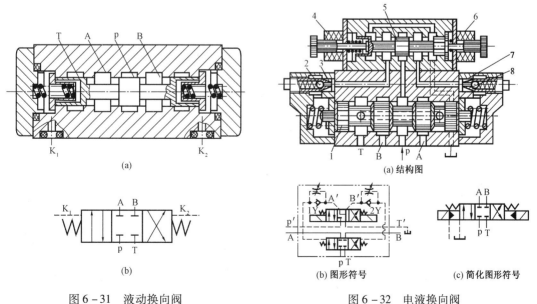

图 6-31 液动换向阀   图 6-32 电液换向阀

二、压力控制阀

在液压系统中,控制液体压力的阀统称为压力控制阀。其共同特点是,利用作用于阀芯上的液体压力和弹簧力相平衡的原理进行工作。常用的压力控制阀有溢流阀、减压阀、顺序阀和压力继电器等。

1. 溢流阀

溢流阀有多种用途,主要是在溢流的同时使液压泵的供油压力得到调整并保持基本恒定。溢流阀按其工作原理分为直动式溢流阀和先导式溢流阀两种。

1)直动式溢流阀

图6-33为滑阀型直动式溢流阀的结构图和图形符号。图中 p 为进油口,T 为回油口,被控压力油由 p 口进入溢流阀,经阀芯4的径向孔 f、轴向阻尼孔 g 进入下腔 c。当进油口压力较低时,向上的液压力不足以克服弹簧的预紧力时,阀芯处于最下端位置,将进油口 p 和出油口 T 隔断,阀处于关闭状态,溢流阀没有溢流;当进口压力升高,超过弹簧的预紧力时,阀芯向上移动,阀口打开,油液由 p 口经 T 口排回油箱,溢流阀溢流。阀芯上的阻尼孔 g 对阀芯的运动形成阻尼,可避免阀芯产生振动,提高阀工作的稳定性。调节弹簧的预压缩量,便可调节阀口的开启压力,从而调节了控制阀的进口压力(即调定压力)。此弹簧称为调压弹簧。直动式溢流阀只适用于系统压力较低、流量不大的场合。

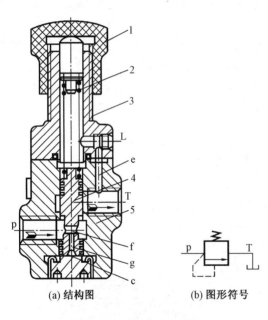

(a) 结构图　　**(b) 图形符号**

图6-33　直动式溢流阀

1—调节螺母;2—弹簧;3—上盖;4—阀芯;5—阀体

2)先导式溢流阀

先导式溢流阀由主阀和先导阀两部分组成。先导阀的结构和工作原理与直动式溢流阀相同,是一个小规格锥阀,先导阀内的弹簧用来调定主阀的溢流压力。主阀控制溢流量,主阀的弹簧不起调压作用,仅是为了克服摩擦力使主阀阀芯及时复位,该弹簧又称稳压弹簧。

先导式溢流阀常见的结构如图6-34所示。下部是主滑阀,上部是先导调压阀,压力油通过进油口(图中未示出)进入油腔 p 后,经主滑阀阀芯5的轴向孔 g 进入油腔下端,同时油液又经阻尼孔 e 进入阀芯5的上腔,并经 b 孔、a 孔作用于先导调压阀的先导阀阀芯3上。当系统压力低于先导阀的调定压力时,先导阀阀芯闭合,主阀阀芯在稳压弹簧4作用下处于最下端位置,将回油口 T 封闭。当系统压力升高、压力油在先导阀阀芯3上的作用力大于先导阀调压弹簧的调定压力时,先导阀被打开,主阀上腔的压力油经先导阀开口、回油口 T 而流回油箱。这时由于主阀阀芯上阻尼孔 e 的作用而产生压力降,使主阀阀芯上部的油压 p_1 小于下部的油压 p。当此压力差对阀芯所形成的作用力超过弹簧力时,阀芯被抬起,进油腔 p 和回油腔 T 相通,实现溢流作用。调节螺母1可调节调压弹簧2的压紧力,从而调定液压系统的压力。

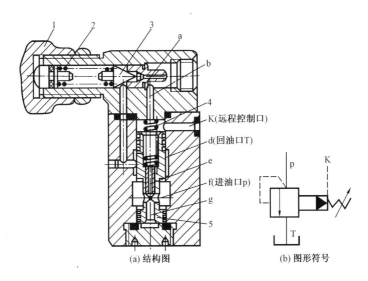

(a) 结构图　　　　(b) 图形符号

图 6 – 34　Y 型溢流阀

1—调节螺母；2—调压弹簧；3—先导阀阀芯；4—稳压弹簧；5—主阀阀芯

先导式溢流阀适用于中、高压系统。Y 型先导式溢流阀的最大调整压力为 6.3MPa。若将控制口 K 接上调压阀，即可改变主阀阀芯上腔压力 p_1 的大小，从而实现远程调压；当 K 口与油箱接通时，可实现系统卸荷。

溢流阀的作用如下：

（1）使系统压力保持恒定。在采用定量泵节流调速的液压系统中，调节节流阀的开口大小可调节进入执行元件的流量，而定量泵多余的油液则从溢流阀回油箱。在工作过程中阀是常开的，液压泵的工作压力取决于溢流阀的调整压力且基本保持恒定。

（2）防止系统过载。在变量泵供油的液压系统中，溢流阀用于限制系统压力不超过最大允许值，以防止系统过载。在正常情况下，溢流阀关闭。当系统超载时，压力超过溢流阀的调定压力，溢流阀打开，压力油经溢流阀返回油箱。此处溢流阀称为安全阀。

（3）可作背压阀用。溢流阀串联在回油路上以产生背压，使执行元件运动平稳。这时宜选用直动式低压溢流阀。

（4）可作卸荷阀用。溢流阀的遥控口（卸荷口）和油箱连接，可使油路卸荷。

2. 减压阀

减压阀是一种利用液流流过缝隙产生压降的原理，使出口压力低于进口压力的压力控制阀。减压阀可分为定压减压阀、定比减压阀和定差减压阀。其中，定压减压阀应用最广，简称减压阀，它可以保持出口压力为定值。这里只介绍定压减压阀。

减压阀也分为直动式和先导式两种，其中先导式减压阀应用较广。图 6 – 35 是一种常用的先导式减压阀结构原理图和图形符号。由先导阀和主阀两部分组成，由先导阀调压，主阀减压。压力为 p_1 的压力油从进油口流入，经节流口减压后压力降为 p_2 并从出油口流出。出油口油液通过小孔流入阀芯底部，并通过阻尼孔 9 流入阀芯上腔，作用在调压锥阀 3 上。当出口压力小于调压锥阀的调定压力时，调压锥阀 3 关闭。由于阻尼孔中没有油液流动，所以主阀阀芯上、下两端的油压相等。这时主阀阀芯在主阀弹簧作用下处于最下端位置，减压口全部打开，减压阀不起减压作用。当出油口的压力超过调压弹簧的调定压力时，锥阀被打开，出油口的油液经阻尼孔到主阀阀芯上腔的先导阀阀口，再经泄油口流回油箱。因阻尼孔的降压作用，主阀阀芯上、下两端压力不平衡,在压力差的作用下,主阀阀芯克服上端弹簧力向上移动,主阀阀口减小,起减压作用。当出口压力 p_2 下降到调定值时,先导阀阀芯和主阀阀芯同时处于受力平衡状态,出口压力稳定不变,等于调定压力。调节调压弹簧的预紧力即可调节阀的出口压力。

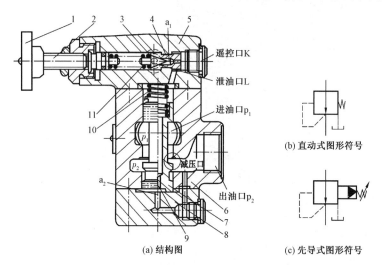

图 6-35　先导式减压阀

1—调压手轮;2—调节螺钉;3—锥阀;4—锥阀座;5—阀盖;6—阀体;
7—主阀阀芯;8—端盖;9—阻尼孔;10—主阀弹簧;11—调压弹簧

减压阀常用来降低系统某一支路的油液压力,使该二次油路的压力稳定且低于系统的调定压力。对于先导式减压阀,也可将遥控口接溢流阀实现远程控制或多级调压。

3. 顺序阀

顺序阀是以压力作为控制信号,自动接通或切断某一油路的压力阀。由于它经常被用来控制执行元件动作的先后顺序,故称顺序阀。顺序阀有直动式和先导式两种。

图 6-36 和图 6-37 分别为直动式和先导式顺序阀的结构图及图形符号。顺序阀的结构及工作原理与溢流阀很相似,其主要差别在于溢流阀有自动恒压调节作用,其出油口接油箱,因此,其泄漏油内泄至出口;而顺序阀只有开启和关闭两种状态,当顺序阀进油口压力低于调压弹簧的调定压力时,阀口关闭。当进油口压力超过调压弹簧的调定压力时,进、出油口接通,出油口的压力油使其后面的执行元件动作,出口油路的压力由负载决定,因此它的泄油口需要单独通油箱(外泄)。调整弹簧的预压缩量,即能调打开顺序阀所需的压力。

若将图 6-36 和图 6-37 所示顺序阀的下盖旋转 90°或 180°安装,去除外控口 K 的螺塞,并从外控口 K 引入压力油控制阀芯动作便成为液控顺序阀,其图形符号如图 6-36(c)所示。该阀口的开启和闭合与阀的主油路进油口压力无关,而只取决于控制口 K 引入的控制压力。

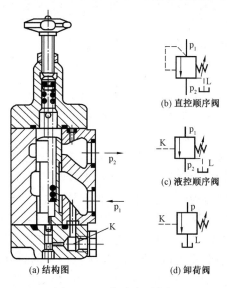

图 6-36　直动式顺序阀

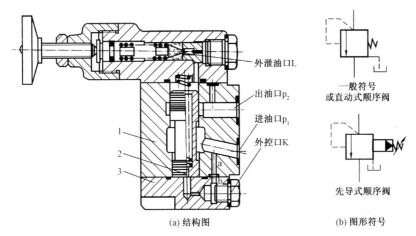

(a) 结构图　　　　　　　(b) 图形符号

图 6 - 37　先导式顺序阀
1—阀体;2—阻尼孔;3—阀盖

若将上盖旋转 90° 或 180° 安装,使泄油口 L 与出油口 p_2 相通(阀体上开有沟通孔道,图中未示出),并将外泄口 L 堵死,便成为外控内泄式顺序阀。外控内泄式顺序阀只用于出口接油箱的场合,常用于泵的卸荷,故称卸荷阀,其图形符号如图 6 - 36(d)所示。

顺序阀常用于实现多缸的顺序动作。但顺序阀的调定压力应高于先动作缸的最高工作压力,以保证动作顺序可靠。

此外,顺序阀在系统中还可作平衡阀、背压阀或卸荷阀用。

4. 压力继电器

压力继电器是将液压系统中的压力信号转换为电信号的转换装置。其作用是根据液压系统的压力变化,通过压力继电器内的微动开关,自动接通或断开有关电路。压力继电器的图形符号见附录二。

三、流量控制阀

流量控制阀是靠改变控制口的大小来改变液阻,从而调节通过阀口的流量,达到改变执行元件运动速度的目的。流量控制阀主要有节流阀、调速阀、溢流节流阀和分流集流阀等类型,其中节流阀是最基本的流量控制阀。

1. 节流阀

节流阀的流量特性取决于节流口的结构形式。但无论节流口采用何种形式,节流口都介于理想薄壁小孔和细长小孔之间,其流量特性可表示为

$$Q = CA\Delta p^m \tag{6-61}$$

式中　C——系数,与节流阀的结构和油液的性质有关;

　　　A——节流阀通流面积;

　　　Δp——节流阀前后压力差;

　　　m——节流指数,一般 $m = 0.5 \sim 1$,薄壁小孔 $m = 0.5$,细长小孔 $m = 1$。

由流量公式(6-61)可知,当系数 C、压力差 Δp 和指数 m 一定时,只要改变节流口面积 A,就可调节通过阀口的流量。

图 6-38 为一种典型的节流阀结构图。油液从进油口 P_1 进入,经阀芯上的三角槽节流口,从出油口 P_2 流出。转动手柄可使推杆推动阀芯做轴向移动,以改变节流口的通流面积,调

节通过节流阀流量的大小。

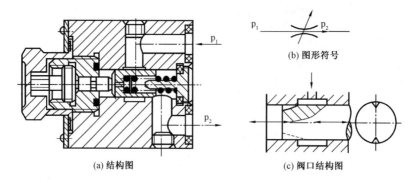

图 6 - 38　节流阀

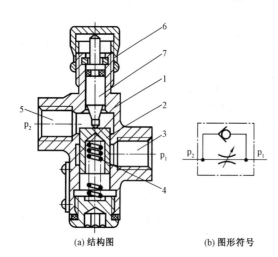

(a) 结构图　　　(b) 图形符号

图 6 - 39　单向节流阀
1—阀体;2—阀芯;3、5—油口;
4—弹簧;6—螺母;7—顶杆

图 6 - 39 为单向节流阀的结构图。当压力油从油口 p_1 进入,经阀芯上的三角槽节流口从油口 p_2 流出,这时起节流阀作用。当压力油从油口 p_2 进入时,在压力油的作用下阀芯克服弹簧力下移,油液不再经过节流口而直接从油口 p_1 流出,这时起单向阀作用。

节流阀结构简单,制造容易,体积小,但负载和温度的变化对流量的稳定性影响较大,只适用于负载和温度变化不大或速度稳定性要求较低的液压系统。

2. 调速阀

调速阀是由定差减压阀与节流阀串联而成。定差减压阀保持节流阀前、后压力差不变,从而使通过节流阀的流量不受负载变化的影响。

调速阀的工作原理如图 6 - 40(a)所示。调速阀的进口压力 p_1 由溢流阀调节,工作时基本保持恒定。压力油 p_1 进入调速阀后,先经过定差减压阀的阀口 x 后压力降为 p_2,然后经节流阀流出,其压力为 p_3。节流阀前点压力为 p_2 的油液经通道 e 和 f 进入定差减压阀的 c 腔和 d 腔;而节流阀后点压力为 p_3 的油液经通道 a 引入定差减压阀的 b 腔。当减压阀阀芯在弹簧力 F_s、液压力 p_2 和 p_3 在阀芯左右两端面上产生的推力的作用下处于某一平衡位置时(忽略摩擦力和液动力),其受力平衡方程为

$$p_2 A_1 + p_2 A_2 = p_3 A + F_s$$

式中,A_1、A_2、A 为 d 腔、c 腔和 b 腔内压力油作用于阀芯的有效面积,且 $A = A_1 + A_2$,故

$$p_2 - p_3 = \Delta p = F_s A \qquad (6 - 62)$$

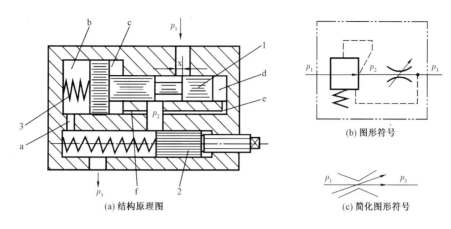

(a) 结构原理图

(b) 图形符号

(c) 简化图形符号

图 6 − 40　调速阀

1—定差减压阀阀芯;2—节流阀阀芯;3—弹簧

因为弹簧刚度较低,且工作过程中减压阀阀芯位移较小,可认为弹簧力 F_s 基本保持不变,故节流阀两端压差不变,可保持通过节流阀的流量稳定。

若调速阀出口处的油压 p_3 由于负载变化而增加,则作用在阀芯左端的力也随之增加,阀芯失去平衡而右移,于是开口 x 增大,液阻减小(即减压阀的减压作用减小),使 p_2 也随之增加,直到阀芯在新的位置上得到平衡为止。因此,当 p_3 增加时,p_2 也增加,其差值 $\Delta p = p_2 - p_3$ 基本保持不变。同理,当 p_3 减小时,p_2 也随之减小,故 $\Delta p = p_2 - p_3$ 仍保持不变。由于定差减压阀自动调节液阻,使节流阀前后的压差保持不变,从而保持了流量的稳定。

3. 溢流节流阀

溢流节流阀由压差式溢流阀和节流阀并联而成。它也能保持节流阀前、后压差基本不变,从而使通过节流阀的流量基本上不受负载变化的影响。图 6 − 41(a)是溢流节流阀的工作原理图、图形符号和简化图形符号。液压泵输出的油液压力为 p_1,进入阀后,一部分油液经节流阀进入执行元件(压力为 p_2);另一部分油液经溢流阀的溢流口 h 回油箱。节流阀进口的压力即为泵的供油压力 p_1,而节流阀出口的压力 p_2 取决于负载,两端的压差 $\Delta p = p_1 - p_2$。溢流阀的 b 腔和 c 腔与节流阀进口压力相通。当执行元件在某一负载下工作时,溢流阀阀芯处于某一平衡位置,溢流阀开口为 h。若负载增加,p_2 增加,a 腔的压力也相应增加,则阀芯 3 向下移动,溢流口开度 h 减小,溢流阻力增加,泵的供油压力 p_1 也随着增大,从而使节流阀两端压差 $\Delta p = p_1 - p_2$ 基本保持不变。如果负载减小,p_2 减小,溢流阀的自动调节作用将使 p_1 也减小,$\Delta p = p_1 - p_2$ 仍能保持不变。图中安全阀 2 平时关闭,只有当负载增加到使 p_2 超过安全阀弹簧的调定压力时才打开,溢流阀阀芯上腔经安全阀通油箱,溢流阀阀芯向上移动而阀口开大,液压泵的油液经溢流阀全部溢回油箱,以防止系统过载。

4. 分流集流阀

分流集流阀是用来保证多个执行元件速度同步的流量控制阀,又称为同步阀。分流集流阀包括分流阀、集流阀和分流集流阀三种不同控制类型。下面简单介绍分流阀的工作原理。

分流阀安装在执行元件的进口,保证进入执行元件的流量相等。图 6 − 42 为分流阀的结构原理图。它由两个固定节流孔 1、2,阀体 5,阀芯 6 和两个对中弹簧 7 等主要零件组成。对中弹簧保证阀芯处于中间位置,两个可变节流口 3、4 的过流面积相等(液阻相等)。阀芯的中间台肩将阀分成完全对称的左、右两部分,位于左边的油室 a 通过阀芯上的轴向小孔与阀芯右

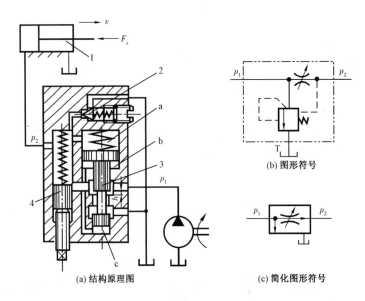

图 6-41 溢流节流阀

1—液压缸;2—安全阀阀芯;3—差压式溢流阀阀芯;4—节流阀阀芯

端弹簧腔相通,位于右边的油室 b 通过阀芯上的另一轴向小孔与阀芯左端弹簧腔相通。液压泵来油 p_p 经过液阻相等的固定节流孔 1 和 2 后,压力分别为 p_1 和 p_2,然后经可变节流口 3 和 4 分成两条并联支路 Ⅰ 和 Ⅱ(压力分别为 p_3 和 p_4),通往两个几何尺寸完全相同的执行元件。当两个执行元件的负载相等时,两出口压力 $p_3 = p_4$,则两条支路的进、出口压力差相等,因此输出流量相等,两执行元件同步。

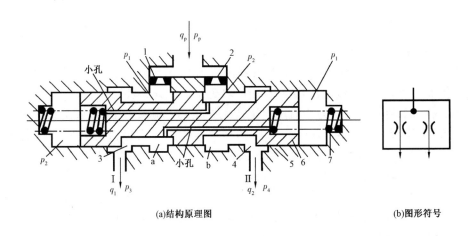

(a)结构原理图　　　　　(b)图形符号

图 6-42　分流阀

1,2—固定节流孔;3,4—可变节流口;5—阀体;6—阀芯;7—弹簧

若执行元件的负载变化导致出口压力 p_3 增大,势必引起 p_1 增大,使输出流量 $q_1 < q_2$,导致执行元件的速度不同步。同时由于 $p_1 > p_2$,压力差使阀芯向左移动,可变节流口 3 的通流面积增大,液阻减小,于是 p_1 减小;可变节流口 4 的通流面积减小,液阻增大,于是 p_2 增大。直至 $p_1 = p_2$,阀芯受力重新平衡,阀芯稳定在新的位置。此时,两个可变节流口的通流面积不相等,两个可变节流口的液阻也不等,但恰好能保证两个固定节流口前后的压力差相等,保证两个出油口的流量相等,从而使两执行元件的速度恢复同步。

第五节 液压辅助装置

液压系统中的辅助装置包括管件、滤油器、测量仪表、密封装置、蓄能器、油箱等,它们是液压系统的重要组成部分,这些辅助装置如果选择或使用不当,会对系统的工作性能及元件的寿命有直接的影响,因而必须给予足够的重视。

在设计液压系统时,油箱常需根据系统的要求自行设计,其他辅助装置已标准化、系列化,应合理选用。

一、油管及管接头

1. 油管

液压系统中使用的油管种类很多,有钢管、紫铜管、橡胶软管、尼龙管、塑料管等,须根据系统的工作压力及其安装位置正确选用。

1)钢管

钢管分为焊接钢管和无缝钢管。压力小于 2.5MPa 时,可用焊接钢管;压力大于 2.5MPa 时,常用冷拔无缝钢管;要求防腐蚀、防锈的场合,可选用不锈钢管;超高压系统,可选用合金钢管。钢管能承受高压,刚性好,抗腐蚀,价格低廉。缺点是弯曲和装配均较困难,需要专门的工具或设备。因此,常用于中、高压系统或低压系统中装配部位限制少的场合。

2)紫铜管

紫铜管可以承受的压力为 6.5 ~ 10MPa,它可以根据需要较容易地弯成任意形状,且不必用专门的工具。因而适用于小型中、低压设备的液压系统,特别是内部装配不方便处。其缺点是价格高,抗震能力较弱,且易使油液氧化。

3)橡胶软管

橡胶软管用作两个相对运动部件的连接油管,分高压和低压两种。高压软管由耐油橡胶夹钢丝编织网制成。层数越多,承受的压力越高,其最高承受压力可达 42MPa。低压软管由耐油橡胶夹帆布制成,其承受压力一般在 1.5MPa 以下。橡胶软管安装方便,不怕振动,并能吸收部分液压冲击。

4)尼龙管

尼龙管为乳白色半透明新型油管,其承压能力因材质而异,可为 2.5 ~ 8.0MPa。尼龙管有软管和硬管两种,其可塑性大。硬管加热后也可以随意弯曲成形和扩口,冷却后又能定形不变,使用方便,价格低廉。

5)耐油塑料管

耐油塑料管价格便宜,装配方便,但承压低,使用压力不超过 0.5MPa,长期使用会老化,只用作回油管和泄油管。

与泵、阀等标准元件连接的油管,其管径一般由这些元件的接口尺寸决定。其他部位的油管(如与液压缸相连的油管等)的管径和壁厚,亦可按通过油管的最大流量、允许的流速及工作压力计算确定。

油管的安装应横平竖直,尽量减少转弯。管道应避免交叉,转弯处的半径应大于油管外径的 3 ~ 5 倍。为便于安装管接头及避免振动的影响,平行管之间的距离应大于 100mm。长管道应选用标准管夹固定牢固,以防振动和碰撞。

软管直线安装时要有 30% 左右的余量,以适应油温变化、受拉和振动的需要。弯曲半径要大于 9 倍软管外径,弯曲处到管接头的距离至少等于 6 倍外径。

2. 管接头

管接头是油管与油管、油管与液压元件之间的可拆卸连接件。它应满足连接牢固、密封可靠、液阻小、结构紧凑、拆装方便等要求。

管接头的种类很多,按接头的通路方向划分,有直通、直角、三通、四通、铰接等形式。按其与油管的连接方式划分,有管端扩口式、卡套式、焊接式、扣压式等。管接头与机体的连接常用圆锥螺纹和普通细牙螺纹。用圆锥螺纹连接时,应外加防漏填料;用普通细牙螺纹连接时,应采用组合密封垫(熟铝合金与耐油橡胶组合),且应在被连接件上加工出一个小平面。

二、滤油器

1. 滤油器的功用和基本要求

滤油器的功用在于过滤混在液压油中的杂质,使进入到液压系统中的油液的污染度降低,保证系统正常工作。一般对滤油器的基本要求如下:

(1)有足够的过滤精度。过滤精度是指滤油器滤芯滤去杂质的粒度的大小,以其直径 d 的公称尺寸(μm)表示。粒度越小,精度越高。精度分粗($d \geqslant 100\mu m$)、普通($100\mu m > d \geqslant 10\mu m$)、精($10\mu m > d \geqslant 5\mu m$)和特精($5\mu m > d \geqslant 1\mu m$)四个等级。

(2)有足够的过滤能力。过滤能力即一定压力降下允许通过滤油器的最大流量,一般用滤油器的有效过滤面积(滤芯上能通过油液的总面积)来表示。对滤油器过滤能力的要求要结合过滤器在液压系统中的安装位置来考虑,如过滤器安装在吸油管路上时,其过滤能力应为泵流量的两倍以上。

(3)滤油器应有一定的机械强度,不因液压力的作用而破坏。机械强度包括滤芯的强度和壳体的强度。滤芯的耐压值为 $10^4 \sim 10^5 Pa$,一般用增大通油面积来减小压降以避免滤芯被破坏。

(4)滤芯抗腐蚀性能好,并能在规定的温度下持久地工作。

(5)滤芯要利于清洗和更换,便于拆装和维护。

2. 滤油器的结构类型

滤油器主要有机械式滤油器和磁性滤油器两大类。其中,机械式滤油器又分为网式、线隙式、纸芯式、烧结式等类型。

1)网式滤油器

如图 6 - 43 所示,网式滤油器由筒形骨架上包一层或两层铜丝网组成。其过滤精度与网孔大小及网的层数有关,过滤精度有 $80\mu m$、$100\mu m$、$180\mu m$ 三个等级。其特点

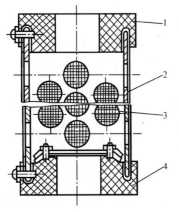

图 6 - 43 网式滤油器

1,4—端盖;2—骨架;3—滤网

是结构简单,通油能力大,清洗方便,但过滤精度较低。

2)线隙式滤油器

图6-44为线隙式滤油器,滤芯由铜线或铝线绕成,依靠间缝隙过滤。线隙式滤油器分为吸油管用和压油管用两种,前者的过滤精度为0.05~0.1mm,通过额定流量时压力损失小于0.02MPa;后者的过滤精度为0.03~0.08mm,压力损失小于0.06MPa。其特点是结构简单,通油能力大,过滤精度比网式的高,但不易清洗,滤芯强度较低。这种滤油器多用于中、低压系统。

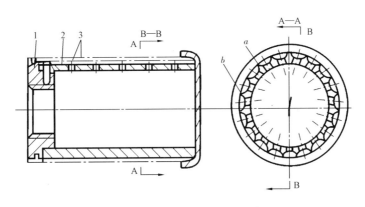

图6-44　线隙式滤油器

3)纸芯式滤油器

图6-45所示为纸芯式滤油器,滤芯由0.35~0.7mm厚的平纹或波纹的酚醛树脂或木浆的微孔滤纸组成。滤纸制成折叠式,以增加过滤面积。滤纸用骨架支撑,以增大滤芯强度,其特点是过滤精度高(0.005~0.03mm),压力损失小(0.04MPa),质量轻,成本低,但不能清洗,需定期更换滤芯。

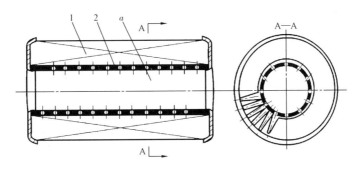

图6-45　纸芯式滤油器

4)烧结式滤油器

图6-46所示为烧结式滤油器,滤芯3由颗粒状金属(青铜、碳钢、镍铬钢等)烧结而成。它通过颗粒间的微孔进行过滤。粉末粒度越细、间隙越小,过滤精度越高。其特点是过滤精度高,抗腐蚀,滤芯强度大,能在较高油温下工作,但易堵塞,难于清洗,颗粒易脱落。

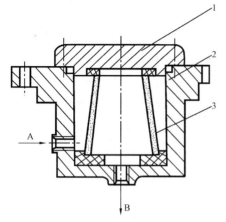

图 6-46 烧结式滤油器
1—端盖；2—壳体；3—滤芯

3. 滤油器的选用与安装

1）滤油器的选用

选用滤油器时，应考虑以下几点：

（1）具有足够大的通油能力，压力损失小。

（2）过滤精度满足使用要求。

（3）滤芯具有足够的强度，不因压力作用而损坏。

（4）滤芯抗腐蚀性好，能在规定温度下持久地工作。

（5）滤芯的清洗和维护要方便。

因此，滤油器应根据液压系统的技术要求，按过滤精度、通油能力、工作压力、油液黏度、工作温度等条件，查手册确定其型号。

2）滤油器的安装

滤油器在液压系统中的安装位置，通常有以下几种：

（1）安装在液压泵的吸油路上。如图 6-47（a）所示，这种安装方式要求滤油器有较大的通油能力和较小的阻力（阻力不超过 $0.1 \times 10^5 \sim 0.2 \times 10^5 Pa$），否则将造成液压泵吸油不畅或空穴现象。该安装方式一般都采用过滤精度较低的网式滤油器，目的是滤去较大的杂质微粒以保护液压泵。

（2）安装在压油路上。如图 6-47（b）所示，这种安装方式可以保护除泵以外的其他液压元件。由于滤油器在高压下工作，壳体应能承受系统的工作压力和冲击压力。过滤阻力不应超过 $3.5 \times 10^5 Pa$，以减少因过滤所引起的压力损失和滤芯所受的液压力。为了防止滤油器堵塞时引起液压泵过载或使滤芯裂损，可在压力油路上设置一旁路阀与滤油器并联，或在滤油器上设置堵塞指示装置。

（3）安装在回油路上。如图 6-47（c）所示，由于回油路上压力较低，这种安装方式可采用强度和刚度较低的滤油器。这种方式能经常地清除油液中的杂质，从而间接地保护系统。与滤油器并联的单向阀起旁路阀的作用。

（4）安装在支路上。装在吸油、压油或回油路上的滤油器，都要通过液压泵的全部流量，所以滤油器的体积大。若把滤油器装在经常只通过液压泵流量的 20% ~30% 的支路上，则滤油器尺寸就可以减小。这种安装方式既不会在主油路上造成压降，滤油器也不必承受系统的工作压力，如图 6-47（d）所示。

（5）单独过滤系统。如图 6-47（e）所示，这种安装方式是用一个专用液压泵和滤油器另外组成过滤回路。它可以经常地清除系统中的杂质，因而适用于大型机械的液压系统。

三、油箱

1. 油箱的作用和典型结构

油箱的作用是储存油液，使渗入油液中的空气逸出，沉淀油液中的污物和散热。油箱分为总体式和分离式两种。

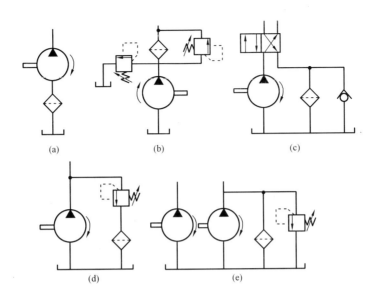

图 6 - 47　滤油器的安装位置

分离式油箱是由箱体 10 和两个端盖 11 组成,如图 6 - 48 所示。箱体内装有隔板 7,将液压泵吸油管 4、滤油器 9 与泄油管 2 及回油管 3 分隔开来;油箱的一个侧盖上装有注油器 1 和油位器 12,油箱顶部有空气滤清器(图上未表示出)的通气孔 5,底部装有排放污油的堵塞 8,安装液压泵和电动机的安装板 6 固定在油箱的顶面上。

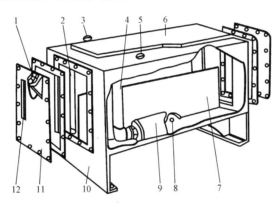

图 6 - 48　油箱

1—注油器;2—泄油管;3—回油管;4—吸油管;5—通气孔;6—安装板;
7—隔板;8—堵塞;9—滤油器;10—箱体;11—端盖;12—油位器

2. 油箱的容量估算

合理地确定油箱容量是保证液压系统正常工作的重要条件。初步设计时,可用下述经验公式确定油箱的有效容积:

$$V = KQ \qquad\qquad (6 - 63)$$

式中　V——油箱容积,L;

　　　Q——液压泵的实际流量,L/min;

　　　K——经验系数,min。

— 193 —

经验系数 K 的数值为：低压系统 $K = 2 \sim 4min$；中压系统 $K = 5 \sim 7min$；中、高压或高压大功率系统 $K = 6 \sim 12min$。

四、蓄能器

1. 蓄能器的功能

蓄能器是用来储存和释放液体压力能的装置，其主要功用如下：

（1）作辅助动力源在液压系统工作循环中不同阶段需要的流量变化很大时，常采用蓄能器和一个流量较小的泵组成油源。当系统需要的流量不多时，蓄能器将液压泵多余的流量储存起来；当系统短时期需要较大流量时，蓄能器将储存的压力油释放出来与泵一起向系统供油。另外，蓄能器可作应急能源紧急使用，避免在突然停电时或驱动泵的电动机发生故障时油液中断。

（2）保压和补充泄漏有的液压系统需要较长时间保压而液压泵卸荷，此时可利用蓄能器释放所储存的压力油，补偿系统的泄漏，维持系统的压力。

（3）吸收压力冲击和消除压力脉动由于液压阀突然关闭或换向，系统可能产生液压冲击，此时可在产生液压冲击源附近处安装蓄能器吸收这种冲击，使压力冲击峰值降低。

2. 蓄能器的类型结构

蓄能器的类型主要有重锤式、弹簧式和气体式三类。常用的是气体式，它是利用密封气体的压缩、膨胀来储存和释放能量的，所充气体一般采用惰性气体或氮气。气体式又分为气瓶式、活塞式和气囊式三种。

3. 蓄能器的使用和安装

蓄能器在液压回路中的安放位置，随其功用的不同而异。在安装蓄能器时应注意以下几点：

（1）气囊式蓄能器原则上应垂直安装（油口向下），只有在空间位置受到限制时才考虑倾斜或水平安装。

（2）吸收冲击压力和脉动压力的蓄能器应尽可能装在振源附近。

（3）装在管道上的蓄能器，要承受一个相当于其入口面积与油液压力乘积的力，因而必须用支持板或支持架固定。

（4）蓄能器与管道系统之间应安装截止阀，供充气、检修时使用。蓄能器与液压泵之间应安装单向阀，以防止停泵时压力油倒流。

第六节　液压基本回路

液压基本回路是指由几种液压元件组成，用来完成某种特定功能的控制油路。液压系统不论如何复杂，都是由一些液压基本回路组成的。基本回路按其功用的不同，可分为速度控制回路、压力控制回路、方向控制回路、多缸（或液压马达）配合工作控制回路。熟悉和掌握这些基本回路是分析、应用、维护、改造和设计液压系统的基础。

一、压力控制回路

压力控制回路是利用压力控制阀来控制系统压力，以实现调压、稳压、减压、增压、卸荷等目的，从而满足执行元件对力或转矩的要求。

1. 调压回路

为了使系统的压力与负载相适应并保持稳定或为了安全而限定系统的最高压力,都要用到调压回路。

1)远程调压回路

图6-49为远程调压回路(二级调压回路)。将远程调压阀2(或小流量的溢流阀)接在先导式主溢流阀1的遥控口上,液压泵的压力即可由阀2做远程调节。远程调压阀的调节压力应低于主溢流阀的调定压力。

2)多级调压回路

图6-50为三级调压回路。当系统需多级压力控制时,可将主溢流阀1的遥控口通过三位四通换向阀4分别接至远程调压阀2、3,使系统有三种压力调定值:换向阀左位工作时,压力由阀2来调定;换向阀右位工作时,系统压力由阀3来调定;而中位时为系统的最高压力,由主溢流阀1来调定。

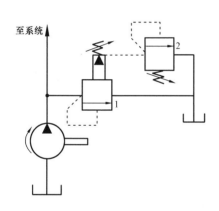

图6-49 远程调压回路

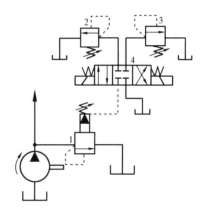

图6-50 多级调压回路

3)双向调压回路

当执行元件正反行需不同的供油压力时,可采用双向调压回路,如图6-51所示。图6-51(a)中,当换向阀在左位工作时,活塞为工作行程,液压泵出口由溢流阀1调定为较高的压力,缸右腔油液通过换向阀回油箱,溢流阀2此时不起作用。当换向阀在右位工作时,油缸活塞做空程返回,液压泵出口由溢流阀2调定为较低的压力,阀1不起作用。油缸活塞退到终点后,液压泵在低压下回油,功率损耗小。图6-51(b)所示回路图示位置时,阀2的出口被高压油封闭,即阀1的远控口被堵塞,液压泵压力由阀1调定。当换向阀在右位工作时,液压缸左腔通油箱,压力为零,阀2相当于阀1的远程调压阀,液压泵压力阀2调定。

2. 减压回路

减压回路用来使某一支路上得到比主溢流阀的调定压力低且稳定的工作压力。图6-52为一种二级减压回路。图中,减压阀出口的压力由先导式减压阀2调定;当换向阀电磁铁通电时,减压阀2出口处的压力由阀3调定。

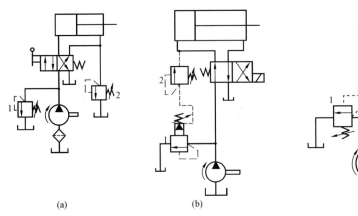

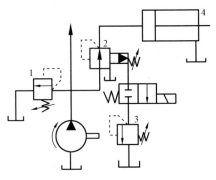

图 6 – 51　双向调压回路　　　　　　　　图 6 – 52　减压回路

3. 卸荷回路

卸荷回路是在执行元件短时间停止工作期间,使泵在很小的输出功率下运转的回路。卸荷有流量卸荷和压力卸荷两种方法。流量卸荷法用于变量泵,使泵仅为补偿泄漏而以最小流量运转,此方法简单,但泵处于高压状态,磨损较严重;压力卸荷法是将泵的出口接油箱,泵在接近零压下工作。

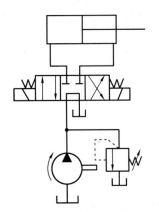

图 6 – 53　用换向阀中位机能
的卸荷回路

1)用换向阀中位机能的卸荷回路

当滑阀中位机能为 H、M 或 K 型的三位换向阀处于中位时,泵即卸荷,如图 6 – 53 所示。这种卸荷方法比较简单,但只适用系统流量较小的场合,且换向阀切换时压力冲击较大。若将图 6 – 53 中的换向阀改为装有换向时间调节器的电液换向阀,则可用于流量较大($Q > 40L/min$)的系统,卸荷效果较好。

2)用二位二通阀的卸荷回路

图 6 – 54 为采用二位二通电磁阀的卸荷回路。图中二位二通阀的流量规格必须与液压泵的流量相匹配。由于受电磁铁吸力的限制,仅适用于流量小于 $40L/min$ 的场合。

3)用溢流阀的卸荷回路

图 6 – 55 为采用溢流阀的卸荷回路,将先导式溢流阀的远程控制油口 K 通过二位二通电磁换向阀与油箱相连。当电磁铁断电时,先导式溢流阀的远程控制油口 K 被堵塞,溢流阀起稳定压力的作用。当电磁铁通电时,先导式溢流阀的远程控制油口通油箱,溢流阀的主阀上端压力接近于零,此时溢流阀阀口全开,回油阻力很小,泵的输出油液便在低压下经溢流阀溢流口流回油箱,使液压泵卸荷,从而减小系统功率损失。

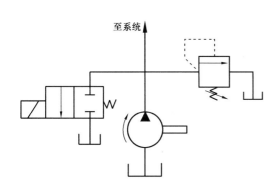

图 6-54 用二位二通换向阀的卸荷回路

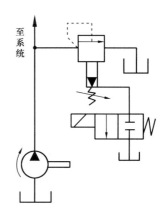

图 6-55 用溢流阀的卸荷回路

4. 平衡回路

为了防止立式液压缸及工作部件因自重而自行下落,可在活塞下行的回油路上安装产生一定背压的液压元件,阻止活塞下落,这种回路称为平衡回路(背压回路)。

1)采用单向顺序阀的平衡回路

图 6-56(a)是采用单向顺序阀的平衡回路。这种回路在活塞下行时,回油腔有一定的背压,运动平稳。但滑阀结构的顺序阀和换向阀存在泄漏,活塞不可能长时间停在任意位置,故该回路适用于锁紧要求不高的场合。

2)采用液控单向阀的平衡回路

图 6-56(b)是采用液控单向阀的平衡回路。由于液控单向阀是锥面密封,泄漏极小,因此其闭锁性能好。回油路上串联单向节流阀 2,用于防止活塞下行时的冲击,也可控制流量,起到调速作用。若回油路上没有节流阀,活塞下行时液控单向阀 1 被进油路上的控制油打开,回油腔没有背压,运动部件由于自重而加速下降,造成液压缸上腔供油不足,液控单向阀因控制油路失压而关闭,关闭后控制油路又建立起压力。液控单向阀 1 又被打开,阀 1 时开时闭,使活塞在向下运动过程中产生振动和冲击。单向节流阀可防止活塞运动时产生振动和冲击。

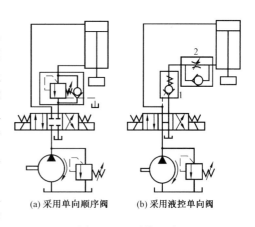

(a)采用单向顺序阀 (b)采用液控单向阀

图 6-56 平衡回路

3)采用溢流阀实现的刹车回路

如图 6-57 所示,当换向阀上位工作时,油马达出油口通油箱,油马达正常运转;当换向阀下位工作时,泵卸荷,油马达由于惯性仍继续转动,但回油因溢流阀受阻,背压升高,油马达被迅速制动;当换向阀处于中位工作时,虽卸荷,但油马达因机械摩擦缓慢停止。

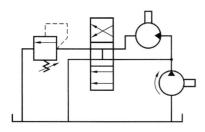

图 6-57 采用溢流阀实现的刹车回路

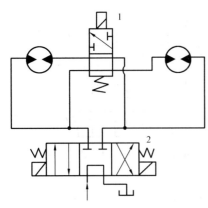

图 6 - 58　油马达串并联回路

2）油马达制动回路

一般说来，油马达的旋转惯性较油缸大得多。因此在回路中应考虑其制动问题。如图 6 - 59 所示，油马达上装一液压机械制动器，而其中制动块的伸缩由制动缸控制。当油马达正常旋转时，压力油进入制动缸，使制动块抬起。单向节流阀的作用是控制制动块的抬起时间，使松闸较慢。电磁阀处于中位，泵卸荷，液压马达制动。

二、速度控制回路

1. 调速回路

5. 油马达回路

多数油马达回路与油缸回路是相同的，这里只讨论油马达特有的两种回路。

1）油马达串并联回路

在行走机械中，常直接用油马达来驱动车轮，这时可利用油马达串并联时的不同特性，来适应行走机械的不同工况。图 6 - 58 中，电磁阀 2 通电吸合，电磁阀 1 处于常态位时，两油马达并联。这时行走机械牵引力大，速度低。当电磁阀 1、2 都通电吸合时，两油马达串联。这时行走机械速度高，牵引力小。

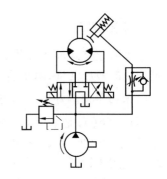

图 6 - 59　液压制动器制动回路

调速回路是用来调节执行元件工作行程速度的回路。不计泄漏，液压缸的运动速度为：$v = Q/A$；液压马达的转速为：$n = Q/q_M$。显然，改变进入执行元件的流量 Q（或液压马达的排量 q_M），可以达到改变执行元件速度的目的。按照液压元件的组合方式不同，调速回路可分为：节流调速，即采用定量泵供油，流量阀改变进入执行元件的流量来调节执行元件的速度；容积调速，即采用变量泵或变量马达实现调速。

1）节流调速回路

节流调速回路元件结构简单、价格低廉，在轻载、低速、负载变化不大和对速度稳定性要求不高的小功率液压系统中应用较为广泛。

节流调速回路按其流量阀安放位置的不同，可分为进油路节流调速、回油路节流调速和旁油路节流调速三种形式。

（1）进油路节流调速回路。

如图 6 - 60 所示，节流阀串联在泵和执行元件之间，控制进入液压缸的流量，以达到调速的目的。定量泵多余的油液通过溢流阀流回油箱，泵的出口压力 p_b 为溢流阀的调整压力并基本保持定值。在这种调速回路中，节流阀和溢流阀联合使用才能起到调速作用。

（2）回油路节流调速回路。

如图 6 - 61 所示，把节流阀串联在执行元件的回油路上，用节流阀调节液压缸的回油流量，也就控制了进入液压缸的流量。定量泵多余的油液经溢流阀流回油箱，泵的出口压力 p_b 为溢流阀的调定压力并基本稳定。

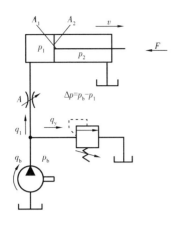

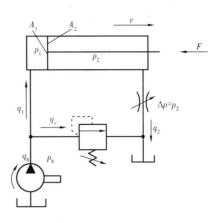

图 6-60　进油路节流调速路回路　　　　　　　图 6-61　回油路节流调速路回路

（3）旁油路节流调速回路。

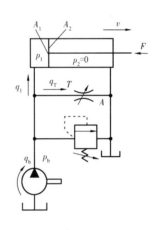

如图 6-62 所示，这种节流调速回路是将节流阀装在与液压缸并联的支路上。节流阀调节液压泵溢回油箱的流量，从而控制进入液压缸的流量，调节节流阀的通流面积，即可实现调速。由于溢流作用已由节流阀承担，故溢流阀作为安全阀用，常态时关闭。因此，液压泵工作过程中的压力完全取决于负载而不恒定，所以这种调速方式又称为变压式节流调速。

（4）采用调速阀的节流调速回路。

采用节流阀的节流调速回路，速度负载特性都比较软，变载荷下的运动平稳性都比较差。在速度稳定性要求高的回路中可用调速阀来代替节流阀。由于调速阀本身能在负载变化的条件下保证节流阀进、出口压差基本不变，因而使用调速阀后，节流调速回路的速度负载特性将得到改善。

图 6-62　旁油路节流调速路

节流调速回路的主要缺点是效率低、发热量大，故只适用于小功率液压系统中；在大功率的液压传动系统中一般采用变量泵或变量马达的容积调速回路。

2）容积调速回路

容积调速回路，因无溢流损失和节流损失，故效率高，发热量小。容积调速回路可分为开式回路和闭式回路两种。开式回路通过油箱进行油液循环，泵从油箱吸油，执行元件的回油仍返回油箱。优点是油液在油箱中便于沉淀杂质，析出气体，并可得到良好的冷却。主要缺点是空气易侵入油液，致使运动不平稳，并产生噪声。闭式油路无油箱，泵吸油口与执行元件回油口直接连接，油液在系统内封闭循环。这样，油气隔绝，结构紧凑，运动平稳，噪声小；缺点是散热条件差。

容积调速回路无溢流，这是构成闭式回路的必要条件。为了补偿泄漏以及由于执行元件进、回油腔面积不等所引起的流量之差，闭式回路需要设辅助补油泵，与之配套还设一溢流阀和一小油箱。补油泵的流量一般为主泵流量的 10%～15%，压力通常为 0.3～1MPa 左右。

根据液压泵和液压马达(或液压缸)的组合方式不同,容积调速回路可分为:变量泵—定量执行元件容积调速回路、定量泵—变量液压马达容积调速回路和变量泵—变量液压马达容积调速回路。

(1)变量泵—定量执行元件容积调速回路。

图6-63(a)为变量泵—液压缸组成的开式容积调速回路;图6-63(b)为变量泵—定量液压马达组成的闭式容积调速回路。图中,泵1是辅助补油泵,其供油压力由溢流阀6调定。这两种调速回路都是采用改变泵流量来调速的。

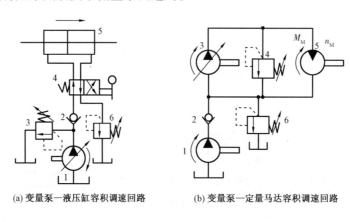

(a) 变量泵—液压缸容积调速回路　　　　(b) 变量泵—定量马达容积调速回路

图6-63　变量泵—定量执行元件容积调速回路

其回路特性如下:

① 调节变量泵的排量便可控制液压缸(或液压马达)的速度。由于变量泵能将流量调得很小,故可以获得较低的工作速度,因此调速范围较大。

② 变量泵出口压力,由安全阀调定;液压马达的排量和液压缸有效工作面积均固定不变。若不计系统损失,由液压马达的转矩公式和液压缸的推力公式可知,马达(或液压缸)能输出的转矩(推力)不变,故这种调速属恒转矩(恒推力)调速。

③ 若不计系统损失,液压马达(或液压缸)的输出功率等于液压泵的功率,因此回路的输出功率随液压马达的转速的变化呈线性变化。

(2)定量泵—变量液压马达容积调速回路。

定量泵—变量液压马达调速回路如图6-64所示。定量泵的输出流量不变,调节变量液压马达的排量,便可改变其转速。图中液压马达的旋转方向是由换向阀3来改变的。

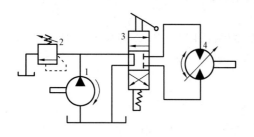

图6-64　定量泵—变量液压马达容积调速回路

其回路特性如下:

① 液压马达输出转速 n 与液压马达的每转流量 q 成反比,调节 q 即可调节液压马达的转速 n。但 q 不能调得过小(这时输出转矩很小,不能带动负载),故限制了转速的提高。因此,这种调速回路的调速范围较小。

② 定量泵输出流量是不变的,泵的供油压力由安全阀限定。若不计系统损失,则液压马达输出的最大功率不变,故这种调速称为恒功率调速。

③ 减小变量液压马达的排量,液压马达的输出转矩将减小,故这种回路的输出转矩为变值。

图 6-65 为定量泵—变量液压马达调速回路的调速特性曲线。

（3）变量泵—变量液压马达容积调速回路。

图 6-66 为采用双向变量泵和双向变量液压马达的容积调速回路。变量泵 1 可正、反向供油,液压马达即正向或反向旋转。这种调速回路是上述两种调速回路的组合,由于泵和液压马达的排量均可改变,故扩大了调速范围,并扩大了液压马达转矩和功率输出的选择余地,其调速特性曲线如图 6-67 所示。

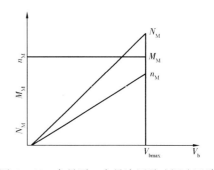

图 6-65　定量泵—变量液压马达调速回路的调速特性曲线

N_M—油马达功率;M_M—油马达扭矩;
n_M—油马达转速;V_p—油泵排量

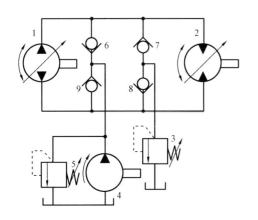

图 6-66　变量泵—变量液压马达容积调速回路

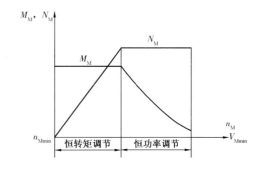

图 6-67　变量泵—变量液压马达容积调速回路的调速特征曲线

N_M—油马达功率;M_M—油马达扭矩;
n_M—油马达转速;V_p—油泵排量;V_M—油马达排量

2. 快速运动回路

1）双泵供油快速运动回路

如图 6-68 所示,高压小流量泵 1 和低压大流量泵 2 组成双联泵作动力源。外控顺序阀 3（卸荷阀）和溢流阀 7 分别调定双泵供油和小流量泵 1 供油时系统的最高工作压力。执行元件空载运动时,系统压力低于卸荷阀 3 的调定压力,两泵同时供油,执行元件快速运动。快进完成后,油路压力超过卸荷阀的调定压力时,大流量泵通过卸荷阀 3 卸荷,只有小流量泵 1 向系统供油,执行元件慢速运动。

2）液压缸差动连接快速运动回路

如图 6-69 所示,阀 1 和阀 3 在左位工作时,液压缸差动连接做快速运动。当阀 3 通电时,差动连接即被切断,液压缸回油经过调速阀,实现工进。阀 1 切换至右位后,缸快退。

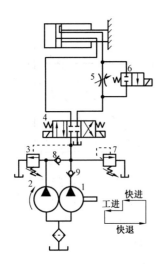

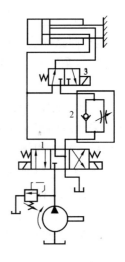

图 6-68　双泵供油快速运动回路　　　　　　图 6-69　液压缸差动连接快速运动回路

3. 速度换接回路

1）采用行程阀的快速与慢速的换接回路

如图 6-70 所示,图示工况,液压缸快进;当挡块压下行程阀 1 时,行程阀关闭,回油经节流阀 2 流回油箱,液压缸由快进转换为慢速工进。当换向阀通电时,压力油经单向阀 3 进入液压缸右腔,活塞快速退回。这种回路的快慢速换接比较平稳,换接点的位置比较准确;缺点是不能任意改变行程阀的位置,管道连接较为复杂。

2）采用调速阀的速度换接回路

图 6-71(a)为调速阀串联二次进给速度换接回路,它只能用于第二进给速度小于第一进给速度的场合,故调速阀 B 的开口小于调速阀 A 的开口。这种回路速度换接平稳性较好。图 6-71(b)为调速阀并联二次进给速度换接回路,这里两个进给速度可以分别调整,互不影响。但一个调速阀工作时另一个调速阀无油通过,其定差减压阀处于最大开口位置,因而在速度转换瞬间,通过该调速阀的流量过大会造成进给部件突然前冲。

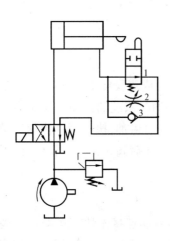

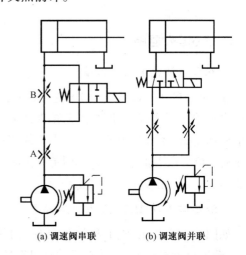

图 6-70　采用行程阀的快速与慢速的换接回路　　　图 6-71　调速阀串、并联的速度换接回路

三、多缸配合工作回路

在液压系统中,由一个油源向多个液压缸供油时,可节省液压元件和电机,合理利用功率。但各执行元件间会因回路中的压力、流量的相互影响在动作上受到牵制。可通过压力、流量和行程控制来满足实现多个执行元件预定动作的要求。

1. 顺序动作回路

顺序动作回路用来使多个执行元件严格按照预定顺序依次动作。按控制方式的不同,可分为压力控制、行程控制和时间控制三种。

1)行程控制顺序动作回路

行程控制是利用执行元件到达一定位置时发出信号来控制执行元件的先后动作顺序。

(1)用行程开关控制的顺序动作回路。

如图6-72所示,按启动按钮,电磁铁1Y得电,缸1活塞先向右运动,当活塞杆上的挡块压下行程开关2S后,使2Y得电,缸2活塞才向右运动,直到压下3S,使1Y失电,缸1活塞向左退回,尔后压下行程开关1S,使2Y失电,缸2活塞再退回。调整挡块位置可调整液压缸的行程,通过电控系统可任意地改变动作顺序,方便灵活,应用广泛。

(2)用行程阀控制的顺序动作回路。

如图6-73所示,图示位置两液压缸活塞均退至左端点。电磁阀3左位接入回路后,缸1活塞先向右运动,当活塞杆挡块压下行程阀4后,缸2活塞才向右运动;电磁阀3右位接入回路,缸1活塞先退回,其挡块离开行程阀4后,缸2活塞才退回。这种回路动作可靠,但要改变动作顺序较困难。

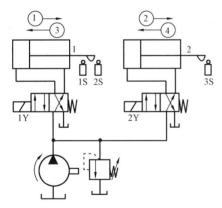

图6-72 采用行程开关控制的顺序动作回路

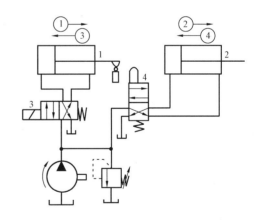

图6-73 采用行程阀控制的顺序动作回路

2)压力控制顺序动作回路

压力控制是利用液压系统工作过程中的压力变化来使执行元件按顺序先后动作。

(1)用顺序阀控制的顺序动作回路。

图6-74为机床夹具上用顺序阀实现工件先定位后夹紧的顺序动作回路。当电磁阀由通电状态断电时,压力油先进入定位缸A的下腔,缸上腔回油,活塞向上抬起,使定位销进入工件定位孔实现定位。这时由于压力低于顺序阀的调定压力,因而压力油不能进入夹紧缸B下腔,工件不能夹紧。当定位缸活塞停止运动,油路压力升高至顺序阀的调定压力时,顺序阀开

启,压力油进入夹紧缸 B 下腔,缸上腔回油,夹紧缸活塞抬起,将工件夹紧。这样可实现先定位后夹紧的顺序要求。当电磁阀再通电时,压力油同时进入定位缸、夹紧缸上腔,两缸下腔回油(夹紧缸经单向阀回油),使工件松开并拔出定位销。

（2）压力继电器控制的顺序动作回路。

图 6-75 为机床夹紧、进给系统。其动作顺序是:先将工件夹紧,然后动力滑台进行切削加工。工作时,压力油经减压阀、单向阀、换向阀进入夹紧缸有杆腔,活塞向左运动,将工件夹紧。液压缸有杆腔的压力升高,当油压超过压力继电器的调定压力时,压力继电器发出电信号,使电磁铁 2Y 通电,动力滑台液压缸向左完成进给动作。由于压力继电器的作用,使得夹紧与进给严格地按顺序进行。压力控制的顺序动作回路中,顺序阀或压力继电器的调定压力必须大于前一动作执行元件的最高工作压力的 10% ~ 15%,否则在管路中的压力冲击或波动下会造成误动作,引起事故。

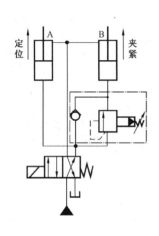

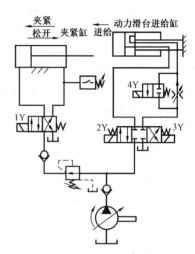

图 6-74　采用顺序阀控制的顺序动作回路　　　　图 6-75　采用压力继电器控制的顺序动作回路

（3）时间控制的顺序动作回路。

所谓时间控制,就是在一个执行元件开始动作后,经过规定的时间,另一个执行元件才开始动作。在液压系统中,时间控制一般利用延时阀来实现。

图 6-76 为延时阀的结构原理和图形符号图。它由单向节流阀和二位三通液动换向阀组成。当油口 1 与压力油源接通时,阀芯向右运动,右端的油液经节流阀排出后,压力油源才能与油口 2 相通。故油口 1 和油口 2 延时接通。

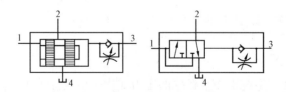

图 6-76　延时阀的结构原理的图形符号

图 6-77 为采用延时阀控制的顺序动作回路。当电磁铁 1Y 通电后,压力油经阀 5 进入缸 6 左腔,推动活塞向右运动。压力油同时进入延时阀的油口 1,经延时阀延时后,油口 1 和油口 2 接通,压力油进入缸 7 左腔,推动活塞向右运动,使缸 6 和缸 7 按顺序动作。当 1Y 断电,2Y 通电时,压力油进入缸 6 和缸 7 的右腔,使两缸快速返回。

2. 同步回路

使两个或两个以上液压缸在运动中保持相同位移或相同速度的回路,称为同步回路。

1) 串联液压缸同步回路

把两个有效面积相等的液压缸串联起来,就能得到串联液压缸同步回路,如图6-78所示。这种回路结构简单,回路允许有较大偏载,且回路的效率较高。但是两个缸的制造误差会影响同步精度,多次行程后,位置误差还会累积起来,而且泵的供油压力为两缸负载压力之和。

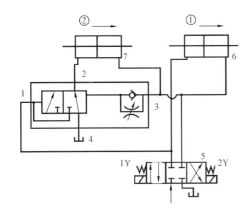

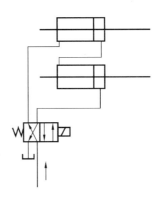

图6-77　延时阀控制的顺序动作回路　　　　图6-78　串联液压缸同步回路

2) 采用流量阀的同步回路

如图6-79所示,两并联的液压缸,由两个调速阀分别调节两液压缸活塞运动速度。由于调速阀具有当负载变化时仍能够保持流量稳定这一特点,所以只要仔细调整两调速阀开口的大小,就能使两液压缸保持同步。这种回路结构简单,但调整比较麻烦,同步精度不高。

采用分流集流阀(同步阀)代替调速阀来控制进入或流出两液压缸的流量,可使两液压缸在承受不同负载时仍能实现速度同步。

采用流量阀的同步回路,调节方便,但效率低,压力损失大。

3. 互不干扰回路

互不干扰回路主要用来使系统中几个执行元件在完成各自工作循环时彼此互不影响。图6-80是通过双泵供油来实现多缸快慢速互不干扰的回路。电磁铁动作顺序见表6-5。液压缸1和2各自要

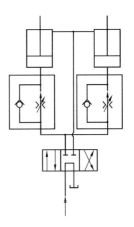

图6-79　采用调速阀
的同步回路

完"快进—工进—快退"自动工作循环。当电磁铁1Y、2Y得电,两缸均由大流量泵10供油,并做差动连接实现快进。如果缸1先完成快进动作,挡块和行程开关使电磁铁3Y得电,1Y失电,大流量泵进入缸1的油路被切断,而改为小流量泵9供油,由调速阀7获得慢速工进,不受缸2快进的影响。当两缸均转为工进,都由小泵9供油后,若缸1先完成了工进,电磁铁1Y、3Y都得电,缸1改由大泵10供油,使活塞快速返回,这时缸2仍由泵9供油继续完成工进,不受缸1的影响。当所有电磁铁都失电时,两缸都停止运动。此回路采用快、慢速运动各由一个泵供油的方式。

表 6-5　电磁铁动作顺序表

工况	1Y	2Y	3Y	4Y
快进	+	+	−	−
工进	−	−	+	+
快退	+	+	+	+
停止	−	−	+	+

4. 互锁回路

1）并联互锁回路

如图 6-81 所示，在缸 2 做往复运动时，缸 1 必须停止运动，称为互锁，是一种安全措施。这种互锁主要依靠液动二位二通阀 4 来保证。当电磁阀 5 处于中位，缸 2 不动时，阀 4 则处于图示位置，压力油通过阀 4 使缸 1 运动。当阀 5 处于左位或右位时，缸 2 运动，缸 2 进油管中的压力油通过单向阀作用于液动阀 4 的右端，使缸 1 的供油通道被切断，这时即使切换电磁阀 3，缸 1 也不能动作。

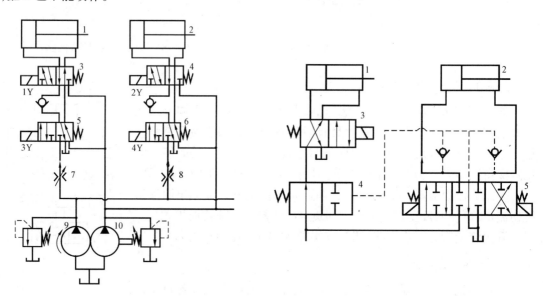

图 6-80　多缸快慢速互不干扰回路　　　　　　图 6-81　并联互锁回路

2）串联互锁回路

如图 6-82 所示，三个要求以一定顺序动作的油缸 1、2 和 3 借助于 O 型机能换向阀构成了串联互锁回路。其中缸 2 和缸 3 分别用于开启或关闭两扇门，缸 1 则用于把门夹紧或松开。回路中，只有当换向阀 4 切换到左位，缸 1 处于松开（门）的位置时，缸 2 才可能动作；只有当换向阀 4 和 5 都切换到左位，缸 3 才能动作。因此，即使操作人员弄错了顺序，也不会因误操作而发生事故。

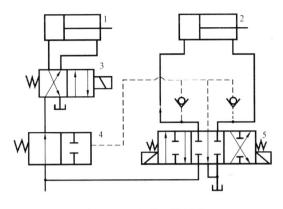

图 6-82　串联互锁回路

第七节　典型液压传动系统

为了使液压设备实现特定的运动循环或工作,将实现各种不同运动的执行元件及其液压回路拼集、汇合起来,用液压泵组集中供油,形成一个网络,就构成了液压传动系统,简称液压系统。

设备的液压系统图是用规定的图形符号画出的液压系统原理图。这种图表明了组成液压系统的所有液压元件及它们之间相互连接的情况,还表明了各执行元件所实现的运动循环及循环的控制方式等,从而表明了整个液压系统的工作原理。

分析和阅读较复杂的液压系统图,大致可按以下步骤进行:

(1)了解设备的功用及对液压系统动作和性能的要求。

(2)初步分析液压系统图,并按执行元件数将其分解为若干个子系统。

(3)分析组成子系统的基本回路及各液压元件的作用,按执行元件的工作循环分析实现每步动作的进油和回油路线。

(4)根据设备对液压系统中各子系统之间的顺序、同步、互锁、防干扰或联动等要求分析它们之间的联系,弄懂整个液压系统的工作原理。

(5)归纳出设备液压系统的特点和使设备正常工作的要领,加深对整个液压系统的理解。

一、钻杆动力钳液压系统

钻杆动力钳是一种石油钻井用井口工具,在钻井作业中它主要用于完成起下钻时的上卸钻具螺纹、正常钻进时卸方钻杆接头、上卸钻铤、甩钻杆和活动钻具等工作。钻杆动力钳是集机械、液压与气动于一体的井口机械化装置,目前在我国石油钻井中使用着多种型式的钻杆动力钳,本部分主要以江苏如石机械有限公司生产的 ZQ203-100 型钻杆动力钳为例分析其液压系统的原理和特点。该动力钳的液压系统原理图如图 6-83 所示。

1.钻杆动力钳液压系统的组成及工作原理

如图 6-83 所示,钻杆动力钳液压系统主要由液压动力站、液压吊升装置及大钳总成等三部分组成。液压动力站用于向液压吊升装置和大钳总成提供一定压力和流量的液压油,液压动力站采用变量柱塞泵供油,通过调整柱塞泵的排量实现对大钳马达转速的调节,该动力站的系统额定流量为 114L/min,最高工作压力为 16.6MPa,配备电动机功率为 37kW;液压吊升装

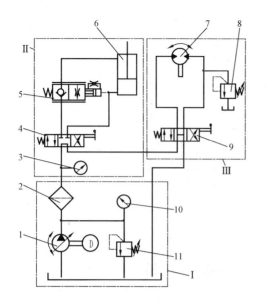

图 6-83 ZQ203-100 钻杆动力钳液压系统原理图
Ⅰ—液压动力站;Ⅱ—液压吊升装置;Ⅲ—大钳总成
1—液压泵;2—过滤器;3—压力扭矩表;4—M 型手动换向阀;
5—平衡阀;6—吊升液压缸;7—大钳马达;8—上扣溢流阀;
9—H 型手动换向阀;10—压力表;11—溢流阀

置以液压动力站提供的高压动力油为动力,实现对动力钳高度的调整,满足钻井作业要求;大钳总成是以液压动力站提供的高压油为动力实现对钻具的上卸扣和旋转钻具等作业,钳头对钻具的夹紧则是由气缸来实现的(图中未画出)。

由图 6-83 可见,其工作原理为变量柱塞泵 1 在电动机带动下,由油箱吸入液压油,液压油经泵加压后经滤油器 2 将压力油送入三位四通 M 型中位机能的手动换向阀 4 进油口,再利用三位四通 M 型中位机能的手动换向阀 4 的回油口将压力油送至三位四通 H 型中位机能的手动换向阀 9 的进油口,当需调整大钳高度时扳动阀 4 的操纵手柄使其左位或右位工作,扳动阀 4 操纵手柄使其左位工作即需提升大钳高度时,吊升液压缸工作油路如下:

进油路 油箱→柱塞泵 1→滤油器 2→阀 4(左位)→阀 5(左位单向阀)→吊升液压缸 6 上腔

回油路 吊升液压缸 6 下腔→阀 4(左位)→阀 9(中位)→油箱

于是,便实现了吊升液压缸 6 的上腔进油,下腔回油,由于采用了活塞杆固定方式,缸体上行,大钳升高。

当需降低大钳高度时,吊升液压缸工作油路如下:

进油路 油箱→柱塞泵 1→滤油器 2→阀 4(右位)→吊升液压缸 6 下腔

以吊升液压缸 6 进油压力作为控制油,阀 5 动作,右位节流阀接入吊升液压缸的回油路,此时回油路液压油循环为:

回油路 吊升液压缸 6 上腔→阀 5(右位节流阀)→阀 4(右位)→阀 9(中位)→油箱

于是,便实现了吊升液压缸的下腔进油,上腔回油,由于采用了活塞杆固定方式,缸体下行,大钳下降。

当利用移送气缸将动力推至预定位置,用吊升液压缸调整好大钳高度,并利用夹紧气缸钳口夹紧钻具后,扳动三位四通 H 型中位机能的手动换向阀 9 的手柄,通过阀 9 的左位或右位将来自阀 4 的压力油送给大钳马达,于是大钳马达经传动机构驱动上钳便实现了两个方向的运转,完成钻具上卸扣作业。上扣作业时大钳工作油路如下:

进油路 油箱→柱塞泵 1→滤油器 2→阀 4(中位)→阀 9(左位)→大钳马达 7 左油口

回油路 大钳马达 7 右油口→阀 9(左位)→油箱

于是,大钳马达 7 左油口进油右油口回油,大钳马达 7 正转。

当需使用动力钳进行卸扣作业时,扳动阀 9 的手柄右位工作,此时大钳工作油路如下:

进油路 油箱→柱塞泵 1→滤油器 2→阀 4(中位)→阀 9(右位)→大钳马达 7 右油口

回油路 大钳马达 7 左油口→阀 9(右位)→油箱

于是,大钳马达 7 右油口进油左油口回油,大钳马达 7 反转。

2. 钻杆动力钳液压系统的特点

（1）钻杆动力钳液压系统采用了容积调速。如图 6-83 所示，动力站采用了变量柱塞泵，可利用其变量机构适时调整泵的排量，实现对系统压力油流量的调整，进而达到调整大钳工作转速的目的。

（2）采用了三位四通 M 型和 H 型中位机能手动换向阀的卸荷回路，减小了系统非工作期间的功率消耗或避免系统的频繁启动。

（3）吊升液压缸系统中采用了平衡回路。吊升液压缸回路中使用了平衡阀 5 可保证吊升液缸缸上下运动时方便自如和平衡，可实现在吊升液缸行程范围内的任一位置的锁紧。

（4）采用了互锁回路。利用三位四通 M 型中位机能的手动换向阀 4 和三位四通 H 型中位机能的手动换向阀 9 之间的组合实现了吊升液压缸和大钳马达之间的互锁。

（5）钻杆动力钳液压系统采用了二级调压，系统最高压力由动力站中的系统溢流阀 11 限定，为了避免上扣时系统处于低压状态，大钳液压系统装有上扣溢流阀 8。

二、钻机盘式刹车液压系统

钻机液压盘式刹车是钻机绞车的重要配套部件。它配与传统的带式刹车相比具有一系列的优点，近年来得到了广泛应用。图 6-84 为 ZJ70DB 钻机用电控液压盘式刹车液压系统原理图。系统额定工作压力为 7MPa，电动机功率为 $2 \times 3kW$，蓄能器容量 $2 \times 10L$，恒压变量泵排量 10mL/r。

电控液压盘式刹车系统由刹车控制部分和刹车执行机构（简称闸总成）两部分组成。闸总成由一副装在滚筒上的刹车盘，四套常闭、常开制动钳总成和制动钳支架组成。制动钳总成由制动器通过杠杆臂将制动器推力施加到刹车盘的两个面上，从而使刹车块与刹车盘产生摩擦力实现刹车。刹车产生的反扭矩由制动钳支架承担。常开制动钳通过液体压力产生刹车力；常闭制动钳则通过弹簧产生刹车力，通过液体压力来压缩弹簧释放刹车力。

控制部分由电控单元与液控单元组成。电控单元由电控开关、电比例手柄、电子放大器、电源及连接附件等组成。电控开关通过控制液控单元中的电磁换向阀实现驻车及紧急刹车功能。电比例手柄与电子放大器产生比例电信号，控制液控单元中的电比例调压阀，实现比例工作刹车功能。液控单元由液压泵站和控制阀组组成，它是动力源和动力控制机构，为制动钳提供必需的液压动力。液压泵站有两套电机驱动的美国派克恒压变量柱塞泵，一套手动加油滤油齿轮泵，一台手动大排量应急泵。在正常运行过程中系统所需全部动力由一台恒压变量柱塞泵提供，另一台作为备用泵，液压蓄能器为系统提供短时间动力液，它可以使刹车反应更灵敏。控制阀组含所有刹车控制液气阀件，它接收电控单元信号，产生压力输出，驱动执行机构实现刹车控制功能。

如图 6-84 可见，其工作原理为：两台恒压变量柱塞泵（一台开动，另一台备用）通过箱外吸油过滤器吸油后，经两个单向阀并车后向控制单元供油。在供油回路上安装有 $20\mu m$ 过滤器，并在其油路上并联两个容积为 10L 的蓄能器，确保常开钳反应灵敏，实现平稳刹车。油液进入控制单元后，分为两路，一路去工作刹车回路。这路油先进入电比例减压阀后再通过气控液动换向阀，进入工作刹车钳缸。通过盘刹电控单元对电比例减压阀的比例调节，实现所需的大小可调的刹车力矩。另一路去安全刹车回路，其先通过一气控液动阀后进入安全刹车钳。安全刹车钳为碟簧充油压缩，释放放油刹车。工作刹车钳为打钻常用刹车钳，安全刹车钳作为备用及处理紧急事故用刹车钳。

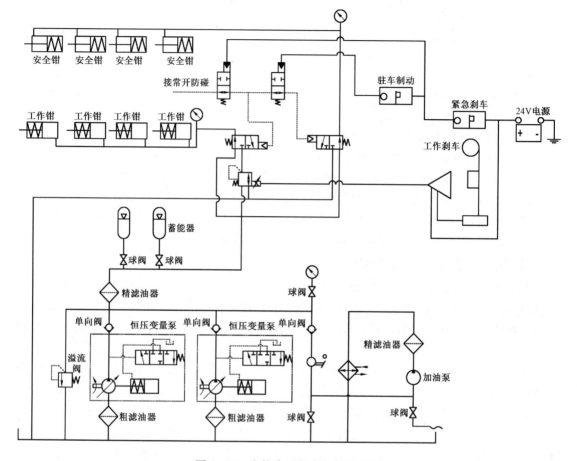

图 6-84 电控液压盘式刹车原理图

三、液动防喷器控制装置液压系统

液动防喷器控制装置是控制井口防喷器组、液动放喷阀的主要设备。控制装置的功用是预先制备与储存足量的压力油,并通过换向阀控制压力油的流动方向,使液动防喷器得以实现迅速开关或开启状态停止。当压力油因使用消耗或泄漏导致油量减少时,系统压力下降,当系统压力降低到一定程度时,液压泵驱动电机便自动启动向控制装置中的蓄能器自动补油,而当系统压力达到规定压力时,电机断电液压泵停止工作,从而保证控制装置液压系统的压力始终保持在一定范围内。液动防喷器的开关动作可以通过相关装置利用控制装置实现手动或远程气动或电动遥控操作。

目前,国内现场使用的控制装置有多种型式,但它们的工作原理与结构组成基本相同。下面以 FKQ800-7C 型液动防喷器控制装置为例分析其液压控制系统的组成和工作原理。图 6-85 为 FKQ800-7C 型控制装置控制系统原理图。该控制装置可以控制一台环形防喷器;一台双闸板防喷器;一台单闸板防喷器;两个液动阀;一个备用控制油路,共计可控制 7 个对象。该液压系统的工作原理为:储存在储能器组中的压力油通过储能器隔离阀(高压球阀)、滤油器,再经减压溢流阀减压后进入控制管汇,再到各三位四通转阀进油口。同时,来自储能器组的压力油经滤油器进入控制环形防喷器的减压溢流阀,减压后专供环形防喷器使用。只需扳动相应的三位四通转阀手柄便可实现"开"、"关"防喷器的操作。

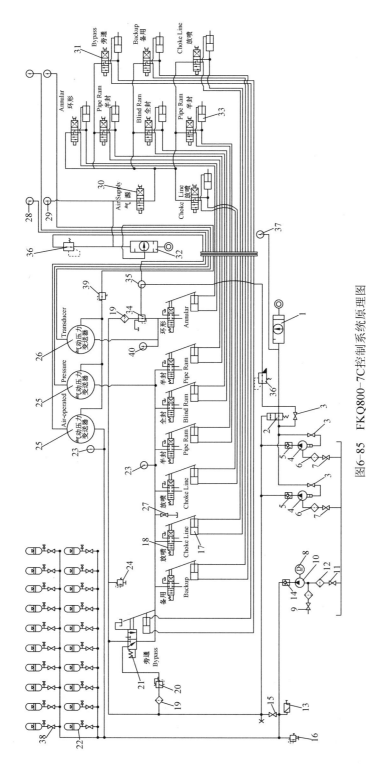

图6-85 FKQ800-7C控制系统原理图

1、32—气源处理元件; 2—液气开关; 3、27—截止阀; 4—气动消泵; 5、14—直通单向阀; 6—1/2in滤油器; 7、9、11—球阀; 8—隔爆电动机; 10—曲轴; 12—1 1/2in滤油器; 13—压力控制器; 14—直通单向阀; 15、38—高压球阀; 16、24—溢流阀; 17、33—双作用活塞式气缸; 18—三位四通转阀; 19—1in滤油器; 20—减压油器; 21—二位三通转阀; 22—皮囊式储能器; 23、40—耐震压力表; 24—溢流阀; 25、26—气动压力变送器; 27—截止阀; 28、29、37—压力表; 30、31—三位四通气转阀; 34—气(手)动调压阀; 35—三位四通气转阀(分配阀); 36—气动调压阀; 39—空气过滤减压阀

— 211 —

三位四通转阀的换向也可通过司钻控制台遥控完成。首先扳动司钻控制台上控制气源开关的气转阀至开位,同时操作其他三位四通气转阀进行换向。压缩空气经空气管线进入远程控制台,控制相应的气缸,带动换向手柄,使远程控制台上相应的三位四通转间换向。在司钻控制台上气转阀换向的同时,压缩空气使显示气缸的活塞移动,司钻控制台上各气转阀上的圆孔内显示出"开"或"关"的字样,表示各防喷器处于"开"或"关"的状态。

注意:司钻控制台上的转阀为二级操作方式,即扳动各控制对象的转阀时必须同时扳动气源开关转间。因为控制系统管线较长,扳动转阀必须保持3s以上,以保证远程控制台上的转阀换向到位。

控制管汇上的减压溢流阀的出口压力的调整范围为0～14MPa(2000psi),一般情况下调整为10.5MPa(1500psi)。旁通阀的手柄在"开"位时,减压溢流阀将不起作用,控制管汇的压力与系统压力相同。

控制环形防喷器的减压溢流阀可以是手动或气/手动减压溢流阀。系统装有气/手动减压溢流阀时,可以分别在远程控制台或司钻控制台对该阀的输出压力进行气动调节。可以通过远程控制台上的分配阀选择气功调压的位置。分配阀有2个位置:远程控制台控制和司钻控制台控制。

手动调节时,旋转减压溢流阀上端的手轮可以将输出压力调节为设定压力。向下旋入为提高输出压力,向上旋出为降低输出压力。

四、石油钻机液压系统

由于一般石油钻机都具有中等以上的功率,并且绞车、转盘负荷变化大,要求转速变化范围也大,因此主系统往往采用容积调速的闭式系统,其特点是效率高、调速范围大。虽然与阀控系统相比,响应速度较差,但对石油钻机来说却能满足要求。

图6－86为一种石油钻机的主液压系统。所谓主液压系统是指绞车、转盘的驱动系统,这是石油钻机中最主要的系统。从图6－86可见,这是个容积调速闭式系统,动力源是由柴油机驱动的三台油泵。一台主油泵是变量轴向柱塞泵,负责向工作机构提供压力油。另两台泵(4号泵和5号泵)是系统的辅。4号泵是闭式系统的补油泵,5号泵是主油泵变量控制机构的操纵泵,是给伺服变量机构的随动油缸提供能源的。这后两台泵一般采用小功率的齿轮泵或叶片泵。工作机构是三台低速大功率径向柱塞油马达。其中一台是转盘马达,两台是绞车马达。两台绞车马达中,通过液控二位四通阀6的控制,可以一台工作,一台浮动(如图示阀6的导通位置),如阀6移到左位导通情况,则二台油马达并联工作。

图中双点画线框内的部分3,是组合压力控制阀,由双向溢流安全阀和双向补油压力调节溢流阀组成。因为主油泵是双向变量泵。图示的两个三位三通液控阀,其实就是三通梭形阀。

对该系统所具有的工作性能作如下分析。

1. 起升钻柱

主油泵上油口排油,阀1处于图6－86所示位置,绞车油马达驱动绞车正转,起升钻柱。钻柱轻时可用一台油马达工作,另一台浮动。钻柱重时,操纵阀6使两台绞车油马达并车。起升速度可通过操作台上一个手动组合气阀调节主油泵的油量来实现。很显然,如果主油泵采用恒功率控制,则绞车马达也是恒功率输出,也就是起升速度随负载增加而自动降低,维持起升恒功率。这时如调节油马达每转排量,则可实现低转数下的高扭矩,可在大范围内实现恒功率起升。起升钻柱时,转盘油马达进出口均为低压,转盘不转。一般情况下绞车不需反转,故起升时,主油泵只是正向排油。

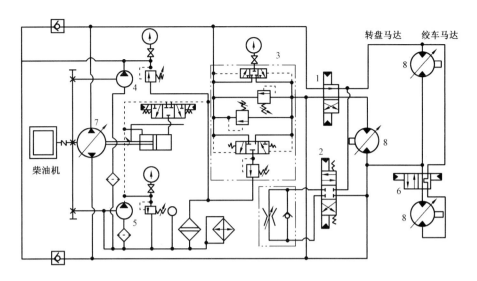

图 6 – 86　钻机主液压系统

1—二位四通阀;2—三位四通阀;3—组合压力控制阀;4—补油泵;

5—控制油泵;6—二位四通液控阀;7—双向变量油泵;8—双向变量油马达

2. 下放钻柱

下放钻柱是靠钻柱自重自行下落,带动绞车反转。此时主油泵排量调至零,下放速度视钻柱重量而定,重量轻时,使阀 2 处于上位,油马达进出油口经单向阀沟通,用绞车上的机械刹车控制速度和悬吊。重量大时,为防止下放速度过快,可使阀 2 处于下位,使油马达进出油口经单向节流液阻器,辅助机械刹车一起工作。

3. 钻进工作

钻进时要求转盘正转,绞车油马达浮动,靠钻柱重力用机械刹车控制钻压。此时阀 1 处于下位,主油泵上油口排油,转盘马达正转。而绞车马达进出口都处于低压,处于浮动状态。这时如果使油泵或油马达中的任一个实行定压控制,则转盘为恒扭矩输出,在此条件下再改变另一个的每转排量(或流量),则可改变恒扭矩下的输出转数(马达定压控制时,增加泵每转排量则转数增加,泵定压控制时,增加马达每排量则转数减少)。

4. 事故处理

处理井内事故时,要求转盘、绞车均可正反向低速运转,这可通过调节主油泵排量和排油方向来实现。

思 考 题

1. 什么是液压传动?

2. 液压传动系统有哪些基本组成部分? 试说明各组成部分的作用?

3. 与传动方式比较,液压传动有哪些主要的优缺点?

4. 什么是液体的黏性? 常用的黏度表示方法有哪几种?

5. 什么是压力? 压力有哪几种表示方法?

6. 管路中的压力损失有哪几种? 其值与哪些因素有关?

7. 液压泵完成吸油和排油,必须具备什么条件?

8. 液压泵的排量、流量各取决于哪些参数?

9. 某液压泵的输出压力为8MPa,排量为15mL/r,转速为1200r/min,容积效率为0.95,机械效率为0.95,求泵的输出功率和电动机的驱动功率各为多少?

10. 简述齿轮泵、叶片泵、单作用叶片泵、柱塞泵的工作原理及其特点。

11. 某液压马达排量为250mL/r,入口压力为10MPa,出口压力为1.0MPa,总效率为0.9,容积效率为0.95,当输入流量为25L/min时,试求:

(1)液压马达的输出转矩。

(2)液压马达的输出实际转速。

12. 液压缸有哪些类型? 它们的工作特点是什么?

13. 设有一双杆活塞缸,缸内径 $D=100mm$,活塞杆直径 $d=0.7D$,若要求活塞杆运动的速度 $v=80mm/s$,求液压缸所需要的流量为多少?

14. 简述溢流阀、减压阀、顺序阀(内控外泄式)三者之间的异同点。

15. 若把先导式溢流阀的远程控制口当成泄漏口接油箱,这时液压系统会产生什么问题?

16. 常用的滤油器有哪几种?

17. 蓄能器有哪些功用? 安装和使用蓄能器应注意哪些问题?

18. 油箱的功用是什么?

19. 什么是液压基本回路? 按功用的不同,液压基本回路可分为哪几种?

20. 压力控制回路的作用是什么? 常用的压力控制回路有哪几种?

21. 如何调节液压执行元件的运动速度? 常用的调速方法有哪些?

22. 什么是液压传动系统? 液压系统原理图的作用是什么? 阅读液压系统原理图的方法和步骤是什么?

第七章　钻机的气控制系统

现代石油钻机是一套重型联合的工作机组,为了使钻机的各部分能协调、准确、高效率地工作,必须有一套灵敏、准确、可靠的控制系统。钻机控制系统是整套钻机必不可少的组成部分,是钻机的中枢神经系统。

钻机的绞车、转盘、钻井泵交替工作,各工作机经常启动和停车,因此在这些传动系统中的离合器操作频繁,特别是在起下操作时。气动摩擦离合器比较能适应如此繁重的操作要求,因此气控制系统是钻机控制系统不可缺少的组成部分。

第一节　概　　述

一、钻井工艺对控制系统的要求

为了保证高速钻成优质井,钻井工艺对钻机控制系统的要求如下:

(1)控制迅速、柔和、准确、安全可靠。

(2)操作程序简单、操作方便灵活、易于维修。

(3)各控制元件工作协调,便于记忆,结构简单、成本低廉。

二、钻机控制系统的作用

根据钻井生产过程中对钻机操作的要求,钻机控制系统的作用如下:

(1)动力机的启动、停车、调速及并车的控制。

(2)绞车滚筒的启动、停车、排挡、刹车及紧急制动。

(3)转盘的启动、停车、换挡和倒车。

(4)钻井泵的启动与停车。

(5)传动系统的挂合与摘离。

(6)气动卡瓦、猫头、自动大钳等的操作控制。

(7)辅助机组的启动与停车(如空气压缩机等)。

三、钻机控制系统的控制方式

钻机控制系统可采用多种控制方式,主要有机械控制、电控制、液压控制、气控制。

1.机械控制

机械控制由杠杆、齿轮、凸轮、钢丝绳、手柄、踏板等组成。例如,变速箱或绞车的拨叉排挡杆、带刹车的刹把杠杆等。它一般仅用于就地控制和局部控制,而不用于长距离控制和多机组的集中控制。

2.电控制

电控制仅用在电驱动的钻机上。钻机上采用电控制部分主要用于电动机的启动、调速、反转、制动和保护等方面。在柴油机驱动的钻机中,对辅助机组,如电磁刹车、空气压缩机、自动送进装置、发电机等可采用分散的电控制。

3. 液压控制

在石油钻采机械设备中,一般在液压钻机、液压修井机、水力活塞泵等设备上采用液压控制,也有在井口设备中采用液压控制,如液动卡瓦、液动大钳等。

4. 气控制

气控制是以压缩空气为能源的气动技术,是目前钻机中广泛应用的一种控制方式,有如下优点:

(1)气控制系统的工作介质是空气,来源方便,比液压控制经济,使用后可直接排至大气中,即使泄漏也不会造成污染。

(2)空气的黏度小,管内流动压力损失小,一般压力损失只是油路的千分之一,因此,便于集中控制及远距离操纵,适用于远距离输送和集中供气。

(3)空气流动性好,能迅速充满各执行机构,可直接用气压信号实现系统的自动控制,完成各种复杂的动作。

(4)压缩空气的工作压力较低(一般为0.39~0.98MPa),可降低对气动元件的材质和制造精度上的要求,因而气动元件结构简单,容易实现标准化、系列化,制造容易,成本低。

(5)气体具有一定的可压缩性,可使工作柔和无冲击。在工作压力范围内,能保证控制的准确性。

(6)在寒冷的条件下,仍能保证正常工作,特别是在易燃、易爆、多尘埃、强磁、潮湿和温度变化大等恶劣场合下,工作安全可靠,而且便于实现过载自动保护,操作方便。

由于气控制具有上述优点,虽然有排气时噪声较大,传递运动不够平稳、均匀,工作压力不能太高,传动效率低,不易获得较大的力或力矩等缺点,但是,对于钻机的工况、使用条件、工作环境都是适宜的。所以,目前我国使用的钻机,基本上采用以气控制为主的综合控制,尤其在以柴油机作为动力的石油钻机上,几乎全部采用以气控制为主的控制方式。

四、气控制系统的组成

钻机气控制系统主要由气源装置、气动执行元件、气动控制元件和辅助元件四部分组成,如图7-1所示。

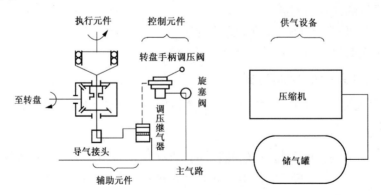

图7-1 钻机的气控制系统示意图

1. 气源装置

获得压缩空气的装置和设备,如各种空气压缩机。它将原动机供给的机械能转变为气体的压力能,还包括冷却器、除水器、储气罐等辅助设备。

2. 气动执行元件

将压缩空气的压力能转变为机械能的装置,如做直线运动的气缸及做回转运动的气马达、气离合器等。

3. 气动控制元件

控制压缩空气的流量、压力、方向及执行元件工作程序的元件,如各种压力阀、流量阀、方向阀、逻辑元件等。

4. 辅助元件

使压缩空气净化、润滑、消声及用于元件间连接等所需的装置,如各种过滤器、油雾器、消声器、管件及接头等。

第二节 气 源 装 置

一、空气压缩机

空气压缩机是将机械能转换成压力能的装置,是产生压缩空气的机器。

1. 空气压缩机的分类

空气压缩机的种类很多,按工作原理可分为容积式和动力式两大类。在气压传动中,一般采用容积式空气压缩机。

按输出压力分为低压压缩机($0.2MPa < p \leqslant 1MPa$)、中压压缩机($1MPa < p \leqslant 10MPa$)、高压压缩机($10MPa < p \leqslant 100MPa$)、超高压压缩机($p \geqslant 100MPa$)。

按输出流量分为微型($q < 1m^3/min$)、小型($1m^3/min \leqslant q < 10m^3/min$)、中型($10m^3/min < q \leqslant 100m^3/min$)、大型($q \geqslant 100m^3/min$)。

按润滑方式分为有油润滑和无油润滑。油润滑,即采用润滑油润滑,结构中有专门的供油系统)。无油润滑,即不采用润滑油润滑,零件采用自润滑材料制成,如采用无油润滑的活塞式空压机中的活塞组件。

2. 空气压缩机的工作原理

在容积式空气压缩机中,最常用的是活塞式空气压缩机,其工作原理如图7-2所示。

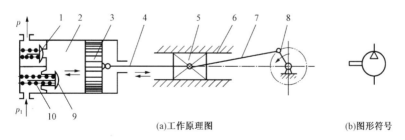

(a)工作原理图　　　　　　(b)图形符号

图7-2 活塞式空气压缩机

1—排气阀;2—气缸;3—活塞;4—活塞杆;5—十字头;6—滑道;7—连杆;8—曲柄;9—吸气阀;10—弹簧

当动力机启动后,带动曲轴旋转,曲柄8作回转运动,带动气缸活塞3作直线往复运动,当活塞3向右运动时,气缸腔2因容积增大而形成局部真空,在大气压的作用下,吸气阀9打开,大气进入气缸腔2,此过程为吸气过程;当活塞向左运动时,气缸腔2的容积减小,其内的气体被压缩,压力升高,吸气阀9关闭,排气阀1打开,压缩空气排出,此过程为排气过程。单级单缸的空气压缩机就这样循环往复运动,不断产生压缩空气,而大多数空气压缩机是由多缸多活塞组合而成。

3. 空气压缩机的选用

选用空气压缩机的依据是气动系统所需的工作压力和流量。目前,气动系统常用的工作压力为0.5~0.8MPa,可直接选用额定压力为0.7~1MPa的低压空气压缩机,特殊需要也可选用中、高压或超高压的空气压缩机。

在确定空气压缩机的排气量时,应该满足各气动设备所需的最大耗气量(应转变为自由空气耗气量)之和。

1)空压机的排气压力

若气动系统中各气动装置对供气气源有不同的压力要求时,应按其中最高压力要求,再加上压缩空气流过各气动元件的压力损失,作为选用空气压缩机输出压力的依据。气动系统中的某些装置要求较低的气源压力时,可采用减压方式供给。

2)空压机的输出流量

空气压缩机的供气量可按下述的经验公式计算:

$$q_c = \psi K_1 K_2 \sum q_f \qquad (7-1)$$

式中 q_c——空气压缩机的计算供气量;

q_f——单台气动设备的平均自由空气耗量;

ψ——气动设备利用系数;

K_1——漏损系数,$K_1 = 1.15 \sim 1.5$;

K_2——备用系数,$K_2 = 1.3 \sim 1.6$。

由于每台气动设备所需工作压力不同,所以式(7-1)中是将不同压力下的压缩空气流量转换成自由空气流量来计算的。压缩空气流量与自由空气流量之间的转换关系可按下式换算:

$$q_f = \frac{q_p p_p}{p_a} \qquad (7-2)$$

式中 q_p——压缩空气的流量,m^3/s;

p_p——压缩空气的绝对压力,MPa;

p_a——大气压力($p_0 = 0.1013MPa$),MPa。

根据以上计算并结合实际使用情况,便可从产品样本上选取适当规格和型号的空气压缩机。

二、气源净化装置

一般使用的空压机都采用油润滑,在空气机中空气被压缩,温度可升高到$140 \sim 170℃$,这时部分润滑油变成气态,加上吸入空气中的水和灰尘,形成了水汽、油汽、灰尘等混合杂质。如果将含有这些杂质的压缩空气供气动设备使用,将会产生极坏的影响。

（1）混在压缩空气中的油汽聚集在储气罐中形成易燃物，甚至有爆炸的危险；同时油在高温汽化后形成有机酸，使金属设备腐蚀，影响设备的寿命。

（2）混合杂质沉积在管道和气动元件中，使通流面积减小，流通阻力增大，致使整个系统工作不稳定。

（3）压缩空气中的水汽在一定压力和温度下会析出水滴，在寒冷季节会使管道和辅件因冻结而破坏或使气路不畅通。

（4）压缩空气中的灰尘对气动元件的运动部件产生研磨作用，使之磨损严重，影响它们的寿命。

由此可见，在气动系统中设置除水、除油、除尘和干燥等气源净化装置是十分必要的。下面具体介绍几种常用的气源净化装置。

1. 后冷却器

后冷却器一般安装在空压面的出口管路上，其作用是把空压机排出的压缩空气的温度由 $140 \sim 170℃$ 降至 $40 \sim 50℃$，使得其中大部分的水、油转化成液态，以便于排出。

后冷却器一般采用水冷却法，其结构形式有：蛇管式、列管式、散热片式、套管式等。图 7-3 为蛇管式后冷却的结构示意图。热的压缩空气由管内流过，冷却水从管外水套中流动以进行冷却，在安装时应注意压缩空气和水的流动方向。

2. 油水分离器

油水分离器的作用是将经后冷却器降温析出的水滴、油滴等杂质从压缩空气中分离出来。其结构形式有：环形回转式、撞击挡板式、离心旋转式、水浴式等。图 7-4 为撞击挡板式油水分离器，压缩空气自入口进入分离器壳体，气流受隔板的阻挡被撞击折向下方，然后产生环形回转而上升，油滴、水滴等杂质由于惯性力和离心力的作用析出并沉降于壳体的底部，由排污阀定期排出。为达到较好的效果，气流回转后上升速度应缓慢。

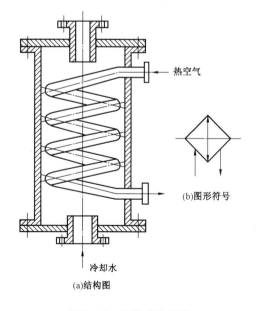

图 7-3　蛇管式冷却器

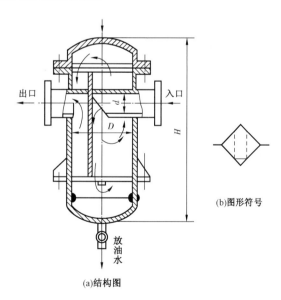

图 7-4　撞击挡板式油水分离器

3. 干燥器

经过以上净化处理的压缩空气已基本满足一般气动系统的需求,但对于精密的气动装置和气动仪表用气,还需经过进一步的净化处理后才能使用。干燥器的作用是进一步除去压缩空气中的水、油和灰尘,其方法主要有吸附法和冷冻法。吸附法是利用具有吸附性能的吸附剂(如硅胶、铝胶或分子筛等)吸附压缩空气中的水分使其达到干燥的目的。冷冻法是利用制冷设备使压缩空气冷却到一定的露点温度,析出所含的多余水分,从而达到所需要的干燥度。

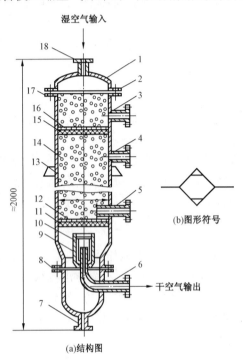

图 7-5 吸附式干燥器

1—顶盖;2—法兰;3,4—再生空气排气管;
5—再生空气进气管;6—干空气输出管;7—排水管;
8,17—密封垫;9,12,16—钢丝过滤网;10—毛毡层;
11—下栅板;13—支撑板;14—吸附层;15—上栅板;
18—湿空气进气管

图 7-5 为吸附式干燥器的结构原理图。它的外壳为一金属圆筒,里面设置有栅板、吸附剂、滤网等,其工作原理是:压缩空气由管道 18 进入干燥器内,通过上吸附剂层、铜丝过滤网 16、上栅板 15、下部吸附剂层 14 之后,湿空气中的水分被吸附剂吸收而干燥,再经过铜丝网 12、下栅板 11、毛毡层 10、铜丝网层 9 过滤气流中的灰尘和其他固体杂质,最后干燥、洁净的压缩空气从输出管 6 输出。

当吸附剂在使用一定时间之后,吸附剂中的水分到饱和状态时,吸附剂失去继续吸湿的能力,因此需要设法将吸附剂中的水分排除,使吸附剂恢复到干燥状态,即重新恢复吸附剂吸附水分的能力,这就是吸附剂的再生。图 7-5 中的管 3、4、5 即是供吸附剂再生时使用的。工作时,先将压缩空气的进气管 18 和出气管 6 关闭,然后从再生空气进气管 5 向干燥器内输入干燥热空气(温度一般高于 180℃),热空气通过吸附层,使吸附剂中的水分蒸发成水蒸气,随热空气一起经再生空气排气管 3、4 排入大气中。经过一段时间的再生以后,吸附剂即可恢复吸湿的性能,在气压系统中,为保证供气的连续性,一般设置两套干燥器,一套使用,另一套对吸附剂再生,交替工作。

4. 分水滤气器

分水滤气器又称二次过滤器,其主要作用是分离水分,过滤杂质。其滤灰效率可达70% ~ 99%。QSL 型分水滤气器在气动系统中应用很广,其滤灰效率大于95%,分水效率大于75%。在气动系统中,一般称分水滤气器、减压阀、油雾器为气动三大件,又称气动三联件,是气动系统中必不可少的辅助装置。

图 7-6 为分水滤气器的结构简图,从输入口进入的压缩空气被旋风叶子 1 导向,沿存水杯 3 的四周产生强烈的旋转,空气中夹杂的较大的水滴、油滴在离心力的作用下从空气中分离出来,沉到杯底;当气流通过滤芯时,气流中的灰尘及部分雾状水分被滤芯拦截滤去,较为洁净干燥的气体从输出口输出。为防止气流的旋涡卷起存水杯中的积水,在滤芯的下方设置了挡水板 4。为保证分水滤气器的正常工作,应及时打开放水阀,放掉存水杯中的污水。

5.储气罐

储气罐的作用是消除压力波动,保证供气的连续性、稳定性;储存一定数量的压缩空气以备应急时使用;进一步分离压缩空气中油分、水分和其他杂质颗粒。储气罐一般采用焊接结构,其结构形式有立式和卧式两种,立式结构应用较为普遍。使用时,储气罐应安装有安全阀、压力表和排污阀等附件。此外,储气罐还必须符合锅炉及压力容器安全规则的要求。如使用前应按标准进行水压试验等。

图 7 - 7 为立式储气罐的结构示意图。

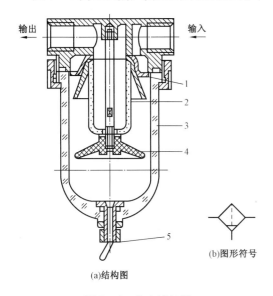

图 7 - 6　分水滤气器

1—旋风叶子;2—滤芯;3—存水杯;4—挡水板;5—放水阀

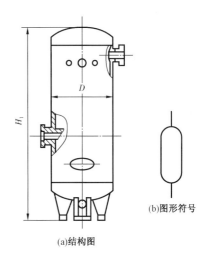

图 7 - 7　立式储气罐

第三节　执 行 元 件

气动执行元件是将压缩空气的气压能转变为机械能输出的元件,包括气缸、气动马达、气离合器等。

一、气缸

1. 气缸的分类

气缸是气动系统中使用最多的一种执行元件,根据使用条件不同,其结构、形状也有多种形式。

1)按压缩空气对活塞端面作用力的方向分类

(1)单作用气缸:气缸只有一个方向运动的气压传动,活塞的复位靠弹簧力或自重和其他外力。

(2)双作用气缸:其往返运动都靠压缩空气来完成。

2）按气缸的结构特征分类

（1）活塞式气缸。

（2）薄膜式气缸。

（3）伸缩式气缸。

3）按气缸的安装形式分类

（1）固定式气缸：气缸安装在机体上固定不动，有耳座式、凸缘式和法兰式。

（2）轴销式气缸：缸体围绕一固定轴可作一定角度的摆动。

（3）回转式气缸：缸体固定在机床主轴上，可随机床主轴作高速旋转运动。这种气缸常用于机床的气动卡盘中，以实现工件的自动装卡。

（4）嵌入式气缸：气缸做在夹具本体内。

4）按气缸的功能分类

（1）普通气缸：包括单作用式和双作用式气缸，常用于无特殊要求的场合。

（2）缓冲气缸：气缸的一端或两端带有缓冲装置，以防止和减轻活塞运动到端点时对气缸缸盖的撞击。

（3）气—液阻尼缸：气缸与液压缸串联，可控制气缸活塞的运动速度，并使其速度相对稳定。

（4）摆动气缸：用于要求气缸叶片轴在一定角度内绕轴线回转的场合，如夹具转位、阀门的启闭等。

（5）冲击气缸：是一种以活塞杆高速运动形成冲击力的高能缸，可用于冲压、切断等。

（6）步进气缸：是一种根据不同的控制信号，使活塞杆伸出不同的相应位置的气缸。

2. 几种常见的气缸

气缸是输出往复直线运动或摆动运动的执行元件，在气动系统中应用的品种较多。这里仅介绍石油钻机上常用的几种气缸。

1）单作用刹车气缸

气控系统中的刹车气缸采用单作用气缸，即压缩空气只能使活塞向一个方向运动，靠弹簧力复位。单作用刹车气缸主要由缸套、活塞、皮碗、缸顶盖、盖、活塞下部连接筒组成，如图7-8所示。它以铜套为导轨，连杆用半球铰与活塞连接。司钻在操作过程中，通过刹把控制司钻阀（即调压阀），使刹车气缸能进气、排气，控制气缸活塞的往复运动，从而帮助司钻刹住绞车滚筒。工作时，压缩空气由缸盖上的孔进入气缸，推动活塞向下运动，与活塞相连的活塞杆推动曲轴转动，进行刹车。

2）膜片式气动加速器

膜片式气动加速器现场称为气动加速器，如图7-9所示。它可在单方向上产生轴向力，使用在柴油机油门遥控装置中。当柴油机需要加油门时，由上方的进气孔通入压缩空气，压缩空气推动膜片及压板克服弹簧力，带活塞杆向下运动，推动油门的推杆。当柴油机不需要加油门时，气缸放气弹簧使膜片复位。

膜片式气缸与活塞式气缸相比，具有结构简单紧凑、制造容易、成本低、维修方便、寿命长、泄漏少等优点。但是，由于膜片式气缸存在两个缺点，其使用范围受到一定的限制。一是因为膜片的变形量有限，因而行程很短，一般行程不超过40～50mm；二是膜片式气缸活塞杆的输出力和速度是变化的,膜片的变形量越大,吸收的压缩空气能量就越多,因而活塞杆输出的推力即使在输入气压不变的情况下也随行程的增加而减小。

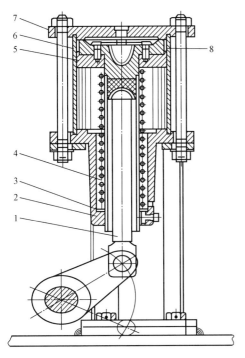

图 7-8　刹车式气缸

1—连杆;2—盖;3—铜套;4—套筒和复位弹簧;
5—活塞;6—缸套;7—缸顶盖;8—皮碗

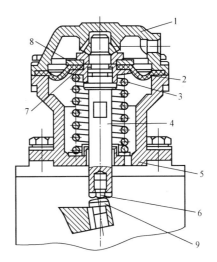

图 7-9　膜片式气动加速器

1—缸盖;2—膜片;3—弹簧;4—活塞杆;5—壳体;
6—调节螺钉;7—膜盘;8—压板;9—推杆

3) 三位气缸

石油钻机多用三位气缸进行换挡,其结构如图 7-10 所示。三位气缸上有 I_1、I_2、I_3 三个进出气孔。当只有 I_1 孔进压缩空气时,活塞向右运动,使拨叉处于右位;当只有 I_2 孔进压缩空气时,左滑筒向左运动,右滑筒向右运动,使拨叉处于中位;当只右 I_3 孔进压缩空气时,活塞向左运动,使拨叉处于左位。

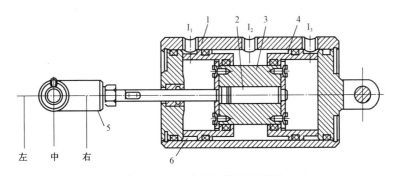

图 7-10　三位气缸结构示意图

1—缸体;2—活塞杆;3—活塞;4—右滑筒;5—拨叉;6—左滑筒

二、气动马达

气动马达是将压缩气体的压力能转换为旋转运动形式机械能的能量转换装置。其工作压力一般为$(3 \sim 8) \times 10^5 Pa$。气动马达种类很多,按工作原理可分为容积式和透平式。石油钻机气动系统使用的气动马达均属容积式叶片气动马达。

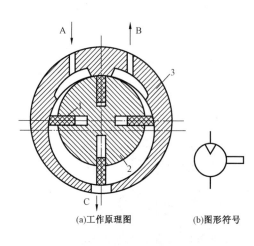

图7-11 叶片式气动马达
1—叶片;2—转子;3—定子

图7-11(a)为叶片式气动马达的工作原理。压缩空气由A孔输入,小部分经定子两端密封盖的槽进入叶片1底部,将叶片推出,使叶片贴紧在定子内壁上;大部分压缩空气进入相应的密封空间而作用在两个叶片上,由于两叶片长度不等,就产生了转矩差,使叶片和转子按逆时针方向旋转,做功后的气体由定子的C孔和B孔排出,若改变压缩空气的输入方向(即压缩空气由B孔进入,A孔和C孔排出),则可改变转子的转向。在钻机上,气动马达一般用于方钻杆旋扣器、辅助绞车和柴油机的启动上。目前在钻机上应用最广泛的一种气动马达为FM型气动马达,它是用于作水龙头旋扣器的动力。此外,气动执行元件还包括气动摩擦离合器。

三、气动摩擦离合器

石油钻采机械中常用的气离合器有普通型气胎离合器、通风型气胎离合器和气囊盘式离合器。

1. 普通型气胎离合器

普通型气胎离合器的结构如图7-12所示。它主要由主动件和从动件两部分组成。主动

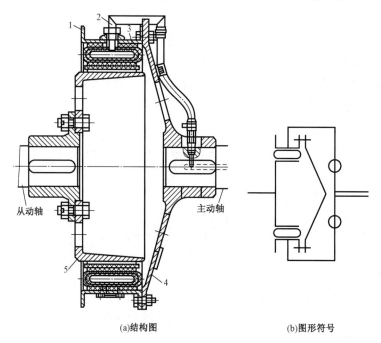

(a)结构图   (b)图形符号

图7-12 普通型气胎离合器
1—钢圈;2—输气管;3—气胎;4—连接盘;5—从动轮

件部分主动轮圈、进气管、气胎和摩擦片、主动轮;从动件部分主要是从动摩擦轮毂。主动轮和从动轮分别用键装在主动轴和被动轴上。

挂合前,主动轴带动主动轮圈旋转,摩擦片与从动摩擦轮之间不接触,从动轮不转。挂合时,由进气管给气胎充气,气胎膨胀,推动摩擦片抱紧从动摩擦轮,在摩擦片与摩擦轮之间的圆柱形表面上产生摩接力,从而产生摩擦力矩,经过打滑阶段,主动轴就带动从动轴同步旋转。需要断开离合器时,只需将气胎放气.摩擦片靠离心力和气胎弹性离开从动摩擦轮,离合器回到挂合前的状态。

气胎离合器所传递的扭矩主要取决于其结构尺寸、允许的最小工作压力、转速及摩擦系数,而后者起相当重要的作用。

气胎离合器的规格有多种,其表示法以 500 × 125 气胎离合器为例,500 表示气胎摩擦片内圆名义直径为 500mm,125 表示摩擦片的名义宽度为 125mm;双 500 × 125 则表示此离合器有两个气胎,称为双气胎离合器。

2. 通风型气胎离合器

钻机用通风型气胎离合器是在普通气胎离合器的基础上发展起来的。其隔热和通风散热性能好,气胎本身在工作时不承受扭矩。特点是:挂合平稳、摘开迅速、摩擦片厚、寿命长、易损件少、更换易损件方便、经济性好。其局部剖视图如图 7 – 13 所示。

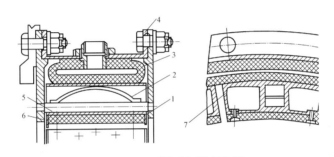

图 7 – 13　通风型气胎离合器

1—摩擦片;2—板簧;3—气胎;4—钢圈;5—承扭杆;6—挡板;7—扇形体

通常,造成气胎离合器损坏的原因是工作过程中,离合器摩擦片的打滑及半打滑而产生大量的热,使得气胎被烧坏,橡胶老化而损坏。

通风型气胎离合器的主要特点是:在产生热量的工作面(摩擦轮和摩擦片接触表面),即在每一块摩擦片 1 上面都装有一套散热传能装置。这套装置主要包括扇形体 7、承扭杆 5、板簧 2 和挡板 6 等部分。扇形体是一个关键的零件,它是一个扇形轻合金铸件,气胎 3 靠它与摩擦片分隔开,摩擦片直接固定在它的下面,而板簧以一定的预压紧力压在承扭杆的上面,并一同装在扇形体中间的导向槽中。承拉杆是一根截面呈长方形的杆,它伸出扇形体外的两端做成圆柱销的形状,并插入挡板相应的销孔中,挡板则用螺钉固定在离合器的钢圈 4 上。

挂合离合器时,气胎在充气后不断沿直径方向膨胀,推动扇形体,板簧在扇形体内被进一步压缩,而扇形体沿其本身的导向槽相对于固定在挡板上的承扭杆向轴心移动,使摩擦片逐渐抱紧摩擦轮。这样,离合器主动部分所接受的旋转运动和扭矩就直接通过钢圈、挡板、承扭杆经扇形体、摩擦片传到摩擦轮上而不经过气胎。摘开通风型离合器时,随着气胎的放气过程,摩擦片在离心力、气胎的弹性和板簧的弹力作用下,摩擦片迅速脱离摩擦轮,减少了打滑时间,从而减少了摩擦热。

3.气囊盘式离合器

图7-14为应用于绞车滚筒高低速速传动中的气囊盘式离合器。右刹车毂内的离合器挂合的是低速链轮,转速低,传递扭矩大,因此使用两个主动摩擦盘;左刹车毂内的离合器挂合的是高档链轮,转速高,传递的扭矩低,因此使用一个主动摩擦盘。

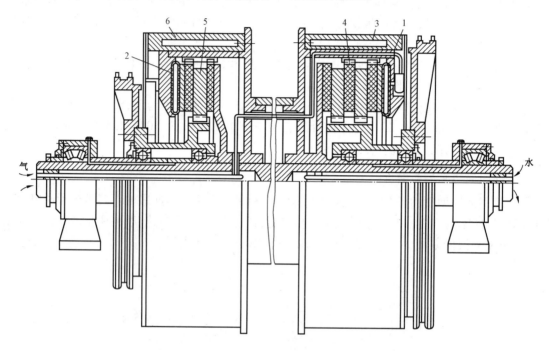

图7-14 气囊盘式离合器结构
1,2—气囊;3,6—刹车毂;4—从动盘;5—主动盘

盘式离合器主要由气囊、摩擦片、从动摩擦盘、主动摩擦盘、摩擦钢板及复位弹簧等组成。滚筒轴的左端为二气囊的进气口,右端为刹车毂的冷却水进出口。不挂合离合器时,气囊中不充气,主动摩擦盘与被动摩擦盘之间不接触,不产生摩擦力矩。因此,主动盘随主动链轮转动,从动盘等被动件不动。挂合时,通过滚筒轴左端的进气口给一个气囊充气,气囊膨胀,推动摩擦片、从动摩擦盘、主动摩擦盘移动压紧摩擦钢板,在正压力作用下产生摩擦力,并分布于每个从动盘两边的环形面积上,这个摩擦力产生摩擦力矩,使主动件和从动件一起转动;摘开离合器时,气囊通过快速放气阀放气,在复位弹簧的作用下使主动摩擦盘和从动摩擦盘复位。

气囊盘式离合器的承载能力主要取决于其结构尺寸、摩擦片个数、摩擦系数(包括摩擦状态系数)、复位弹簧的刚度及允许的最小工作压力。

气动摩擦离合器在上作时,由于存在打滑,主动件可在运转过程个挂合被动件,并减轻启动的冲击载荷,起过载保护作用。但另一方面,由于打滑摩擦片和气胎发热,消耗了能量,加剧了摩擦片的磨损,降低了它的传动性能,长时间的热量积累加速了气胎的老化以致开裂失效。当然它的开裂也与气胎由于传递扭矩而变形有关。另外,摩擦片的摩擦系数较低,现用的只有0.22左右,造成传动摩擦扭矩不足。减少打滑、降低热负荷、提高摩擦材料的特性都是急待解决的课题。由于气胎的弹性形成两轴间的柔性连接,因此允许两轴之间具有较大的不同心性和角度偏差,柔性连接也可以减弱柴油机和工作机振动的互相影响。离合器短时间内在打滑状态下操作,可以微调被动件的转速(用转盘离合器进行打捞作业时)。

第四节 控制元件

气控制元件的作用是调节压缩空气的压力、流量、方向以及发送信号,以保证气动执行件按规定的程序正常动作。控制元件按功能可分为压力控制阀、流量控制阀、方向控制阀。

一、压力控制阀

压力控制阀是利用压缩空气作用在阀芯上的力和弹簧力相平衡的原理来控制压缩空气的压力,进而控制执行元件的动作顺序。压力控制阀主要有减压阀、手柄调压阀、溢流阀、顺序阀和调压继气器。

1. 减压阀

减压阀的作用是将出口压力调节在比进口压力低的调定值上,并能使输出压力保持稳定,又称为调压阀。减压阀分为直动式和先导式两种,主要用于要求平稳启动和有选择压力的控制气路上,如转盘启动、绞车高低速启动、柴油机油门等控制。如将它和手柄、凸轮、手轮、踏板等配合使用,便可构成各种不同的调压阀,如手柄调压阀、脚踏调压阀等。如图7-15(a)为常用的 QTY 型减压阀(直动式)结构原理图。当顺时针方向调整手轮1时,调压弹簧2和3推动膜片5和进气阀芯9向下移动,使下部阀口开启,气流通过阀口后压力降低。与此同时,有一部分气流经内阻尼管孔7进入膜片室,在膜片下腔产生一个向上的推力与弹簧力平衡,减压阀便有了稳定的输出压力:当输入压力升高时,输出压力也随之升高,使膜片下面的压力也升高,将膜片向上推,阀芯便在复位弹簧10的作用下向上移动,从而使阀口开度减小,节流作用增强,使输出压力降低到调定值为止。反之,若因输入压力下降,而引起输出压力下降,通过自动调节,最终也能使输出压力回升到调定压力,以维持压力稳定。调节手轮1可改变调定压力的大小。图7-15(b)为减压阀的图形符号。

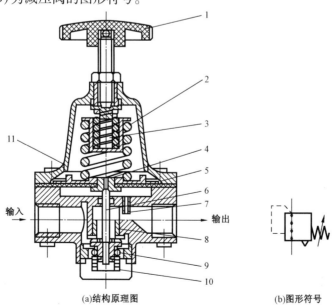

(a)结构原理图　　　　　(b)图形符号

图7-15　QTY 直动式减压阀

1—手轮;2,3—调压弹簧;4—溢流口;5—膜片;6—阀杆;7—阻尼管孔;8—阀座;
9—进气阀芯;10—复位弹簧;11—排气口

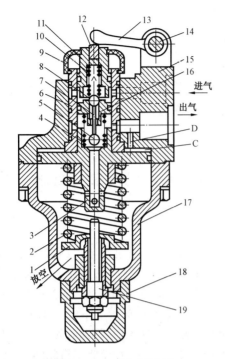

图7-16 手柄调压阀

1—弹簧座；2—调压弹簧；3—下阀座；4—顶杆套弹簧；
5—下球阀；6—铜套；7—阀杆；8—上球阀；9—防尘罩；
10—阀弹簧；11—导套；12—顶柱；13—顶舌；
14—销轴；15—主体；16—上阀座；17—下盖；
18—护帽；19—调节螺钉

2. 手柄调压阀

调压阀是在一定的进口压力下，随着手柄（或踏板）升起程度的不同，可输送出不同压力的压力阀。手柄调压阀的主要组成部分有三个弹簧（调压弹簧2、顶杆套弹簧4和阀弹簧10、两个可移动的阀座（3和16）和一个双球阀（5和8），如图7-16所示。上阀座16由顶杆套弹簧4支承，下阀座3由调压弹簧2支承。调压阀有三个气室：气源气室A、进排气气室B和调压气室C。D为B，C两室间通道。

调压阀在进气（工作与调压）时，操纵机构（顶舌）将上阀座压下，如图7-17(a)所示，使球形阀下端球面将下阀座放气通孔关闭。当上阀座继续向下移动，上球形阀下端球面便将上阀座通孔逐渐打开，使气源出气室A进入气室B，同时经孔D进入气室C。当操纵杆在某一位置停止操作时，气室B的上阀座通孔及下阀座的放气孔由于下阀座与调压弹簧相互压力平衡而都关闭，如图7-17(b)所示。此时气室B的气体压力的大小取决于操纵杆的下压程度。

当气室B的压力低于开始调整的压力时，由于调压弹簧的作用，又将上阀座自动打开，直到恢复到开始调整的压力后又自动关闭，以保持气室B的恒压，如图7-17(b)所示。排气时，将操纵机构松开，如图7-17(c)所示，上阀座在顶杆套弹簧作用下向上移动复位，关闭气室A与气室B的通路，同时打开气室B的放气通路，将气室B内的工作气放掉。调压阀的工作性能与调压弹簧有很大关系，要选择恰当，刚性过大或过小都会影响调压阀的灵敏性。

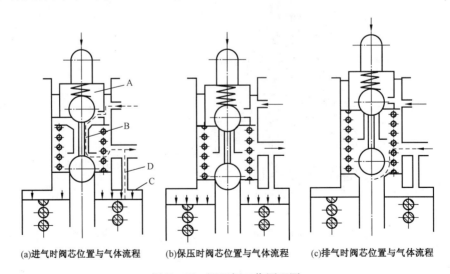

(a)进气时阀芯位置与气体流程　　(b)保压时阀芯位置与气体流程　　(c)排气时阀芯位置与气体流程

图7-17 调压阀工作原理图

在钻机气控制系统中,调压阀主要用在要求平稳启动和有变换操作压力的执行机构上,例如,控制刹车气缸的司钻阀、转盘的启动、绞车高低速挡的启动、滚筒的摘挂及柴油机调速杆的控制等。

3. 溢流阀

溢流阀,又称安全阀,其作用是当系统中的压力超过调定值时,使部分压缩空气从排气口溢出,并在溢流过程中保持系统中的压力基本稳定,从而起过载保护作用。溢流阀也分为直动式和先导式两种。按其结构可分为活塞式、膜片式和球阀式等。

图7-18为直动式溢流阀结构原理图。当输入压力超过调定值时,阀芯3便在下腔气压力作用下克服上面的弹簧力抬起,阀口开启,使部分气体排出,压力降低,从而起到过载保护作用。调节弹簧的预紧力可改变调定压力的大小。

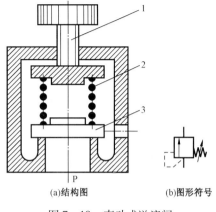

(a)结构图　　(b)图形符号

图7-18　直动式溢流阀

1—调节杆;2—弹簧;3—阀芯

4. 顺序阀

顺序阀是依靠气路中压力的作用来控制执行机构按顺序动作的压力阀。图7-19为石油钻机气动系统中使用的顺序阀的工作原理示意图。在石油钻机中,用顺序阀与二位三通阀向气胎离合器供气,挂合空压机气离合器,空压机工作,如图7-19(b)所示。

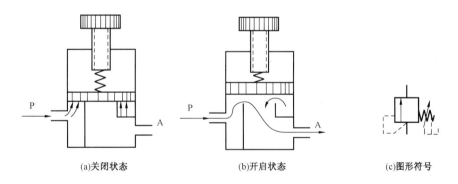

(a)关闭状态　　　　　　(b)开启状态　　　　　　(c)图形符号

图7-19　顺序阀

当管路气源压力逐渐升高而使阀芯打开后. 由于阀芯的作用面积在打开时比关闭时大,因而阀芯左端向右的作用力大于弹簧的作用力,要使阀芯关闭,需待作用在阀芯左端面的管路气源压力逐渐减小,直到低于弹簧压力时才能实现,如图7-20所示。上述过程决定了该阀的压力调节范围一般在$(2 \sim 3) \times 10^5 Pa$。

5. 调压继气器

调压继气器的控制气是由调压阀供给压力可变的压缩空气,来自主气路的定压压缩空气通过调压继气器后,可以输出相应的压力可变的压缩空气至执行机构元件。调压继气器的结构如图7-21所示。

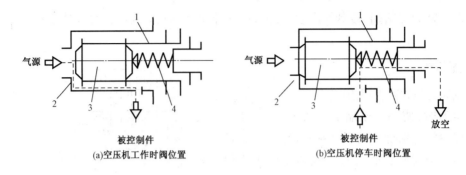

(a)空压机工作时阀位置　　　　　　(b)空压机停车时阀位置

图 7-20　顺序阀

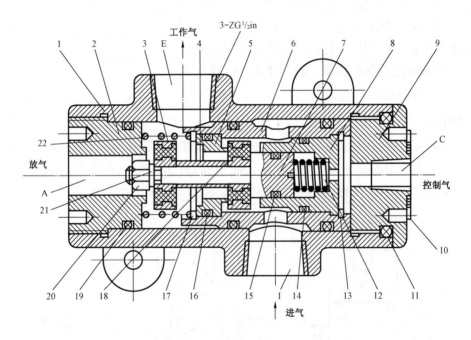

图 7-21　调压继气器

1—阀体;2—外阀;3—左阀门;4—隔圈;5—内阀;6—平衡套;7—阀芯;8—阀芯座;9—端盖;10—铭牌;
11,14,15,16,19—O 形密封圈;12,22—弹簧;13,17—孔用弹簧挡圈;18—内阀门;20—螺母;21—弹簧垫圈

　　它有供气孔 I、送气孔 E、控制气孔 C 和排气孔 A。当控制气自控制气孔 C 作用在阀芯右表面对,推动阀门组件向左移动封死排气孔 A。同时,阀芯座在控制气的作用下带动平衡套继续向左移动,使内阀脱离阀门的右阀门,于是,主气路的压缩空气则由供气孔 I 经此间隙而流向送气孔 E,为执行机构供气。当执行机构中的压力上升到某一定值时,平衡套则处于平衡状态。

　　若控制压力下降,则平衡套右移,带动内阀右移,进而又带动阀门右移,打开排气孔 A,使E、A 口连通,排出一部分工作气,达到在压力较低时的新的平衡,排气孔又关闭。

二、流量控制阀

　　流量控制阀的作用是通过改变阀口的通气面积来调节压缩空气的流量,从而控制执行元件运动速度。

1.单向节流阀

图7-22所示的单向节流阀用于钻机变速机构气缸的控制回路中。当气源接B口而由A(或C)排出时,可实现变速进气和快速放气过程,当A,B反接时则快慢作用相反。

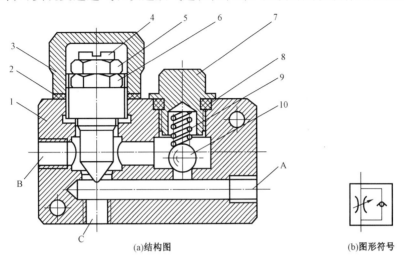

(a)结构图　　　　　　　　　(b)图形符号

图7-22　单向节流阀

1—阀体;2—垫圈;3—护帽;4—锥阀;5,6—螺帽;7—螺塞;8—密封;9—弹簧;10—球阀

2.排气节流阀

图7-23为排气节流阀的结构原理图及图形符号。从图7-23(a)可以看出,气流从A口进入阀内,由节流口1节流后经由消声材料制成的消声套2排出。调节手柄3,即可调节通过阀口的流量。排气节流阀也是靠调节通流面积来调节流量的。出于节流口后有消声器件,所以它必须安装在执行元件排气口处,不仅能调节执行元件的运动速度,还可以起降低排气噪声的作用。

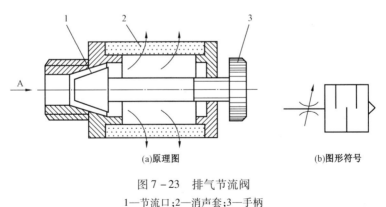

(a)原理图　　　　　　　　　(b)图形符号

图7-23　排气节流阀

1—节流口;2—消声套;3—手柄

3.快速放气阀

图7-24为快速放气阀的结构图及图形符号。它在钻机气控制系统中应用较多,装在气胎、气盘、气缸等执行机构的进口管线上,就近放掉执行元件体内的压缩空气,提高传动系统的开车、停车的灵敏度,延长摩擦零件的使用寿命。该阀是利用导阀与阀芯在进、放压缩空气的作用下进行工作。快速排气阀在工作(进气)时,导阀和阀芯由压缩空气推向放气外壳一端

（右端），导阀与外壳贴合密封，将进气与放气通道截断，使压缩空气进入执行元件。排气时（即进气中断），在执行元件内压缩空气的作用下，导阀与阀芯被推向进气外壳一端（左端），此时导阀与阀芯将进气通路堵死，放气通道被打开，执行元件内的压缩空气迅速排入大气中。快速排气阀安装在靠近气胎离合器的位置，可以减少离合器的打滑时间。

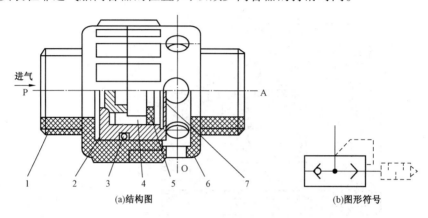

(a)结构图　　　　　　　　　　　　(b)图形符号

图 7 – 24　快速放气阀

1—阀体；2—导阀；3—O形密封圈；4—阀芯；5—密封胶垫；6—放气外壳；7—孔用弹簧挡圈

三、方向控制阀

方向控制阀的作用是控制压缩空气的流动方向和气流的通断。钻机气控制系统中应用较多的有：单向阀、气控二位三通换向阀、梭阀、转阀、按钮阀等。

1. 单向阀

单向阀的作用是只允许气流向一个方向流动，不能反向流动。

如图 7 – 25(a)为单向阀结构原理图，当气流由 P 口进入时，气压力克服弹簧力和阀芯与阀体之间的摩擦力，使阀芯左移，阀口打开，气流正向通过。为保证气流稳定流动，P 腔与 A 腔应保持一定压力差，使阀芯保持开启状态。当气流反向进入 A 腔时，阀口关闭，气流反向不通。如图 7 – 25(b)所示为单向阀的图形符号。

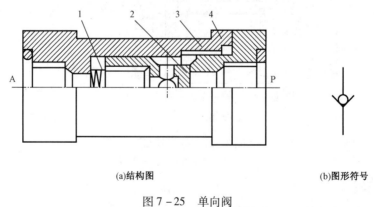

(a)结构图　　　　　　　　　　　　(b)图形符号

图 7 – 25　单向阀

1—弹簧；2—阀芯；3—阀座；4—阀体

2. 梭阀

图 7 – 26(a)为梭阀结构图。当需要两个输入口 P_1 和 P_2 均能与输出口 A 相通，而又不允

许 P_1 与 P_2 相通时,就可以采用梭阀。当气流由 P_1 进入时,阀芯右移,使 P_1 与 A 相通,气流由 A 流出。与此同时,阀芯将 P_2 通路关闭。反之,P_2 与 A 相通,P_1 通路关闭。若 P_1 和 P_2 同时进气,哪端压力高,A 就与哪端相通,另一端自动关闭。图 7-26(b) 为梭阀的图形符号。

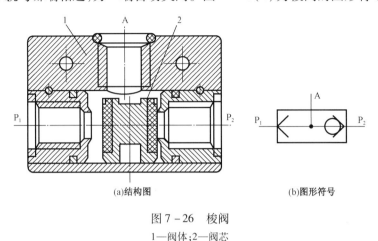

(a)结构图   (b)图形符号

图 7-26　梭阀
1—阀体;2—阀芯

3. 二位三通转阀(二通气开关)

二位三通转阀用于控制离合器的进气或放气,从而决定执行机构的动作与否。

二位三通转阀由主体、滑阀、盖、转轴、手柄等主要零件组成,如图 7-27 所示。在主体上有通进气管线的孔 I,有与执行机构管线相连的孔 E,还有与大气相通的孔 A。盖与阀体用圆柱头螺钉连接。盖内装有转轴、滑阀、弹簧等零部件,转轴的四方端头与手柄套相配合。当手柄转动时,转轴也转动,转轴带动滑阀转动,当手柄处于不同位置时,滑阀也对应在相应位置,因而可以得到不同的工作状态。当进气孔 I 和 E 孔相通时,通大气孔 A 被堵住,这时所控制的离合器处于进气状态。当孔 E 和大气孔 A 相通时,进气孔 I 被堵住,这时离合器处于放气状态。

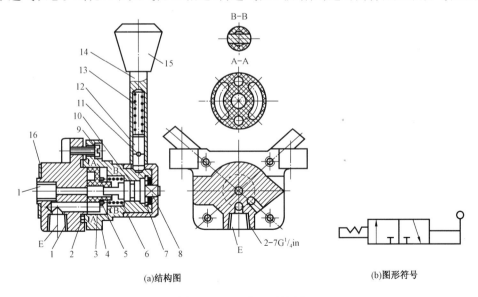

(a)结构图   (b)图形符号

图 7-27　二位三通转阀
1—阀体;2—密封圈;3—滑阀;4—阀盖;5—弹簧垫;6、13—弹簧;7—孔用挡圈;8—转轴;
9—圆柱头螺钉;10—O 形密封圈;11—螺钉;12—定位销;14—手柄套;15—手柄;16—铭牌

4. 三位五通转阀(三通气开关)

三通气开关是控制两个相互有连锁关系的气动离合器的,也就是说这两个气动离合器不允许同时进气。三通气开关的结构、原理和二通气开关基本相同,如图 7-28 所示。所不同的是在主体上它有两个通大气的孔 A_1 和 A_2,两个通执行机构的送气孔 E_1 和 E_2,利用手柄操作位置的不同,可以得到三个不同的工作状态:一是 I 进气,E_1 送气,E_2 通大气孔 A_2 相通;二是 I 进气,E_2 送气,E_1 与通大气孔 A_1 相通,三是孔 I 被堵住,E_1 与 A_1 相通,E_2 与 A_2 相通,两执行元件均处于放气状态。

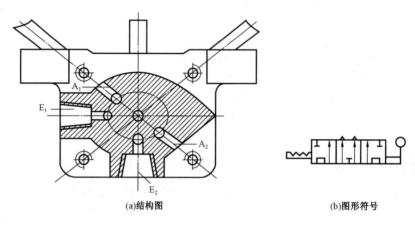

(a)结构图   (b)图形符号

图 7-28 三位五通转阀

5. 顶杆阀

根据外界的机械控制作用,顶杆阀可将压缩空气分配给需要的系统中去。它用于防碰天车装置中;F-200 钻机还用于锁紧绞车中间轴换挡推杆。此阀动作时,压缩空气流经至指示气压表,表示挂挡啮合正确。顶杆阀的结构如图 7-29 所示。由于外部机械作用,顶杆向内部运动,使导阀推离阀门,则连通供气孔 I 和送气孔 E,压缩空气可到使用处。当外界机械控制松开时,由于弹簧 7 的作用,顶杆回到原来位置,则孔 E 和孔 A 连通,回气排入大气。

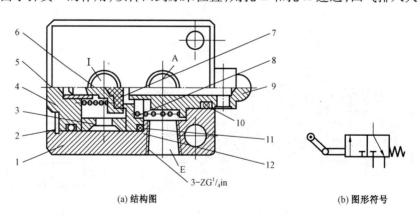

(a) 结构图   (b) 图形符号

图 7-29 顶杆阀

1—阀体;2—弹簧挡圈;3—衬套;4—端盖;5—导筒;6—导阀;

7,8—弹簧;9—顶杆;10,11—O 形密封圈;12—阀门

6. 按钮阀

按钮阀的作用是只要按下按钮,就可从气路中分配压缩空气至需要供气的元件中,或者将某控制元件的压缩空气放入大气,可用于防碰天车气路和刹车气缸放气,其结构如图 7－30 所示。它主要由一个可以上下移动的阀杆、弹簧和 A、B、C 三个通气孔,以及其他零件组成。

二位三通按钮阀由于气路的接法不同可分为常开式和常闭式。当气源接于 B 孔,阀杆没有被按下时,A 孔与 B 孔相通,C 孔关闭,经 A 孔向外供气,如图 7－31(a)所示;当顶杆被压下时,A 孔与 C 孔相通放气,B 孔气源关闭,如图 7－31(b)所示,这种情况称为常开式阀;当气源接于 C 孔,阀杆没有被按下时,A 孔与 B 孔相通放气,C 孔气源关闭,如图 7－31(c)所示;当阀杆被压下时,A 孔与 C 孔相通,经 A 孔向执行元件供气,B 孔关闭,如图 7－31(d)所示,这种情况称为常闭式阀。

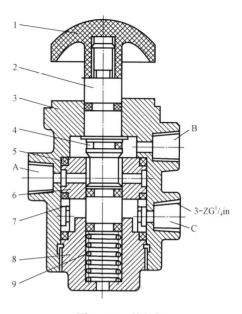

图 7－30　按钮阀
1—按钮;2—阀杆;3—阀体;4,5—O 形密封圈;
6—衬套;7—衬垫;8—并帽;9—弹簧

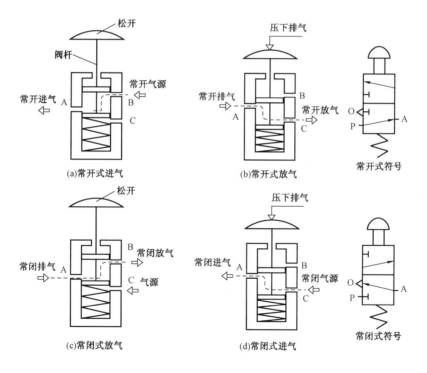

(a)常开式进气　　(b)常开式放气　　常开式符号

(c)常闭式放气　　(d)常闭式进气　　常闭式符号

图 7－31　按钮阀

7. 气动两位三通阀(两用继气器)

气动二位三通阀由控制气室、常闭气室、常开气室和一个活动阀门组成,如图 7－33 所示。

它主要靠控制室的进放气推动活塞,开启和关闭阀门来完成气胎离合器大气量的进放气。两用继气器的作用原理,按气路管线连接方法的不同,分为常闭使用法和常开使用法两种。

常闭使用法的工作原理如图7-32所示。图7-32(a)为常闭使用法放气时阀门的工作位置;图7-32(b)为常闭使用法进气时阀门的工作位置。当常闭使用时,孔Ⅰ接通供气干线,孔Ⅱ接通大气。当控制气进入继气器室后,推动阀芯压缩弹簧产生移动,使阀门和外阀密封;而内阀和阀门脱开,造成孔Ⅰ和孔E相通,于是干线气进入执行机构。当控制气放空后,则在弹簧的作用下阀门又恢复到原来的位置,执行机构的压缩空气由孔Ⅱ又放入大气。

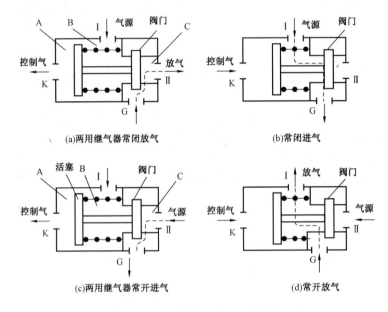

图7-32 两用继气器的工作原理

常开使用法的工作原理如图7-32所示。图7-32(c)所示为常开接法进气时阀门的工作位置;图7-32(d)所示为常开接法放气时阀门的工作位置。常开使用时是将常闭使用时的两通道反接,即原孔Ⅰ与孔Ⅱ对换,而将孔Ⅱ接通供气干线,孔Ⅰ接通大气。当无控制气时,在弹簧的作用下,阀门与内阀密封,干线气进入执行机构;当控制气作用以后,阀门和外阀密封,执行机构中的压缩空气经由孔Ⅰ放入大气。它和压力调节阀组成自动空压机的自动控制系统。

气动两位三通阀的结构如图7-33所示,它由控制气室、常闭气室、常开气室和一个活动阀门构成。其图形符号如图7-34所示。

8. 电磁控制换向阀

气压传动中的电磁控制换向阀和液压传动中的电磁控制换向阀一样,也由电磁铁控制部分和主阀两部分组成,按控制方式不同分为电磁铁直接控制(直动)式电磁阀和先导式电磁阀两种。它们的工作原理分别与液压阀中的电磁阀和电液动阀相类似,只是二者的工作介质不同而已。

1)直动式电磁阀

由电磁铁的衔铁直接推动换向阀阀芯换向的阀称为直动式电磁阀,分为单电磁铁和双电磁铁两种。单电磁铁换向阀的工作原理如图7-35所示。

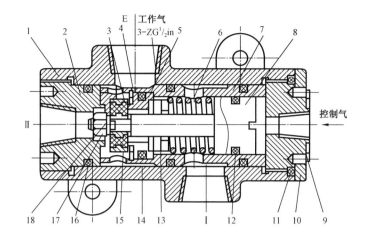

图 7-33 气动两位三通阀(两用继气器)

1—主体;2—外阀;3—阀门;4—孔用挡圈;5—内阀;6—弹簧;7—内套;8—阀芯;9—铭牌;
10—端盖;11,12,14,16—O 形密封圈;13—导套;15—垫圈;17—螺母;18—弹簧垫圈

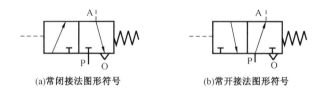

(a)常闭接法图形符号   (b)常开接法图形符号

图 7-34 两用继气器的图形符号

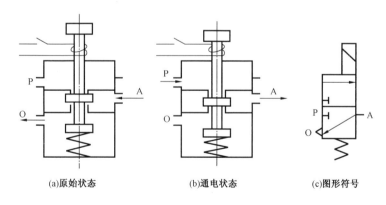

(a)原始状态   (b)通电状态   (c)图形符号

图 7-35 单电磁铁换向阀工作原理图

图 7-35(a)为原始状态,不通电,阀芯不动,阀门关闭内阀,送气孔 A 与通大气的孔 O 通,执行元件放气。图 7-35(b)为通电时的状态,衔铁与阀体吸合,阀门下移,打开内阀,气源 P 与送气孔通,执行元体工作。图 7-35(c)为该阀的图形符号。从图中可知,这种阀阀芯的移动靠电磁铁,而复位靠弹簧,因而换向冲击较大,故一般只制成小型的阀。若将阀中的复位弹簧改成电磁铁,就成为双电磁铁直动式电磁阀,如图 7-36 所示。图 7-36(a)为 1 通电、2 断电时的状态;图 7-36(b)为 2 通电、1 断电的状态;图 7-36(c)为其图形符号。由此可见,这种阀的两个电磁铁只能交替得电工作,不能同时得电,否则会产生误动作,因而这种阀具有记忆的功能。

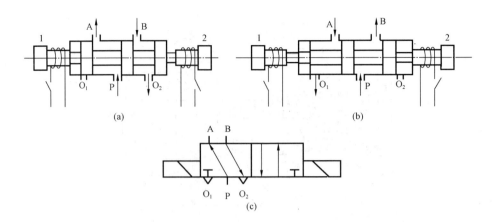

图 7 - 36　双电磁铁直动式电磁阀工作原理

　　双电磁铁直动式双电磁铁换向阀亦可构成三位阀,即电磁铁 1 得电(2 失电)、电磁铁 1、2 同时失电和电磁铁 2 得电(1 失电)三个切换位置。在两个电磁铁均失电的中间位置,可形成三种气体流动状态(类似于液压阀的中位机能),即中间封闭(O 形)、中间加压(P 形)和中间泄压(Y 形)。

　　2)先导式电磁阀

　　由电磁铁首先控制从主阀气源节流出来的一部分气体,产生先导压力,去推动主阀阀芯换向的阀称为先导式电磁阀。该电磁控制部分实际上是一个电磁阀,称为电磁先导阀,由它所控制用以改变气流方向的阀,称为主阀。由此可见,先导式电磁阀由电磁先导阀和主阀两部分组成,一般电磁先导阀都单独制成通用件,既可用于先导控制,也可用于气流量较小的直接控制。先导式电磁阀也分为单电磁控制和双电磁铁控制两种。图 7 - 37 为双电磁铁控制的先导式换向阀的工作原理图,图中控制的主阀为二位阀,同样,主阀也可为三位阀。

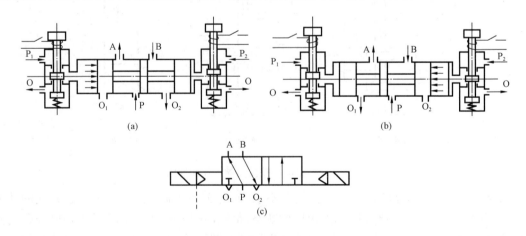

图 7 - 37　双电磁铁先导式电磁阀工作原理图

　　此外还有多联式电磁阀,它是在一个底座上安装很多电磁阀的结构,这将使电磁阀控制非常方便,因此近来被许多气动装置所采用。但在安装时应注意,由一个供气口向各个电磁阀供给压缩空气并同时操纵许多电磁阀时,可能会出现气体供应不足,所以需要确定在一个底座上能够同时安装多少个阀。各电磁阀的排气管有时也会合成一个,在排气管设置消声器的情况下,应注意不使消声器产生排气压力过大。长时间使用后,会引起消声器堵塞,增大阻力。对于这种情况各电磁阀的排气口可能发生气体倒流,甚至使气动执行元件产生误动作。

9. 三通旋塞阀(QF509 型)

此阀用于手动切断供气管线或改变通气方向。它可用在绞车、转盘、钻井泵、柴油机等气控线路中。当检修设备时,切断供气管线,以保证检修人员安全。

三通旋塞阀包括阀体、旋塞(密封体、孔锥面)及旋塞操作件等,如图 7-38 所示。搬动手柄旋塞使其变换位置,可连通三个孔子中的两个,如图 7-38 所示。当用它来改变通气方向时,Ⅰ接送气孔,Ⅱ孔接气源,Ⅲ接通大气。当用来作安全装置时,Ⅱ 或 Ⅲ 可任选一个接气源。

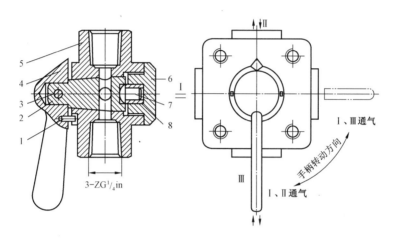

图 7-38　三通旋塞阀
1—定位销;2—旋塞;3—圆柱销;4—手柄;5—阀体;6—螺塞;7—弹簧座;8—弹簧

手柄就有两个位置,可连通三个孔中的两个,这三个孔供气孔、送气孔和排气孔(通大气)。两个位置:一是供气孔与送气孔相通;一是切断送气使送气孔和排气孔相通,控制装置回气放入大气。

第五节　辅 助 元 件

一、单向导气龙头

单向导气龙头用于连接不转动的供气管线和装有气动摩擦离合器的转动轴头,从而将压缩空气导入气动摩擦离合器。单向导气龙头的结构如图 7-39(a)所示。

单向导气龙头主要由转动部分(冲管)和静止部分(外壳、端面密封部分)构成。冲管与转动的轴头相连接并随之转动,密封盖在弹簧力的作用下与冲管端面贴合,形成一个相对运动的密封通道。压缩空气通过导气龙头盖上的孔进入轴中,流经冲管和轴内部通道到达离合器。密封圈、O 形密封圈和压圈用以保证旋转部分和不旋转部分之间的密封。

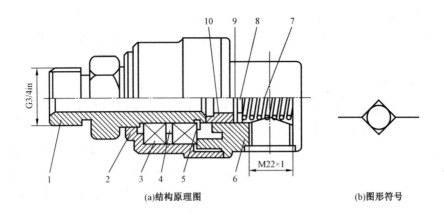

(a)结构原理图   (b)图形符号

图7-39   单向导气龙头

1—冲管;2—阀体;3—轴承;4—隔圈;5—轴用弹挡挡圈;6—盖;7—弹簧;8—压圈;9—O形密封圈;10—密封圈

二、双向旋转导气龙头

双向旋转导气接头装于一根旋转轴的端部,用以给此轴上的两个离合器供气。双向旋转导气接头的结构如图7-40所示。

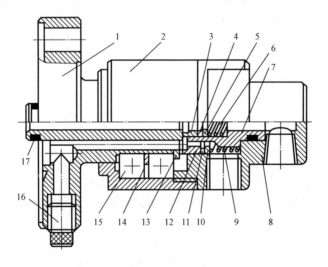

图7-40   双向旋转导气龙头

1—冲管;2—接头体;3—内密封圈;4,11,17—O形密封圈;5—内压圈;6—内弹簧;7—盖内套;

8—盖;9—外弹簧;10—外压圈;12—外密封圈;13—轴用弹簧挡圈;14—垫圈;15—轴承;16—堵头

它有冲管,内有气道,冲管可以连续旋转,而接头体和盖则同它与冲管之间隔有滚珠轴承而保持不转动。转动部分和不转动部分之间用内、外密封圈,O形密封圈内、外压圈及内、外弹簧密封。第一个气道由冲管的中间轴孔到达一个离合器;第二个气道由冲管的环形气道进入另一个离合器。

三、闭锁器

在远距离控制中,用于锁住某阀件的手柄,固定于某一位置。只要闭锁器的进气管线有气压,它就会一直起闭锁作用。闭锁器的结构如图7-41所示。

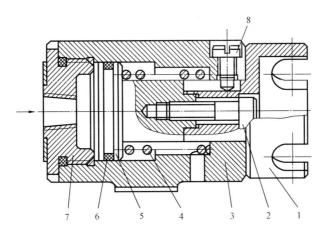

图 7 - 41　闭锁器结构

1—锁柄;2—圆柱头螺钉;3—闭锁器体;4—弹簧;5—活塞;6—O 形密封圈;7—端盖;8—定位螺钉

压缩空气进入闭锁器后,推动活塞向右移动,位锁柄的槽口卡住某阀件的手柄将它锁住。只有切断供气,回气排入大气,弹簧使活塞反向移动,才能松开被卡住的手柄。

四、油雾器

气动系统中的各种气阀、气缸、气马达等,其可动部分都需要润滑,但以压缩空气为动力的气动元件都是密封气室,不能用一般方法注油,只能以某种方法将油混入气流中,带到需要润滑的地方。油雾器就是这样一种特殊的注油装置。它使润滑油雾化后注入空气流中,随空气进入需要润滑的部位。用这种方法加油,具有润滑均匀、稳定,耗油量少和不需要大的贮油设备等特点。

图 7 - 42 为油雾器的结构原理图。压缩空气从气流入口 1 进入,大部分气体从主气道流出,一小部分气体由小孔 2 通过特殊单向阀 10 进入储油杯 5 的上腔 A,使杯中油面受压,迫使储油杯中的油液经吸油管 11、单向阀 6 和可调节流阀 7 滴入透明的视油器 8 内,然后再滴入喷嘴小孔 3,被主管道通过的气流引射出来,雾化后随气流由出口 4 输出,送入气动系统。透明的视油器 8 可供观察滴油情况,上部的节流阀 7 可用来调节滴油量。

这种油雾器可以在不停气的情况下加油,实现不停气加油的关键零件是特殊单向阀 10。当没有气流输入时,阀中的弹簧把钢球顶起,封住加压通道,阀处于截止状态,如图 7 - 43(a)所示;正常工作时,压缩气体推开钢球进入油杯,油杯内气体的压力加上弹簧的弹力使钢球悬浮于中间位置,特殊单向阀 10 处于打开状态,如图 7 - 43(b)所示;当进行不停气加油时,拧松加油孔的油塞 9,储油杯中的气压立刻降至大气压,输入的气体压力把钢球压至下端位置,使特殊单向阀 10 处于反向半闭状态,这样便封住了油杯的进气道,不致使油杯中的油液因高压气体流入而从加油孔中喷出。此外由于单向阀 6 的作用,压缩空气也不能从吸油管倒流入油杯。所以可在不停气的情况下,从油塞口往杯内加油,当加油完毕拧紧油塞后,由于截止阀有少许的漏气,A 腔内压力逐渐上升,直至把钢球推至中间位置,油雾器重新正常工作。

油雾器一般应安装在分水滤气器、减压阀之后,尽量靠近换向阀,应避免把油雾器安装在换向阀与气缸之间,以免造成浪费。

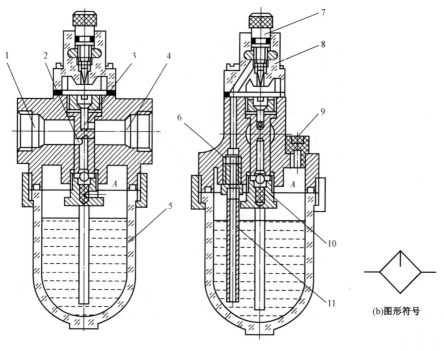

(a)结构原理图

图7-42 油雾器

1—气流入口;2,3—小孔;4—出口;5—储油杯;6—单向阀;7—节流阀;
8—视油器;9—旋塞;10—特殊单向阀(截止阀);11—吸油管

(b)图形符号

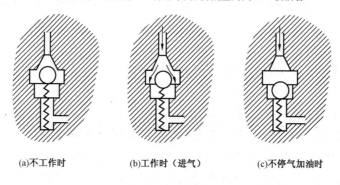

(a)不工作时　　　(b)工作时(进气)　　　(c)不停气加油时

图7-43 特殊单向阀

五、消声器

气动回路与液压回路不同,它没有回气管道,压缩空气使用后直接排入大气,因排气速度较高,会产生强烈的排气噪声。为降低噪声,一般在换向阀的排气口安装消声器。常用的消声器有吸收型消声器、膨胀干涉型消声器和膨胀干涉吸收型消声器。

1.吸收型消声器

吸收型消声器主要依靠吸声材料消声。QXS型消声器就是吸收型的,如图7-44所示。消声套是多孔的吸声材料,用聚苯乙烯颗粒或铜珠烧结而成。当有压气体通过消声套排出时,引起吸声音材料细孔和狭缝中的空气振动,使一部分声能由于摩擦转换成热能,从而降低了排气噪声。

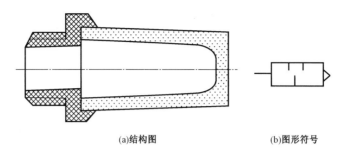

(a)结构图   (b)图形符号

图 7-44　吸收型消声器(QXS 型)结构图及图形符号

这种消声器结构简单,吸声材料的孔眼不易堵塞,可以较好地消除中、高频噪声,消声效果大于 20dB。气动系统的排气噪声主要是中、高频噪声,尤其是高频噪声居多,所以这种消声器适合于一般气动系统使用。

2. 膨胀干涉型消声器

膨胀干涉型消声器的直径比排气孔径大得多,气流在里面扩散、碰壁反射,互相干涉,降低了噪声的强度。这种消声器的特点是排气阻力小,可消除中、低频噪声,但结构不够紧凑。

3. 膨胀干涉吸收型消声器

膨胀干涉吸收型消声器是上述两种消声器的结合,即在膨胀干涉型消声器的壳体内表面敷设吸声材料而制成的。图 7-45 为膨胀干涉吸收型消声器的结构图。这种消声器的入口开设了许多中心对称的斜孔,它使得高速进入消声器

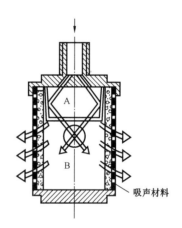

图 7-45　膨胀干涉吸收型消声器

的气流被分成许多小的流束,在进入无障碍的扩张室 A 后,气流被极大的减速,碰壁后反射到 B 室,气流束的相互撞击、干涉而使噪声减弱,然后气流经过吸音材料的多孔侧壁排入大气,噪声又一次被削弱。这种消声器的效果比前两种更好,低频可消声 20dB,高频可消 40dB。

在一般使用场合,可根据换向阀的通径选用吸收型消声器;对消声效果要求高的场合,可选用后两种消声器。

六、酒精防凝器

酒精防凝器(图 7-46)用于将酒精蒸汽混入压缩空气的水分中,而合成一种混合物,从而使其冰点显著降低,最低可达 -68℃,不同比例的乙二醇—水的冰点是不同的,可适用于低温地区。

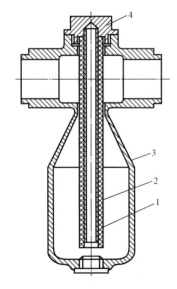

图 7-46　酒精防凝聚器
1—金属管;2—吸液灯芯;
3—壳体;4—丝堵

金属管 1 外缠绕吸液灯芯 2,金属管下端浸入盛有酒精的壳体 3 中,上端插入丝堵。当压缩空气通过时。灯芯上的酒精蒸发而被带走与空气相混合,使空气中所含水分的冰点降低。

七、甘油防凝器

压缩空气经过此装置时,其所含水分与雾化的甘油形成一种混合物,使其冰点降低。合比例不同,冰点也不同,最低可达 -46.5℃。甘油防凝器的结构如图 7 - 47 所示。

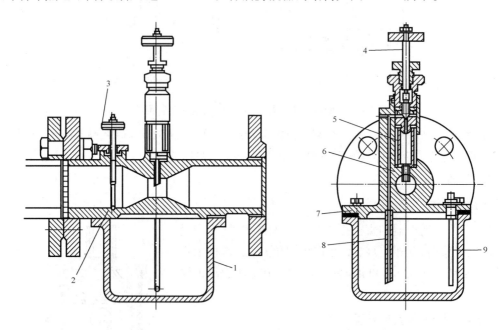

图 7 - 47   QF521 - O 型甘油防凝器
1—油杯;2—杆;3—手柄;4—阀杆;5—玻璃管;6—管;7—扼流管段;8—管子;9—油标尺

甘油注入油杯 1 内、液面达油标尺 9 的上标线。油杯连接于小直径扼流管段 7 的下部,并经管子 8、玻璃管 5 和管 6 与扼流管段相通。当压缩空气进入扼流管段时产生压降,转动手柄 3 使杆 2 上移,于是压缩空气进入油杯,并迫使甘油进入管子 8、玻璃管 5 和管 6,流到扼流管段内。滴入的甘油数量可用阀杆 4 调节,从玻璃管 5 观察。

第六节   钻机的气控制回路

钻机的气控制系统流程图是由各气动元件的图形符号连接而成的,一般都是由下述基本气控回路组成的。

一、转盘气控制回路

图 7 - 48 是转盘的气控制回路。当二位三通转阀 3 处于右位工作位置时,主气路的压缩空气经二位三通转阀 3 去手柄调压阀 4,作为控制气向调压继气器 2 供气,调压继气器 2 经旋转导气接头向转盘离合器供气,转盘离合器桂合。

当二位三通转阀 3 处于图 7 - 48 所示位置时,调压继气器 2 无控制气,转盘离合器放气摘开。

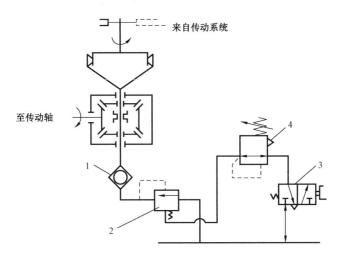

图 7 - 48　转盘的气控制回路
1—单向导气龙头;2—调压继气器;3—二位三通转阀;4—手柄调压阀

二、钻井泵气控制回路

钻井泵气控制回路(图 7 - 49)是通过司钻台的手动二位三通转阀和钻井泵操作台的二位三通转阀共同来控制的,属于双保险回路。

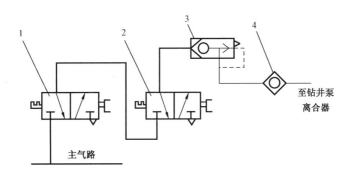

图 7 - 49　钻井泵气控制回路
1—司钻台上的二位三通转阀;2—钻井泵操作台上的二位三通转阀;3—快速放气阀;4—单向导气龙头

三、绞车滚筒离合器和换挡离合器的气控制回路

这个回路的气源是由常开继气器 8 提供的,当防碰天车起作用时,由防碰天车来的压缩空气作为控制气使常开继气器 8 处于关闭断气位置,整个回路断气,总离合器、滚筒离合器等放气摘开,起到安全保护作用,如图 7 - 50 所示。

正常情况下,压缩空气经二位三通气控阀 8(常开继气器)分三路:第一路至换挡控制系统;第二路经阀 7 后分成二路,A 路至惯性刹车,B 路去二位三通转阀 6 控制常闭继气器 5,经快速放气阀及手气接头去控制总离合器,C 路经二位三通气控阀(常闭继气器)9 经快速放气路及导气龙头控制换挡离合器;第三路经二位三通旋塞阀 10、手柄调压阀 1、调压继气器 2 经快速排气阀 3 及导气接头 4 去控制滚筒端面离合器:当三位四通转阀 7、二位三通转阀 6 及手柄调压阀 1 的手柄处于不同位置时,就可以控制总离合器、换挡离合器、惯件刹车及滚筒端面离合器的挂合或摘开。

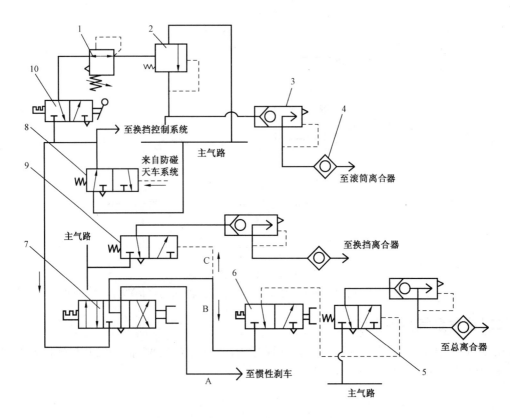

图 7-50 绞车滚筒离合器和换挡离合器的气控制回路

1—手柄调压阀;2—调压继气阀;3—快速放气阀;4—单向导龙头;5,8,9—二位三通气控制阀
（两用继气器）;6—二位三通转阀;7—三位四通转阀;10—二位三通旋塞阀

二位四通转阀 7 处于中位时,总离合器、换挡离合器、惯性刹车离合器等均为放气,处于摘开状态。当阀 7 处于左位时,二位三通气控阀 9 有控制气,处于右位,换挡离合器进气挂合,同时阀 7 向二位三通转阀 6 供气,若 6 处于左位不通,使二位三通气控阀 5 断气,总离合器摘开;当阀 6 处于右位,向阀 5 提供控制气,使阀 5 处于右位,向总离合器供气,总离合器挂合;当阀 7 处于右位时,至离合器的气路断气,总离合器摘开。同时阀 7 向惯性刹车离合器供气,起到刹车的作用。

四、防碰天车装置

防碰天车装置的作用原理如图 7-51 所示。

在绞车滚筒轴一端装行一个链轮 1、滚筒轴旋转时,链轮 1 通过传动链条 2、被动链轮 3、主动斜齿轮 4、被动斜齿轮 5 带动传动丝杠 6 旋转,丝杠的旋转又使滑动撞块 7 沿滑轨 8 向右做直线运动,当滑动撞块撞击推杆 10 时,推杆就推动顶杆阀 12 的顶杆 11,使压缩空气进入刹车气缸,从而刹住滚筒。同时断开绞车高低速离合器气源,这时游动滑车立即停止上升。

这种防碰天车装置具有传动可靠、结构紧凑、安装方便等优点。但使用这种装置时钢丝绳必须排列整齐,所以必须同时配备可靠的排绳器。

防碰天车装置调整方法如下:

(1)试验防磁天车前,应先将防碰大车传动链条去掉,对绞车刹车机构(对手刹和气刹)进行试验,正常后才能进行试验防碰天车。

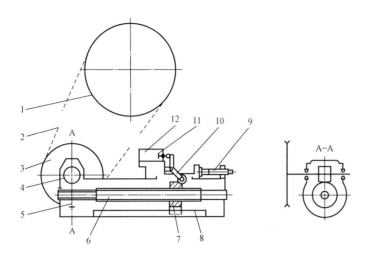

图 7 - 51　防碰天车装置的作用原理

1—主动链轮;2—链条;3—被动链轮;4—主动斜齿轮;5—被动斜齿轮;6—传动丝杠;
7—滑动撞块;8—滑轨;9—调节丝杆;10 推杆;11—顶杆;12—顶杆阀

（2）挂合低速窝合器。将游动滑车起升至距天车 6～7m 处摘开离合器。这时,刹住滚筒,将刹车气缸的压缩空气放净. 只用手刹。

（3）再盘动防碰天车装置上的链轮,使滑动撞块撞击推杆、从而推动推杆、顶杆阀被打开,压缩空气进入刹车气缸,直盘到司钻抬不起刹把为止。

（4）将防碰天车装置传动链条装好。

（5）按司钻控制台上按钮阀的按钮,刹车气缸放气、将游动滑车下放到距天车 15m 左右。再用Ⅰ档上提游动滑车、防碰天车装置应在游动滑车上升到第一次试验位置时起作用。然后再用Ⅱ档、Ⅲ档试验防碰天车装置应同样保险可靠。位置不合适时,只调节顶杆阀的调节丝杠即可,不必再去掉传动链条进行调节。

ZJ130 - 3 型钻机防碰天车气控制回路如图 7 - 52 所示。在游动系统提升过程中,不管是机械的或其他的原因,只要游车超过预先调整好的某一高度时,由于防碰天车链传动装置的作用,使顶杆阀 12 开启。主气路的压缩空气经顶杆阀 12,再经常开按钮阀 9 后,气流分成两路: 一路控制常闭继气器 1,使主气路的压缩空气经此控制三通换向阀（梭阀）2 使其换向,即 B、C 口相通,压缩空气进入刹车气缸,刹住旋转的滚筒;同时另一路进入常开继气器 8（见图 7 - 51 中的阀 8）的控制口,使之关闭,切断由主气路来的气源,从而使手柄调压阀 10 无控制气输出,导致调压继动阀 11 关闭气源,工作气路放空,摘了了滚筒端面离合器 6,同时靠常开继气器 8 供气的二位三通转阀和三位四通转阀也无控制气输出,因而总离合器也摘开了,确保工作安全。总之,当防碰天车动作后,顶杆阀 12 开启,同时有三方面动作发生:即摘开总离合器和滚筒离合器,刹车气缸刹住。待处理完事故后,按下常开按钮阀 9,使二位三通气控阀 1 失去控制气切换至右位工作,使刹车气缸在弹簧作用下放气,恢复正常工作。

正常工作需要刹车时,司钻压刹把就会开启手柄调压阀 4,主气路来的压缩空气经手柄调压阀 4、梭阀 2 的 A 门及 C 口进入刹车气缸,帮助司钻辅助刹车。

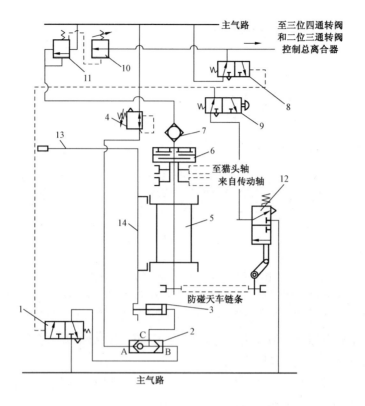

图 7-52 防碰天车装置气路

1—二位三通气控阀(常闭继气器);2—梭阀;3—刹车气缸;4—司钻调压阀;5—滚筒;6—离合器;
7—单向导气龙头;8—常开继气器;9—按钮阀;10—手柄调压阀;11—调压继气器;12—顶杆阀;13—刹把

五、空气压缩机自动控制回路

前面提到的石油钻机气控制系统中有一台自动空气压缩机,实际是一台普通的空气压缩机配上气控系统,实现自动停止或开启。其控制回路如图 7-53 所示。

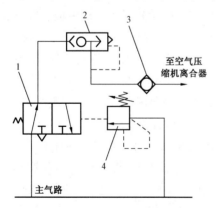

图 7-53 空气压缩机自动控制回路

1—二位三通气控阀;2—快速放气阀;
3—单向导气龙头;4—顺序阀

当主气路(储气罐)的压力达到工作所需要的压力(如 $8 \times 10^5 Pa$)时,气体压力克服顺序阀 4 的弹簧力将阀芯顶开,顺序阀有气输出到二位三通气控阀(常开继气器)1,在控制气作用下,阀 1 换向,处于右位,关闭主气路与空气压缩机离合器的通道,该离合器通过快速排气阀 2 放气,空气压缩机停车。当主气路压力降到某一值(如 $6 \times 10^5 Pa$)时,顺序阀的阀芯在弹簧作用下复位,关闭阀 4 的通路,使二位三通气控阀 1 因无控制气而左位工作,开启主气路,通过阀 1 及快速放气阀 2 向空压缩机离合器供气,离合器挂合,空气压缩机启动工作。

如此重复循环,使主气路始终保持在一定的压力范围,如 $(6.5 \sim 8) \times 10^5 Pa$。

六、柴油机油门遥控装置气控回路

石油钻机配备油门遥控装置可使司钻集中控制柴油机油门,根据钻井作业的需要,及时调节柴油机的转速,改善柴油机的工作状况,特别是在起、下钻作业中及时调节柴油机的转速,改善气胎离合器挂合时的工况,提高气胎离合器的寿命,同时还可以达到节约柴油的目的。柴油机油门遥控回路如图7－54所示。

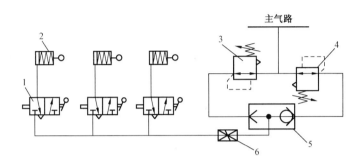

图 7 - 54　柴油机油门遥控装置气控回路
1—二位三通旋塞阀;2—膜片式气缸(增速器)3—手柄调压阀;4—脚踏调压阀;5—梭阀;6—可调节流阀

在正常钻进时,开启手柄调压阀,使压缩空气经梭阀5、节流阀6、旋塞阀1进入气缸2,使气缸的活塞杆伸出,推动摇臂旋转,又通过连杆机构带动柴油机油泵组的摇臂旋转,使油门加大,提高柴油机转速,并在预先已调好的某一转速下稳定运转。

在起、下钻作业时,首先把阀3关闭,利用脚踏调压阀4,当阀4开启时,压缩空气经阀5、阀6及阀1缓慢进入气缸中,活塞伸出,使油门加大,柴油机转速升高。当松开阀4时,控制气断开,活塞杆恢复原位,柴油机转速由高速降到低速运转。

在上述进气过程中,二位三通旋塞阀应处于开启位置。该阀可设置在柴油机房,控制柴油机的转速(在阀3或阀4开启状态下)。

七、气控换挡回路

为了操作方便,钻机换挡可采用气控换挡,在起、下钻作业和钻进作业时,由司钻根据需要和钻机的起升能力进行气控换挡。图7－55为ZJ130－3钻机气控换挡回路。

气控换挡操作程序如下:

(1)摘开总离合器(TQL－2×700):阀5左位工作,阀15因无控制气而左位工作,总离合器13经阀15左位放气摘开。

(2)摘开换挡离合器(TQL－2×600):阀4右位工作,阀17因无控制气而左位工作,换挡离合器放气摘开。

(3)挂合惯性刹车(TQL－500):当阀4右位工作时,主气路来的压缩空气,经阀9、阀4至阀16控制腔,使阀16右位工作,打开主气路与惯性刹车的通路,使惯性刹车挂合。

(4)利用三位五通转阀3,使三位气缸6处于所需挡位(图7－55中只给出了一个传动箱的情况)。

(5)查看换挡压力表,若换挡压力表(图7－55中只给出了一个传动箱的压力表)都升压,则换挡成功,若两个或一个不升压,则表示换挡未成功。

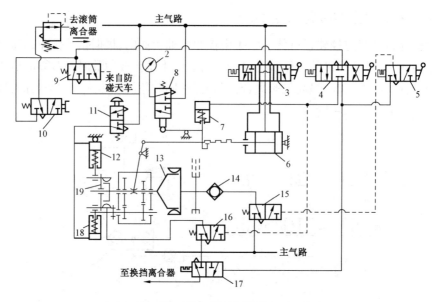

图 7 - 55 气控换挡回路

1—手柄调压阀;2—换挡压力表;3—三位五通转阀;4—三位四通转阀;5—二位三通转阀;6—三位气缸;

7—锁紧气缸;8—二位三通机控阀;9,15,16,17—二位三通气控阀;10—二位三通旋塞阀;11—按钮阀;

12,18—微摆气缸;13—总离合器;14—单向导气龙头;19—惯性刹车

(6)换挡未成功时,按下按钮阀 11,微摆机构动作,可使换挡成功,两个换挡压力表都升压。微摆机构由微摆气缸与惯性刹车组成。

(7)挂合总离合器:阀 5 右位工作,阀 15 因有控制气而右位工作,主气路来的压缩空气阀 15 及导气接头进入总离合器 13,总离合器门被挂合。

(8)挂合换挡离合器:操纵阀 4 使其左位工作,阀 16 因无控制气而左位工作,惯性刹车放气摘升。同时,主气路来的压缩空气,经阀 9、阀 4 至阀 17 控制腔,使阀 17 右位工作,打开主气路与换挡离合器的通路,使换挡离合器挂合。

第七节　钻机气控制系统的维护保养

气控制系统的故障会给生产带来严重影响。因此维护、保养好钻机的气控制系统是很重要的,通常必须注意以下几方面。

(1)防止压缩空气的漏失。气控系统的正常工作,必须保证供给一定数量和一定压力的压缩空气,否则会出现动作失误或出力不足等事故。因此,要减少漏气,就必须注意各气控元件及管线接头等的密封。在动力机停止运转时,不允许有空气的漏失声。停车后,挂合全部离合器,管线压力的下降应在允计范围内,对于 ZJ130 - 3 钻机来说,在压缩空气压力不低于 9 个大气压时,历时 30min 降压不超过 1 个大气压。

(2)注意管道的清洁,如果有污物、杂质进入气管就会使阀件失灵。钻机移运时,拆开的管路接头必须保护好,金属管线的敞口均需用软木塞堵死。管线安装前应用压缩空气清扫管道,然后再接,绝不可大意。

(3)当发现气控阀件工作失灵时,不要不加分析地就随便拆开阀件,因为气控阀件的失灵原因很多,有时并不是阀件本身有毛病,而是由于气路管线堵塞或空气压力太小(气源压力低、管线漏气严重)等原因引起。所以,必须分段检查,方法是:先由控制阀、控制管线至遥控阀件,分段打开气接头,检查通气情况。如控制气路畅通,再检查工作气路是否畅通,方法是:先将阀的出气口管线脱开,检查通气情况,如不畅通,还得检查阀的进气管线的气源是否堵塞,如畅通,则证明阀件有问题,方可打开阀件进行检查。如有备用阀件,先换上使用,并查清换下来阀件的问题。总之,如果气路出了问题,一定要耐心和细致地查明原因并正确处理,严禁盲目地拆修。

气控阀体还有个特点:在连续使用期间工作情况一直很好,但在停用几天后忽然失灵了。这种情况在两用继气器上更易出现。这是因为阀腔在停用期间会产生水锈,使阀件活动部位阻力增大,工作失灵而漏气。遇到这种情况,可用手将常闭两用继气器端部放气孔堵死,如消除漏气,说明是生锈了。只要将阀芯反复活动几次即可正常工作。如果继续漏气则须打开阀件检查原因。

当钻机打完一口井以后或经过一定的时间后(最长不应超过 3 个月),应对整个气控系统进行一次维护保养,全面检查易损件的情况,做到及时更换或清洗,避免阀件在不正常的状态下工作。

思 考 题

1. 钻机气控制系统是由哪些部分组成的?有何特点?
2. 简述活塞式空气压缩机的工作原理。
3. 画出供气设备各部件的图形符号。
4. 冷却器、过滤器、油雾器、溢流阀、顺序阀各起什么作用?画出它们的图形符号。
5. 钻机常用气离合器有哪几种?通风型气胎离合器的主要特点是什么?
6. 简述防碰天车装置气控回路的工作过程。
7. 简述空气压缩机自动控制的工作过程。

第八章 井口设备

第一节 常用的钻井地面专用工具

在钻井过程中,为了起下钻具,必须对钻具进行上卸扣,因而井口起下操作设备是必不可少的钻井工具。常用的钻井地面专用工具包括:吊钳、吊卡、吊环、卡瓦、安全卡瓦等,这些工具称为井口工具。它们共同完成对钻具进行上扣、紧扣、松扣、卸扣等工作。由于深井和修井工作的起下操作频繁,用于上卸扣的时间有所增加,因而对井口起下操作设备提出了机械化和自动化方面的要求。

一、吊钳

吊钳又称大钳,是用来拧紧或松开钻杆及套管螺纹的专用工具。根据用途不同,吊钳主要有钻杆吊钳和套管吊钳两种。根据 SY/T 5074—2012《钻井和修井动力钳、吊钳》规定,钻井吊钳规范见表 8-1。

表 8-1 吊钳多扣合钳规格

适用管径 in	2⅜~10⅜	13⅜~25½	3⅜~12¾			3½~17			4~12
适用管径 范围,mm	60~273	340~648	86~114	114~197	197~324	89~114	114~216	216~432	102~305
额定扭矩 kN·m	35	55	75	55	55	90	55	135	

1. 吊钳型号表示方法

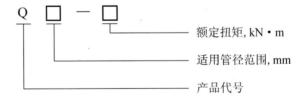

2. 国产 B 型吊钳的结构

B 型吊钳是由吊杆、钳头、钳柄三大部分组成的,如图 8-1 所示。

(1)吊杆:吊杆是用来悬吊大钳和调节大钳平衡的。吊钳的上部有一平衡梁与吊钳绳相连接,下部通过轴销与大钳钳柄相连接,且在下部有一调节螺钉。

(2)钳头:钳头是用来扣合钻具接头或套管接头的。钳头上有 5 个扣合钳,1 号扣合钳(钳框)与 2 号扣合钳(固定钳),2 号扣合钳与 3 号长钳,3 号长钳与钳柄,钳柄与 4 号短钳,4 号短钳与 5 号扣合钳(钳头)之间分别通过销轴连接在一起。3 号长钳、4 号短钳、2 号扣合钳上分别装有钳牙,且在 1 号扣合钳与 2 号扣合钳的连接处嵌有扣合弹簧。5 号扣合钳有 5 种规格,更换各种不同规格的 5 号扣合钳可以扣合不同的台肩,卡住不同尺寸的管径。

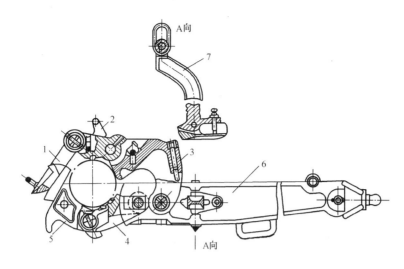

图 8-1 B 型吊钳结构

1—1 号扣合钳;2—2 号(固定)扣合钳;3—3 号长钳;4—4 号短钳;5—5 号扣合钳;6—钳柄;7—吊杆;

(3)钳柄:钳柄是大钳的主体部分。钳柄的头部连接钳头,稍后连接吊杆,中部有一手柄,尾部有尾桩、尾桩销、方头螺钉,用以穿连钳尾绳和猫头绳。

另外,大钳上备有 5 个黄油嘴,分别润滑 5 个轴销。

吊钳用钢丝绳吊在井架上,为了使工作时吊钳能升降自如,钢丝绳应绕过井架上的小滑车,拉到钻台下面并坠以重物,以平衡吊钳重量。

操作吊钳时,吊钳应打在钻具或套管的接头上。紧螺纹时,外钳在上,内钳在下;卸螺纹时,外钳在下,内钳在上。吊钳打好后,钳口面离内、外螺纹接头的焊缝 3～5mm 为宜。上卸螺纹时,内、外钳的夹角在 45°～90°范围内。

国产 B 型吊钳一般用 35CrMo 铸钢制造。其平均寿命一般为 1～2 年左右。最容易损坏的是牙板,其次各个钳头也是易损零件。其中 1 号扣合钳、2 号固定扣合钳、4 号短钳等更容易损坏,需不断补充更换。

二、吊卡

吊卡是井口的重要工具之一,是石油、天然气开采时进行钻井、完井和修井作业的工具,它悬挂于吊环下部,起下钻时,提升和下放钻具,并使钻具坐于转盘,并在钻进中用于接单根。其口径略大于欲提管柱的外径,又小于管柱接头的外径,管柱接头坐于吊卡口径之上,吊卡两边挂上吊环,装上吊卡保险销,进行起下管柱作业。

吊卡按其使用的管柱和用途不同,可分为钻杆吊卡、套管吊卡、油管吊卡、抽油杆吊卡等。按其结构形式不同,通常可分为侧开式吊卡、对开式吊卡及闭锁环式吊卡三种形式。

各种吊卡大部分由吊卡主体、吊卡活门、吊卡安全保险机构三部分组成,它们大都用 35CrMo 钢制成。钻杆及油管吊卡直角台阶表面应进行淬火处理,硬度为 48HRC～58HRC,深度不小于 2mm。

1. 侧开式吊卡

我国目前现场普遍采用的是侧开式吊卡,其结构如图 8-2 所示。这主要是出于该种形式吊卡具有体积小、重量轻、结构简单、操作和维护保养方便、使用安全等优点。适用于钻杆、套管和油管,能用作双吊卡起下钻,不宜用于带 18°锥度的钻杆接头。

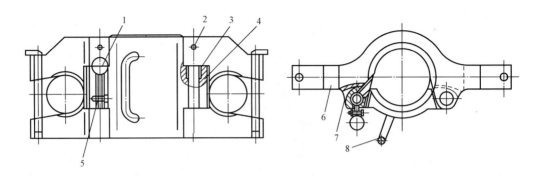

图 8-2 侧开式吊卡

1—锁销手柄;2—螺钉;3—上锁销;4—活页销;5—开口销;6—主体;7—活页;8—手柄

吊卡的主体是由 35CrMo 钢经热处理加工而成。吊卡的两端分别开有挂合吊环的吊卡耳和安全销孔,中部装有锁销及弹簧,锁销上有一个保险阻铁;另外,中部还开有轴销孔及半封的锁销孔。活页(活门)上有两个手柄,即活页手柄和锁销手柄,锁销手柄连接着锁销及弹簧;同时活页上还开有轴销孔,通过轴销与主体连在一起,并由平衡紧定螺钉来固定轴销。侧开式吊卡为了安全起见都装有保险锁紧机构,它利用钻杆或套管的台肩压住保险阻铁,将活页与主体锁住,以保证提升时活页不会脱开。

2. 对开式吊卡

对开式吊卡由左主体、右主体、耳锁、锁环等组成,如图 8-3 所示。适用于钻杆和套管,开合比较方便,但制造比较复杂;适用于一吊(吊卡)一卡(卡瓦)起下钻,以及钻杆接头下部有 18°锥度的钻杆的起下。

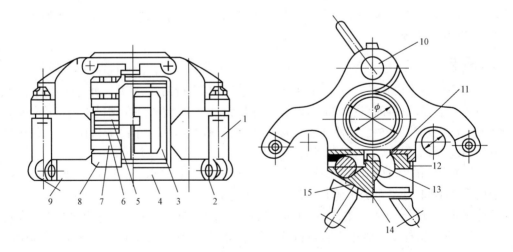

图 8-3 对开式吊卡

1—耳环;2—耳销;3—销板;4—右主体;5—扭力弹簧;6—弹簧座;7—长销;
8—锁环;9—左主体;10—轴销;11—右体销舍;12—锁孔;13—锁销;14—短销;15—销板

3. 闭锁环式吊卡

闭锁环式吊卡由主体、安全销、闭锁环、手柄等配件组成,如图 8-4 所示。使用中安全销可锁定在开、闭两极限位置处,因此使用中不会自行打开闭锁环而出现意外情况。该吊卡主要零件均采用优质合金钢加工而成。因此,具有尺寸小、重量轻、负荷大等特点。

吊卡的失效形式主要是上部台肩变形磨损,为了延长其使用寿命,在台肩面上用等离子喷焊一层钴包碳化钨耐磨合金粉,以增加其耐磨性。

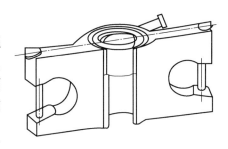

图 8-4 闭锁环式吊卡

图 8-5 单臂吊环、双臂吊环

三、吊环

吊环是用来悬挂吊卡的。在使用时,它的下端套入吊卡两侧的吊耳中,上端挂在大钩的耳环上。根据结构的不同,吊环可分为单臂式和双臂式两种,如图 8-5 所示。单臂式吊环采用 35CrMo 或其他高强度钢经整体锻造而成,经表面强化处理,表面压应力应不小于 $390N/mm^2$,具有强度高、耐磨、重量轻的特点。双臂式吊环采用一般合金钢锻造,弯曲后经过焊接而成,适用于一般钻井作业。

吊环应成对设计、制造和供应。出厂时其长度已选配好用铁丝捆在一起,并在成对的吊环上分别打上同一产品编号。在保管时,千万不能把成对的吊环拆开,以免因搞错而不能使用。配对吊环的长度小于或等于 4.5m 时,相配误差应在 4mm 以内;吊环长度大于 4.5m 时,相配误差应在 6mm 以内。

四、卡瓦

1. 功用

卡瓦外形呈圆锥形,可楔落在转盘的内孔里,而卡瓦内壁合围成圆孔,并有许多钢牙,在起下套管或接单根时,可卡住钻杆或套管柱,以防止落入井内。其次,在遇阻卡划眼时将钻具卡紧坐于转盘中,以便传递扭矩,配合吊卡起下钻等作业。

2. 分类

按作用不同,卡瓦可分为钻杆卡瓦、钻铤卡瓦、套管卡瓦;按结构不同,卡瓦可分为三片、四片式卡瓦;长型卡瓦和短型卡瓦;普通卡瓦和安全卡瓦等。我国现场多采用手动三片式卡瓦。

3. 结构

手动三片式卡瓦主要由卡瓦体、卡瓦牙、衬套、压板、手把螺栓、铰链销钉、衬板和卡瓦手把组成,如图 8-6 所示。

卡瓦的三片扇形的卡瓦体用铰链互相铰接,但是不封闭,钻柱可以自由出入;每片卡瓦体内分别开有轴向燕尾槽,并装有压板、衬套和卡瓦牙,卡瓦牙体较薄,一副卡瓦要装 60 块。当卡瓦抱住钻柱坐在转盘补心中时,卡瓦牙紧密地与钻柱吻合,钻柱被卡住。提起卡瓦时,因卡

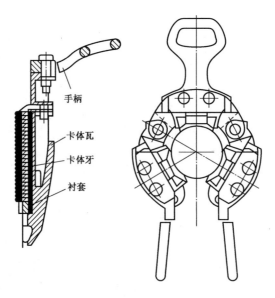

图 8-6　三片式卡瓦

瓦牙的齿稍微向上倾斜,卡瓦牙表面很易脱开钻柱,提起卡瓦,钻柱便可升降;卡瓦手把用螺栓固定在卡瓦体上;更换不同规格的卡瓦牙和衬板,卡瓦可以用于不同尺寸的钻柱。三片式卡瓦的特点是结构简单,操作方便,并能容易地更换卡瓦牙。卡瓦牙的齿小而不连续,因此能减少应力集中,并不会损坏钻柱。同时延长了卡瓦牙的使用寿命,提高了工作效率。

卡瓦的易损件是卡瓦牙,材料一般采用低碳合金钢,渗碳淬火或氮碳共渗热处理制成。

五、安全卡瓦

在起下钻铤、取心筒和大直径管子时配合卡瓦使用,以保证上述作业的安全。这主要是因为安全卡瓦的卡瓦牙多,几乎将钻具外径包合一圈,再通过丝杠的旋紧,包咬效果更佳,故保证钻具不会溜滑落井。对于外径无台肩的钻具,为防止普通卡瓦因卡瓦牙磨损或其他原因造成卡瓦失灵,通常在卡瓦的上部再卡一个安全卡瓦(距卡瓦50mm),以确保安全。

安全卡瓦是由牙板、牙板套、卡瓦牙、手柄、调节丝杠、螺母、轴销、弹簧、插销及连接销所组成,如图 8-7 所示,安全卡瓦由若干节卡瓦体通过销孔穿销连成一体,其两端通过销孔的销柱与丝杠连接成一个可调性卡瓦。一定节数的安全卡瓦只适用于一定尺寸范围内的钻铤及管柱,要适应不同尺寸的钻铤及管柱,就要改变安全卡瓦的节数,被卡物体的外径越大,安全卡瓦的节数越多。

六、方补心

方钻杆滚子补心是石油天然气等钻井作业中驱动钻杆的工具,在钻进过程中,转盘旋转通过方补心带动方钻杆转动,方钻杆又带动整个钻柱、钻头转动而破岩钻进。4 个滚子分别与方钻杆的 4 个面接触,用于带动方钻杆转动,使滑动摩擦变为滚动摩擦,延长了方钻杆使用寿命,整体结构如图 8-8 所示,滚子用轴承固定在滚子方补心的壳体上。更换不同的滚轮,可以驱动 2½~6in 的四方钻杆或 3~6in 的六方钻杆。

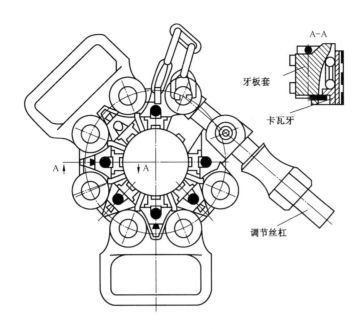

图 8 - 7　安全卡瓦

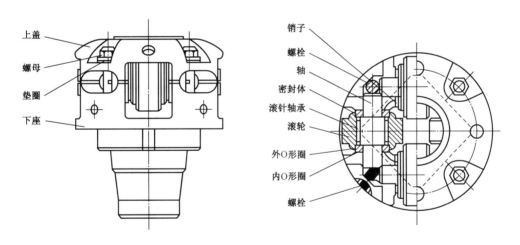

图 8 - 8　滚子方补心

第二节　井口操作机械化设备

由于人工打大钳、拉猫头、提卡瓦进行上卸螺纹等操作不但劳动强度大,而且工效低又不安全,因此实现井口操作机械化并向自动化发展是井口起下操作设备发展的方向。按生产过程,井口机械化设备可分为四部分:

(1)卡住管体的——动力卡瓦;

(2)上紧和卸开管螺纹的——动力大钳(钻杆钳、套管钳);

(3)移运立根的——立根排放机构;

(4)小型机械化设备——方钻杆旋扣器、动力小绞车等。

对井口操作机械化设备的基本要求是:工作可靠,操作方便,工作效率高。

一、动力大钳

动力大钳的用途是完成上卸管螺纹工作,以代替人工在井口的繁重而危险的手工操作。为此,它应能满足下列要求:

(1)卡紧可靠。对钻杆动力大钳,要求在接头有不同程度的磨损及偏磨时都能卡紧钻杆。

(2)有足够的扭矩。对于钻杆钳,最大卸螺纹扭矩应在49kN·m以上,大至98kN·m。

(3)能准确、迅速地移向管柱并卡紧,工作完毕后又能自行松开管柱并退回原处。

(4)操作使用灵活方便,工作效率高。

根据工作对象的不同,动力大钳可分为钻杆钳、套管钳和油管钳。套管钳和油管钳因管子与接箍很少磨损,管径较固定,所需的上卸螺纹扭矩也小,因此采用的钳口卡紧机构要求较低。而钻杆钳则因接头经常磨损且螺纹较紧,所以对钳口卡紧机构要求较高。

根据所采用的动力不同,大钳可分为气动的、电动的和液动的。

根据安装方式的不同,大钳可分为固定安装的和悬吊的,这两种都可以利用油缸、气缸、电葫芦升降或利用油缸、气缸进退。

根据SY/T 5074—2012《钻井和修井动力钳、吊钳》规定动力大钳型号表示方法如下:

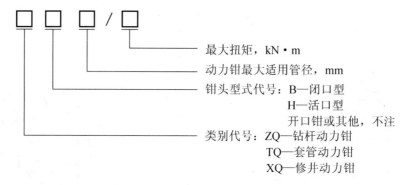

```
□ □ □ / □
        └─── 最大扭矩,kN·m
      └───── 动力钳最大适用管径,mm
    └─────── 钳头型式代号:B—闭口型
              H—活口型
              开口钳或其他,不注
  └───────── 类别代号:ZQ—钻杆动力钳
              TQ—套管动力钳
              XQ—修井动力钳
```

例如:ZQ203/100表示最大适用管径为203mm、开口钳、最大扭矩为100kN·m的钻杆动力钳。

1. 钻杆动力钳

钻杆动力钳是以液压为动力,气动夹紧的机械化工具,用于钻井起下钻上卸螺纹、接单根、接方钻杆及处理事故时活动钻具等。钻杆动力钳如图8-9所示,主要技术参数见表8-2。

表8-2　钻杆动力钳基本参数

最大适用管径代号	127	162	203	254
适用管径范围,mm(in)	60~127 (2⅜~5)	85~162 (3⅜~6⅜)	127~203 (5~8)	162~254 (6⅜~10)
最大扭矩,kN·m	25	50,75	75,100,125	125,145
液压源额定压力,MPa	12~18			16~20
工作气压,MPa	0.5~0.9			
上下牙板中心距,mm	200~210	230~250		240~260
主钳和背钳之间上、下相对可浮动距离,mm	≥40			

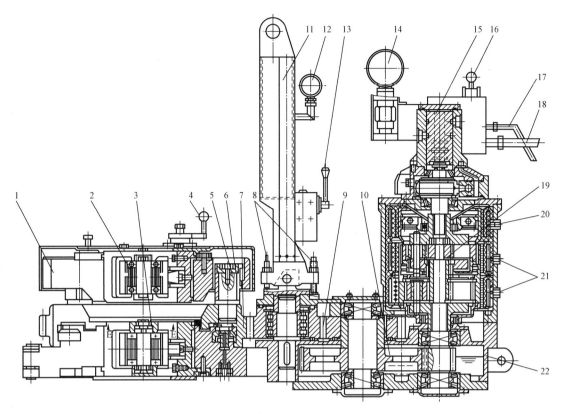

图 8 - 9　钻杆动力钳

1—浮动体;2—牙板(钳牙);3—颚板架镶块;4—上钳定位把手;5—销子;6—套筒;7—缺口齿轮;8—调节丝杠;
9—惰轮;10—齿轮;11—吊杠;12—气压表;13—双向气阀;14—抗震压力表;15—1JMD—63 油马达;
16—手动换向阀;17—高压进油管;18—回油管;19—中心轮;20—高挡气胎;21—低挡气胎;22—下壳

钻杆动力钳的工作原理如下:

(1)变速。

动力由液马达供给;两挡行星变速箱及不停车换挡刹车机构可使钳头获得高速低扭矩(旋螺纹时)或低速大扭矩(冲螺纹时);高挡时,液马达驱动框架上游轮 Z_3,高挡刹带刹住,外齿圈 Z_2,动力经中心轮 Z_1 输出;低挡时液马达驱动中心轮 Z_6 旋转,低挡刹带刹住外齿圈 Z_4,动力经游轮 Z_5 输出,如图 8 - 10 所示。

(2)卡紧。

下钳的钳口卡紧机构装在壳体内,由气缸推动钳头转动,卡紧钻杆下接头;上钳的钳口

部件浮动于下钳壳体上方,动力经两挡行星变速器、二级齿轮减速($Z_7 \to Z_8$,$Z_9 \to Z_{10} \to Z_{11}$)传动缺口大齿轮,再由三个大销子带动浮动体转动;钳头向中心靠拢,夹紧接头,缺口齿轮带动浮动体、制动盘、颚板架、钳头(颚板)及钳柱旋转,进行上卸螺纹作业。

(3)浮动。

旋螺纹过程中上、下钳口座间的相对位置是变化的,要求上钳相对下钳能浮动。浮动体通过 4 个弹簧,坐在缺口大齿轮上,依靠弹簧弹性可保证浮动体(上钳口)有足够的垂直位移。

(4)制动。

制动盘外边的两根刹带、连杆和刹带调节筒组成制动机构,转动调节筒内弹簧以改变刹动力矩的数值。

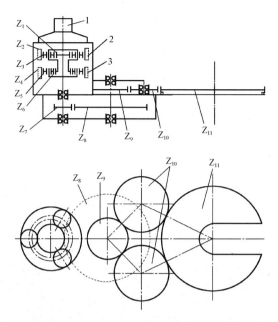

图 8 – 10　钻杆动力钳结构示意图

1—液马达;2—高挡刹带;3—低挡刹带

2. 液动套管钳

液动套管钳广泛适用于石油矿场下套管作业中上卸套管或管子的螺纹,具有作业效率高、工作安全可靠等优点,可大大降低工人的劳动强度,提高套管柱螺纹连接质量,确保夹紧可靠。变速机构采用气胎离合器可实现不停车换挡,效率高。可配备扭矩仪对压力、扭矩、圈数实行计算机监控和管理。根据 SY/T 5074—2012《钻井和修井动力钳、吊钳》规定,套管动力钳规范见表 8 – 3。

表 8 – 3　套管动力钳基本参数

最大适用管径代号	178	245	340	406	508
适用管径范围,mm(in)	101 ~ 178 (4 ~ 7)	101 ~ 245 (4 ~ 9⅜)	140 ~ 340 (5½ ~ 13⅜)	178 ~ 406 (7 ~ 16)	245 ~ 508 (9⅜ ~ 20)
最大扭矩,kN·m	16,20	20,30,35	35,40,50	40,50	50,60,70
液压源额定压力,MPa	12 ~ 18				
工作气压,MPa	0.5 ~ 0.9				

江苏如石机械有限公司生产的 TQ508 – 70Y 套管动力钳,最大扭矩为 70kN·m,属于大管径、高扭矩液压套管钳,其结构如图 8 – 11 所示。

主要部件包括钳头、传动齿轮壳体、变速机构、液压系统、液压测矩装置等。该液压套管钳由曲轴式径向柱塞液压马达提供动力,经变速机构和传动齿轮传递到钳头的缺口大齿轮,实现钳头夹紧和旋转动作。齿轮变速机构可进行钳头转速的高、低挡变换,用于套管接头的旋螺纹、紧螺纹(或崩螺纹)。液压系统中的多路换向阀可改变钳头的旋转方向,实现上螺纹和卸螺纹动作的切换。由扭矩拉力缸和扭矩表组成的液压测矩装置,可以测出钳头作业时的扭矩,确保上螺纹质量。在液压测矩装置上留有扭矩传感器的接口,在传动齿轮壳体的上平面还设有圈数传感器的接口,便于实现计算机管理。

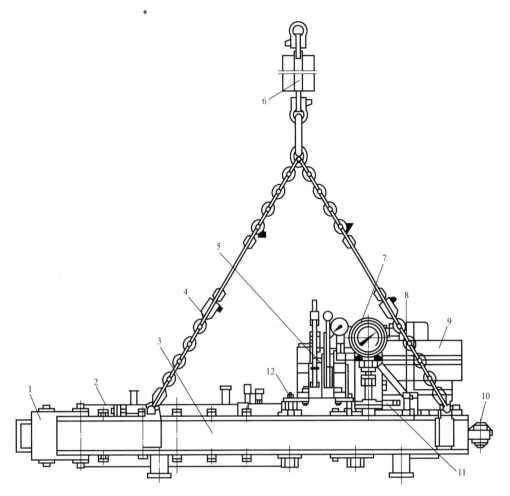

图 8-11　TQ508-70Y 液压套管钳

1—防护门;2—钳头;3—传动齿轮壳体;4—吊索;5—液压系统;6—吊扭簧;7—扭矩表;
8—变速机械;9—液压马达;10—扭矩拉力缸;11—扭矩传感器接口;12—圈数传感器接口

3. 两用动力钳

江苏如石机械有限公司自主研发的两用动力钳适用于石油矿场钻井过程中起下钻作业和下套管作业。两用动力钳一般是基于原钻杆动力钳的基础上设计研制的,集钻杆动力钳与套管动力钳的功能于一体,其性能参数能够满足钻修井作业中频繁起下钻或接单根的作业以及下小口径套管施工的需要。无需更换设备,减少占用钻台有限空间,更加有利于安全生产,使用方便,提高了井口作业效率,减轻了工人的劳动强度,节省了套管动力钳的配套成本及维护费用。动力钳按 API 7K 设计、制造。由于结构尺寸的限制,该钳不适用于大于 8in 的套管,现场应用中存在一定的局限性,还需要不断改进。

4. 维护保养

(1)液压系统的滤清器根据使用情况,要及时清洗或更换其滤芯,以防滤芯被污物堵塞,影响正常使用。

(2)新钳子使用后,一个月就应换掉液压油(或沉淀),以后每半年换一次液压油。在使用过程中,油箱油面不允许低于油面指示器下限,避免其他杂物混入油箱。

(3)钳头每次起钻之后用清水冲洗干净。坡板、滚子部分清洗干净后涂一薄层黄油。要求坡板清洁,滚子、销轴转动灵活。

(4)每两口井使用半年,换齿轮箱机油一次,换变速箱二硫化钼润滑脂一次。

(5)液压和传动系统轴承的保养与压风机轴承的要求相同。

(6)移送缸、夹紧缸,在每次起下钻完后用清水洗净,活塞杆用棉纱擦干涂一层薄黄油,伸出部分全部收入缸筒内。

(7)每次起下钻后气阀板中要注入 50mL 清洁机械油润滑气路各元件并防锈。

(8)其他油嘴每次起下钻前打一次黄油润滑。

二、动力卡瓦

卡瓦是用来把钻柱或套管卡紧在转盘上的工具。为了免除钻井工人在井口来回搬动近一百公斤重的吊卡或手提卡瓦,以加速起下钻作业,提高工效,可采用动力卡瓦。

动力卡瓦应满足下列要求:

(1)在提升管柱时卡瓦松开并升到一定高度。

(2)能平稳地下放卡瓦并卡紧管柱。

(3)卡瓦能离开井口而不妨碍钻进。

(4)易损件卡瓦牙应便于拆换。

目前矿场上用的动力卡瓦基本上都是用气动和液动的。大体上可分为两种类型:一种是安装在转盘内部的,另一种是安装在转盘外部的。

1. 安装在转盘外部的动力卡瓦

图 8 - 12 为安装在转盘外部动力卡瓦的一种。它通过气缸提放卡瓦并支持在某一位置上。

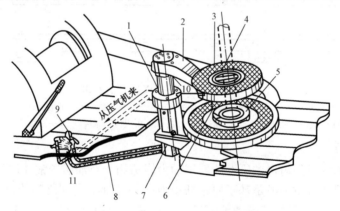

图 8 - 12　装在转盘外的动力卡瓦

1—气缸;2—臂;3—卡瓦提环;4—铰链;5—锥形导轨;6—卡瓦体;
7—支架;8—管线;9—脚踏阀;10—缓冲垫;11—滤清器

气缸用支架安装在转盘体的侧面,在气缸的顶端装有可转动的臂及卡瓦提环,三片卡瓦牙体用铰链与提环相连。当卡瓦上行提出方补心后,三片卡瓦在自重的作用下自行张开,可以容许管柱从卡瓦中心自由通过。卡瓦下放时,卡瓦体沿装在转盘补心上的锥形导轨下滑收拢而进入转盘内。卡瓦的动作由司钻台旁的脚踏控制阀进行控制。钻进时,卡瓦被提出转盘,打开活门,用人力推转而离开井口。提环通过锥形滚轮与臂相连,因而在卡瓦卡紧管柱状态下允许转盘转动管柱。

2. 安装在转盘内部的动力卡瓦

图 8 - 13 为装在转盘内动力卡瓦的结构示意图。这种卡瓦配有特制的卡瓦座以代替大方

瓦放在转盘内。在卡瓦座的内壁上开出四个斜槽,四片卡瓦体可沿槽升降。卡瓦体沿斜槽下降的同时向中心收拢卡紧钻柱。卡瓦体沿斜槽上升的同时向外分开而允许钻柱从中自由通过。卡瓦体的升降靠气缸经杠杆驱动。卡瓦体与卡瓦导杆的上端用提环连接,卡瓦导杆的上端则固定在圆环上。杠杆的一端带有滚轮并装在圆环的槽形轨道里,杠杆可以带动圆环上下移动,也可允许圆环转动。气缸用支架固定在转盘体上,并用脚踏气阀控制,上述气阀安装在司钻控制台下。卡瓦的尺寸可以根据钻杆的直径进行更换。

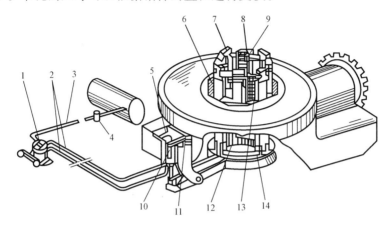

图 8 - 13　装在转盘内的动力卡瓦示意图

1—气阀;2—气管线;3—滤清器;4—脱湿器;5—气缸;6—壳体;7—卡瓦导杆;
8—提环;9—卡瓦体;10—安全阀;11—支架;12—圆环;13—卡瓦座;14—杠杆

在转盘内需要通过直径大于卡瓦体内径的钻头等工具时,卡瓦座可以从上面提出,卡瓦导杆及圆环可以从下面拿掉。

上述 2 类卡瓦各有其优缺点,前者可以用在普通的转盘上,便于推广。后者则因为其升降机构在转盘内,使结构紧凑,机件不易损坏。但是他们的共同缺点是都只能用于起下钻操作。当需要钻进时,为了放入小方瓦,需要将动力卡瓦移离井口,这是非常不方便的。

在钻井和修井作业中,使用动力卡瓦,对于加快起下作业、减轻体力劳动有明显的优越性。但是卡瓦在超深井条件下使用将受到限制,因为随着井深及管柱重量的增加,卡瓦卡紧管柱的径向压力增加,往往会使被卡住的那部分管柱产生颈缩现象。

目前,美国的 DEN - CON 公司和 Varco BJ 公司生产的动力卡瓦在国外应用较广。其生产的动力卡瓦放于转盘上,不必改造转盘部件,卡瓦提升机构本身不承受钻柱或套管载荷。正常钻井时,可将动力卡瓦机构提离井口,非常方便。

DEN - CON 公司生产的气动卡瓦结构和动作都比较简单,重量轻,成本较低,在我国海洋油田已经引进使用并取得良好的应用效果。

由于油田开发,钻井井深越来越深,对卡瓦工作稳定性要求也相应提高。相对于气压动力,液压动力更稳定,冲击性小,力量更大且能在卡紧管柱状态下提供卸螺纹扭矩,而且工作噪声小,更环保。

Varco BJ 公司生产的液压动力卡瓦可以操作所有类型和尺寸的管子,其中包括钻铤、钻杆、套管和油管等。并且可以同手动卡瓦配套使用,无需特殊工具,也没有易松动部件。

国外大多数油田使用机械手、动力卡瓦等设备,生产效果很好,但是这些设备却难以适应国内陆地钻机井口设备和人员的操作现状。另外,由于结构复杂、价格昂贵等原因,难以在国内推广使用。

我国的一些企业和科研机构开发研制了适合自己情况的动力卡瓦,也已取得了不错的经济效益及社会效益。但国产的动力卡瓦还不够完善,仍存在一些缺陷,如结构复杂、气液路管线繁多、维修不便、工作可靠性差、使用不方便、安全性不高等,还有待继续研究和发展。

三、方钻杆旋扣器

方钻杆旋扣器是在钻井过程中利用风动马达(或电动机)作动力,驱动方钻杆旋转,并与小鼠洞卡紧装置配合使用,从而完成接单根工作的一种专用设备。

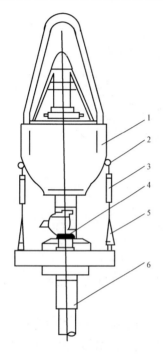

方钻杆旋扣器由动力部分、旋扣器和小鼠洞卡紧装置三部分组成。它装于水龙头下方,整体安装时,需在水龙头的两侧焊上吊耳,用16mm钢丝绳与旋扣器连接起来,如图8-14所示。

小鼠洞卡紧装置则固定于转盘旁的小鼠洞管之上,其结构如图8-15所示。小鼠洞卡紧装置是一种借助偏心牙板,在小鼠洞上自动咬住单根的装置。采用这种装置,与旋扣器配合不需要打吊钳就可以拧紧螺纹。

方钻杆旋扣器有风动旋扣器(图8-16)和电动旋扣器两种。

风动旋扣器的动力部分是风动马达。风动旋扣器的旋扣器本身由中心管、外壳、大齿圈、中间盘和两副2007152轴承组成。中心管用203.2mm接头毛坯加工制成,大齿圈可用 B_2 -300型柴油机的启动齿圈代替。

叶片式马达的特点是:低转速时空气漏失很大,效率低。因此当内外接头螺纹已对好,但内接头尚未压住外接头时,司钻即应打开单向气开关,使方钻杆边旋转边下放。如果在风动马达旋转前,方钻杆放得太低,压得太死,风动马达就不能很好启动,转速就会降低、螺纹就拧不快、拧不紧。

图 8-14 风动旋扣器安装示意图
1—水龙头;2—吊耳;3—正反螺栓;
4—风动旋扣器;5—⅝in 钢丝绳;6—方钻杆

在井深浅于2000m的井,可以不用上吊钳紧扣。在井深超过2000m后,必须用吊钳紧扣后方可开泵,以防螺纹未拧紧而被刺坏。

电动旋扣器的动力部分是直流电动机,其结构与风动旋扣器基本相同。

接单根时,先将单根放入小鼠洞卡紧装置中,单根上端的内螺纹坐于小鼠洞卡紧装置的支撑板上,搬动卡紧装置的手柄,使偏心牙板咬住单根母接头。旋扣器的中心管上接水龙头,下接方钻杆。开动风动马达或电动机,齿轮下行与旋扣器的大齿轮啮合,继而驱动大齿轮旋转,并带动方钻杆旋转,这样方钻杆外螺纹就可与钻杆单根的内螺纹旋接。旋扣的反扭矩是通过与水龙头连接的钢丝绳传给水龙头的,并最后由游动系统来承受。

使用方钻杆旋扣器可以使接单根的速度提高 2~2.5 倍;减轻劳动强度,操作安全方便;上扣力矩大。采用直流电动机或风动马达都使上扣扭矩在 1.18~1.32kN·m 以上,最大可达 1.78kN·m。因此,上扣做到一次成功,不需再用吊钳紧扣。

采用直流电驱动的方钻杆电动旋扣器的缺点是用电时易产生火花,在钻气井或钻穿高压油气层时不宜采用,以防井场失火。而方钻杆风动旋扣器的缺点是耗气量稍大,但它安全防火,利用原设备产生的气源方便易行,故得到广泛推广。

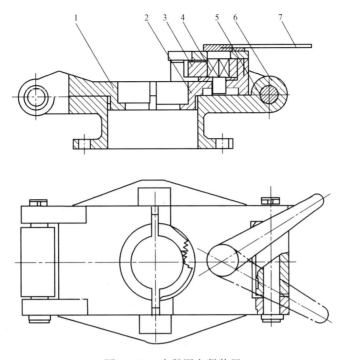

图 8-15　小鼠洞卡紧装置

1—支撑板;2—牙板箱;3—偏心牙板;4—牙板销;5—销子;6—底座;7—手把

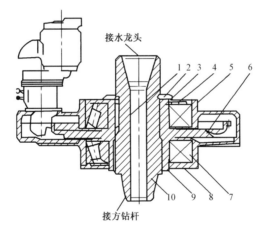

接水龙头

接方钻杆

图 8-16　风动旋扣器结构简图

1—键;2—卡环;3—上盖;4—轴承上盖;5—外壳;6—大齿圈;

7—2007152 轴承;8—轴承下盖;9—中间盘;10—中心管

四、电(气)动小绞车

1. 功用

动力小绞车是在钻井辅助性操作过程中使用的一种设备,利用齿轮减速机构驱动滚筒将钻铤、钻杆或其他重物拉上或放下钻台。按其动力形式不同,动力小绞车可分为电动小绞车和气动小绞车(风动绞车)。

(1)电动小绞车:以电动机作为动力,利用滚筒的卷扬作用起吊重物和进行其他辅助工作。

(2)气动小绞车:以气动马达作为动力,通过齿轮减速机构驱动滚筒,实现重物的牵引和提升。

2.结构

1)电动小绞车

以胜利Ⅳ型电动小绞车为例,电动小绞车主要是由底座、侧板、支撑轴、电动机、传动系统、制动系统及护罩组成,如图8－17所示。

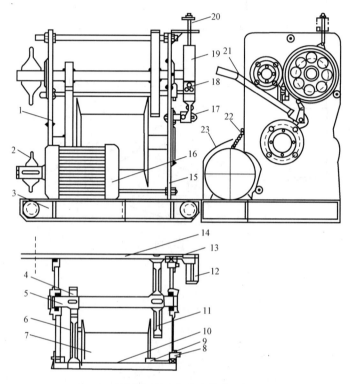

图8－17　电动小绞车

1,15—侧板;2—主动链轮;3—底座;4—二级小齿轮;5—第二轴;6—二级大齿轮;7—滚筒;8—轴承;
9—隔套;10—滚筒轴;11—一级大齿轮;12—刹车毂;13—一级小齿轮;14—第一轴;16—电动机;
17—刹车曲轴;18—刹车固定销;19—刹带;20—刹车吊钩;21—刹把;22—单排链条;23—护罩

(1)电动机是电动小绞车的动力来源,它通过滑轨及顶丝装在电动小绞车后面的底座上,其上有一主动链轮经单排25.4mm链条与被动链轮构成一级传动,被动链轮由键固定在第一轴上。

(2)传动系统由第一轴、第二轴和滚筒轴组成。

① 第一轴:在轴的两端各装有一副208轴承。轴的左边装有隔套及用键固定着的被动链轮,右边用键固定着一级小齿轮;侧板的外面装有刹车轮毂及并帽。

② 第二轴:在轴的两端各装有一副208轴承。轴的左边装有隔套及用键固定着二级小齿轮,右边用键固定着一级大齿轮;一级大齿轮与一级小齿轮啮合构成二级传动。

③ 滚筒轴:在轴的两端各装有一副212轴承。轴的左边用键固定着二级大齿轮,轴的右边装有隔套,中部是起卷扬作用的滚筒;二级大齿轮与二级小齿轮啮合构成三级传动,且二级大齿轮与滚筒用螺钉定在一起。

(3)制动系统由刹车毂、刹车曲轴、刹带、刹带固定销、刹把及刹带吊钩组成。刹车毂固定在第一轴的左端,刹带死端由刹带固定销固定,刹带活端经刹车曲轴连接着刹把;刹带的吊钩吊在刹带的中间部位,起复位作用。

胜利Ⅳ型电动小绞车采用带式刹车,使用安全可靠;采用链条和齿轮混合传动,使减速机构变得简单。但下雨天不宜使用,否则有触电的危险。

2)气动小绞车(风动绞车)

以 XJFH－2/35 型气动小绞车为例,气动小绞车主要是由动力部分、传动部分和卷扬部分组成。

(1)动力部分一般是活塞式气动机,主要包括气缸、活塞、连杆、配气阀、配气阀芯、操作手柄及进气口等。

(2)传动部分主要包括传动轴、曲轴、离合器、大、小齿轮等。

(3)卷扬部分主要包括卷筒和卷筒上的制动装置。

XJFH－2/35 型气动小绞车具有结构紧凑、操作方便、安全可靠、维修简单、运转平稳、无级变速等优点,作为防爆牵引或提升的动力设备,没有触电危险。其主要缺点是结构较复杂和耗气量大。

3．规范

1)胜利Ⅳ型电动小绞车

(1)滚筒直径:220mm;

(2)减速传动比:37.2;

(3)滚筒转数:26.2r/min(电动机的转数为975r/min)

(4)滚筒起升速度:0.385m/s;

(5)起重量:1500kg(电动机的功率为7kW);

(6)短时最大起重量:2250kg。

2)XJFH－2/35 型气动小绞车

(1)额定起重量:19.6kN;

(2)最大起重量:24.5kN;

(3)最大起升速度:0.583m/s;

(4)额定功率:13200W;

(5)进气压力:0.6~0.7MPa;

(6)容绳量:250m;

(7)钢丝绳直径:15.5mm;

(8)外形尺寸(长×宽×高):1240mm×590mm×780mm;

(9)总体质量:45kg。

五、钻杆排放系统

1973 年,全自动化钻杆排放系统首次安装到挪威 Smedvig West Venture 半潜式钻井平台上。迄今为止,国外在钻杆自动操作系统方面取得了较为显著的成果,已经形成了一系列完善设备。目前,在钻杆自动化操作系统方面具有世界领先水平的是美国 NOV 公司和挪威 MH 公司。

钻杆排放系统是钻杆自动化操作系统的重要组成部分,钻杆排放系统又称垂直钻杆操作系统,其功能是在钻台上对钻杆或其他管具进行操作,主要包括在井口与立根盒之间移送钻杆立根、钻杆单根连接成立根等操作。按其结构形式和工作原理可分为柱形排放系统、桥式排放系统、机械手式排放系统。

1. 桥式排放系统

美国 NOV 公司的 Bridge Racker 系列和 MH 公司的 Bridge Crane System 都是桥式排放系统。这种排放系统的排放设备结构相似,基本具有四个自由度,横梁的两端可以在支撑架的轨道上平行移动,中间垂直柱形结构可以随着小车在横梁上做直线移动,柱形结构可以绕自身轴线做回转运动,机械手可以沿柱形结构上下移动。横梁的支撑导轨一般安装在井架上,因此工作时会对井架产生一定动载荷。其主要功能是在井口与立根盒之间进行立根的移送,这种排放系统一般不具备离线接立根的功能。为防止在移送过程中立根下部产生摆动,通常在钻台上安装一个机械手式操作系统控制立根的下部,与桥式操作系统配合使用。

2. 机械手式排放系统

机械手式排放系统是将不同类型的机械手安装在钻台、二层台及井架上等位置,通过系统的平面移动或机械手的伸缩功能来实现钻杆的移送。美国 NOV 公司的 Compact Racker、Racking Lift Arm、Racking Guide Arm、Z - back Arm 以及挪威 MH 公司的 2 Arm System 等都是这种类型。美国 NOV 公司的 Compact Racker 是采用机器人控制原理实现对其机械手运动的精确控制,来达到准确移动钻杆的目的。挪威 MH 公司的 2 Arm System 是将上下两个机械手分别安装到二层台和钻台上,通过两个机械手的配合来实现立根在井口和立根盒之间的移送。机械手式排放系统既可以作为辅助设备与其他排放系统配合使用,也可以单独进行钻杆的操作。由于系统结构比较简单,安装也相对简单,除了可以作为自动化钻井平台的钻杆操作系统,还可以用来对现有的一些平台进行改造。

3. 柱形排放系统

柱形排放系统的结构特征是将两个或多个机械手安装在一个独立支撑的柱形结构上,这种排放系统功能比较强大,适合在多种钻井平台上作业。美国 NOV 公司的 Hydra Racker、Star Racker、Pipe Handling Machine、Pipe Racking System 及 MH 公司的 Pipe Racking Machine 都是这种类型。Star Racker 的特点是其具有一种星形结构的立根盒,这种结构的立根盒不需要立根锁定机构,结构简单;该系统不能在钻台上移动,通过转动和机械手的伸缩来实现立根的移送。Pipe Racking System 是一种应用较多并且比较成熟的一种钻杆排放系统,它经历 PRS - 3i、PRS - 4i、PRS - 5、PRS - 6i、PRS - 8、PRS - 8i 等多种型号的发展,该系统可以在钻台上沿轨道移动,并且具有离线单根接立根功能。PRS 系统与 PLS 系统相互配合可以实现钻台上钻杆的全自动化处理,在 Trans - ocean Sedco Forex 的超深水钻井船 Discoverer Enterprise 上得到成功运用。

Pipe Racking Machine 具有两种工作模式。当系统处于水平/垂直模式的时候具有水平/垂直钻杆转换系统的功能,可以实现钻杆由水平状态向垂直状态的转换;处于垂直模式的时候可以进行立根的垂直移送操作,该系统同样具备离线单根接立根的功能。柱形排放系统多用于新型的自动化钻井平台或钻井船上,作为钻杆等的自动化排放设备使用,相对于其他排放系统,具有很多优点:柱形排放系统结构独立,工作时不会对井架等设备产生附加载荷;大多数柱形排放系统可以在钻台上面移动,作业范围大、功能强,部分柱形排放系统兼具水平/垂直钻杆转换系统的功能;多数柱形排放系统可与水平/垂直转换系统配合来完成离线单根接立根的操作,提高了工作效率。

图 8 - 18 所示为适合双联井架钻机的立柱式平行型排管机。

排管机中心具有柱形结构,立柱是排管机的核心承载部件,顶端和底端各有1个小车机构,可使排管机沿平行型排放架上、下专用轨道同步移动,以便在不同的排放架位置进行钻杆立根操作。立柱可以带动安装于立柱上的2个机械手臂绕其自身轴线旋转180°,以实现钻杆立根选择面向井口或面向排放架。面向井口时可进行立根操作;面向排放架时可以在排放架取放立根。安装于立柱上的机械手臂分为上部的举升臂和下部的扶正臂,2个机械手臂相对于立柱都具有2个自由度,2个手臂的末端均装有夹持手爪,可以稳定地抓住钻杆立根,举升臂和扶正臂末端手爪能实现同步移动来提放钻杆立根或送取立根。

立柱移动采用上、下小车同步驱动;底部小车驱动立柱转动。立柱的总体结构如图8-18所示,为一铅垂立式杆柱,顶端与底端为驱动小车提供了安装机架,中部设计安装2个操纵机械手臂。就直线驱动机构来看,底部和顶部小车的构件组成、工作原理完全相同,只是顶部小车和底部小车在上下方向的整体构成上设计为反向布置,顶部小车没有立柱转动驱动机构。图8-19所示为底部小车的结构,包括立柱移动及转动驱动机构。小车左右移动驱动运动链对称,液压马达与蜗杆轴固联,通过蜗轮减速后驱动左、右两侧对称设计的锥齿轮机构,然后通过两侧的圆柱齿轮与固定在轨道上的齿条啮合,同时驱动小车沿轨道移动。顶部和底部小车通过滚轮可分

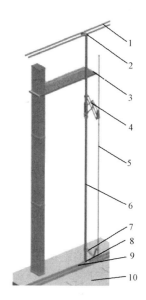

图8-18　立柱式排管机
1—顶部滑轨;2—顶部小车;
3—排放架;4—举升臂组件;
5—钻杆立根;6—立柱;
7—扶正臂组件;8—底部小车;
9—底部滑轨;10—钻台

别支承在二层平台滑轨与钻台滑轨上,二层平台滑轨与井架固联,钻台滑轨与钻台固联,轨道为平面直轨,侧面安装有齿条。利用蜗轮蜗杆的自锁功能,可实现上、下小车及立柱的自锁定位。

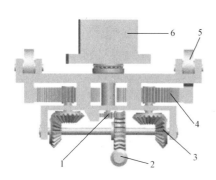

图8-19　底部小车
1—立柱旋转齿轮齿条;2—蜗杆;
3—锥齿轮;4—小车移动齿轮齿条;
5—滚轮;6—立柱

立柱转动驱动装置以底部小车本体为机架,采用2个串接液压缸同步驱动,2个液压缸中间设有齿条,齿条与固联于立柱底端的齿轮啮合,驱动立柱绕自身轴线旋转。

举升臂组件的结构如图8-20所示。举升臂上支架空套在立柱上,立柱两侧固定有齿条,下支架通过齿轮齿条啮合与立柱关联,上、下支架之间安装伸缩液压缸。举升臂组件具有2个自由度,其中1个自由度是举升臂整体沿立柱上下运动,带动夹持爪及钻杆立根上提下放,是靠举升臂液压马达驱动齿轮减速机构后由齿轮齿条机构来完成的,当举升液马达不工作时,由锁紧机构将举升臂下支架锁定在立柱上;另1个自由度是举升臂液压缸驱动上支架沿立柱轴线上下运动,夹持爪可以在水平面内做前后直线运动,以实现钻杆立根靠近或远离立柱。

扶正臂组件的结构如图8-21所示。扶正臂支架固定在立柱上,在支架和主臂之间安装有液压缸。扶正臂组件也具有2个自由度,其中1个自由度由扶正臂液压缸实现,另1个自由度由举升臂组件通过立根传递实现。扶正臂的设置消除了钻杆立根在移送过程中产生的附加摆振。

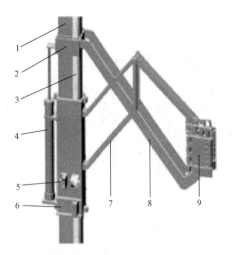

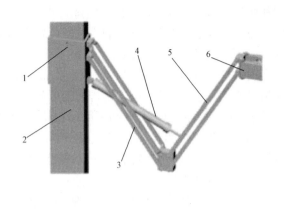

图 8-20 举升臂组件

1—立柱;2—上支架;3—齿条;4—液压缸;5—液压马达;

6—下支架;7—举升副臂;8—举升主臂;9—夹持爪

图 8-21 扶正臂组件

1—支架;2—立柱;3—扶正副臂;4—液压缸;

5—扶正主臂;6—夹持爪

扶正臂夹持爪的结构如图 8-22 所示。通过液压缸伸缩实现夹持爪的开合,不允许所夹持的钻杆立根旋转。举升臂夹持爪的结构如图 8-23 所示。沿竖直方向由 3 部分组成,底部机构即夹持爪与扶正臂夹持爪结构及功能相同;中部机构并联 3 套滚轮夹持爪,结构与扶正臂夹持爪基本相同,只是在爪部增设了滚轮,可使所夹持的钻杆立根旋转,便于旋扣;顶部机构即定位爪用来对所夹持钻杆立根进行定位。

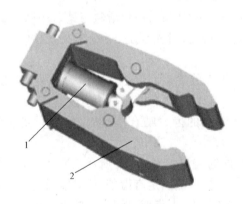

图 8-22 扶正臂夹持爪

1—液压缸;2—夹持手爪

图 8-23 举升臂夹持爪

1—定位爪;2—滚轮爪;3—夹持爪

思 考 题

1. 电动油管钳主要由哪些部件组成的?

2. 简述型号 YQ-10000、ZQ203-100 的具体意义。并说明液动钻杆钳的组成。

3. 安装在转盘外的动力卡瓦是由哪些部件组成的? 安装在转盘内的动力卡瓦是由哪些部件组成的?

4. 简述卡瓦卡紧管柱的条件及卡瓦上提不自锁的条件。

第九章　海洋石油钻井设备

海洋覆盖了地球约71%的表面积,蕴藏着丰富的石油资源。据预测,海洋石油资源占全球石油总资源的三分之一到二分之一。我国拥有丰富的海洋资源,油气资源沉积盆地约 $70 \times 10^4 km^2$,石油资源量估计为 $240 \times 10^8 t$ 左右,天然气资源量估计为 $14 \times 10^{12} m^3$,虽然我国的海洋石油工业在20世纪60年代才起步,但发展迅速。

按照水深的不同,海洋可分为大陆边缘和深海两大部分,大陆边缘由大陆架、大陆坡和大陆隆三部分组成。大陆架是一般水深为 $0 \sim 200 m$ 的台地。大陆坡水深为 $200 \sim 2500 m$,在大陆架外侧边缘。大陆隆是水深在 $2500 \sim 4500 m$ 的大洋盆地。

我国海洋钻探的发展起步于1960年,1982年成立了中国海洋石油总公司,至2003年,我国海洋油气产量约占我国油气产量的20%。

与陆上石油钻井相比,由于地理位置和环境条件的不同,海洋石油钻井有很多特殊性,例如:需要建立海洋钻井平台来安装钻机、储备器材和钻井施工;需要有特殊的井口装置来隔离海水,引导钻具入井和控制井下情况;需要固定、稳定海上装置;需要对所用的设备、工具等要采取有效的防腐措施等。本章主要叙述海洋钻井设备的特点、海洋钻井水下装置与升沉补偿等问题。

第一节　海洋石油钻井平台

在海上钻井时,不能直接将钻机安装在海里,需要有一个海上基地,以便安装钻机的各个系统、配备相应器材、提供物资存放和人员作业及生活的场所,这个海上基地称为海洋石油钻井平台。

一、海洋石油钻井平台的组成

1. 动力设备

(1)钻井用动力设备,如柴油机、直流发电机、直流电动机等。

(2)船用航行动力设备,如浮动钻井船用的柴油机等,一般称为轮机。

(3)浮船定位用动力设备,如动力定位钻井平台定位螺旋桨用的柴油机等。

(4)桩脚升降用动力设备,如自升式钻井平台升降船体时所用的电动机等。

(5)其他辅助工作动力设备,如锚泊、照明、起重等用的电动机、发电机等。

2. 钻井设备

海洋钻井用绞车、转盘、钻井泵、井架等与陆上钻机基本相同,此外,特殊设备主要包括:

(1)升沉补偿装置。用来解决平台随波浪升沉运动的钻压补偿问题。

(2)钻井水下设备。用以隔绝海水,并造成自平台到海底井口装置间的通道。对于采用水下井口的钻井平台或钻井船,均需配备一套钻井水下设备。

(3)钻杆排放装置。在钻井平台和钻井船上多采用卧式钻杆排放装置,主要包括立根移送机构、钻杆排放架和控制台。

3. 固井设备

为了进行固井作业,需要配备一套完善的固井设备。成套固井设备包括:柴油动力机组、注水泥机组、控制及计量设备、气动下灰装置、水泥搅拌设备和供水设备。

4. 试油设备

为了独立地在海上进行试油,钻井平台上需配备有成套的试油设备。试油设备主要包括:分离器、加热装置、试油罐、燃烧器和测量仪表等。

5. 起重与锚泊设备

(1)起重设备。主要有甲板上的起重机,以及管类器材储存场和其他辅助工作用的起重机。

(2)锚泊设备。钻井平台或钻井船工作时需要抛锚定位,故应加设锚泊设备。主要包括:大抓力锚、锚架、绞车、链条、锚缆绳、绞盘或缆桩等。

6. 平台与船体结构

平台与船体结构主要包括:固定平台的桩柱、桁架结构,移动平台的船体、甲板桩脚、沉垫浮箱、支柱桁架,浮式钻井船的船体、甲板等。

7. 其他设备

其他设备包括:潜水作业用设备、直升机等运输设备、救生艇等安全、防火设备,还有吸取海水、供应淡水、海水淡化装置等生活辅助设备。

二、海洋石油钻井设备的特殊问题

1. 船体定位问题

当使用钻井船、半潜式钻井平台等时,由于船体或平台处于漂浮状态,受波浪的影响,摆动很大。因此,应采取措施保持这些设备对井口的定位。目前主要有锚泊定位和动力定位。

2. 升沉运动补偿问题

钻井平台在海浪作用下,除发生前后左右的摇摆外,还将产生上、下升沉运动。平台随波浪周期性地上、下升沉将引起整个钻柱周期性地上、下运动,因此必须解决升沉运动的补偿问题。

3. 装设水下设备问题

浮动钻井船或钻井平台和海底有一定的距离,而井位在海底,这就需要海底井位与水上甲板间装设一套隔绝海水、适应摇摆、控制井口的装置,这套装置称为水下设备。

4. 防腐问题

海洋钻井设备有些部位处于海水中,因此必须对设备进行防腐处理。

三、海洋钻井平台的分类

根据移动性的不同,海洋钻井平台可以分为固定式和移动式两大类。

1. 固定式钻井平台

在海上安装定位后不能移动的平台称为固定式钻井平台,包括钢制导管架固定平台、钢和混凝土混合建造的混合式平台两种,两者的结构基本一致。

2. 移动式钻井平台

完成钻井作业后可以移走的平台称为移动式钻井平台,包括坐底式钻井平台、自升式钻井平台、潜式钻井平台、步行式钻井平台、气垫式钻井平台和浮式钻井船等。

四、海洋钻井平台的结构及特点

1. 固定式钻井平台

固定式钻井平台是从海底架起的一个高出水面的构筑物,上面铺设平台,用以放置钻井机械设备。由于在固定式平台上钻完井后,无法将平台搬运走,所以如钻井后发现有工业油气流,则可将钻井平台上的钻井设备拆掉,安装上采油设备,即可作为采油平台使用。

目前比较典型的固定式钻井平台是钢制的独立导管架固定平台,如图9-1所示。

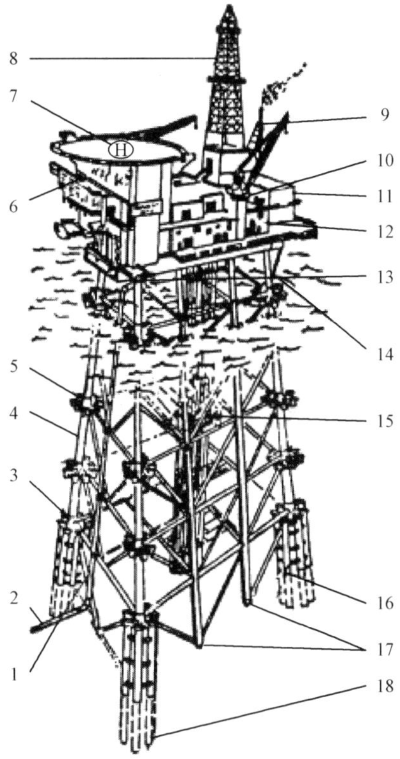

1)导管架固定平台的结构

导管架固定平台主要由导管架、桩柱和顶部设施组成。导管架是平台的支撑部分,它是整个平台的关键组件。导管架是用钢管焊接而成的空间钢架结构。导管架高度大于钻井水域的海水深度。桩柱的作用是将导管架与海底固定在一起。它实际上是空心的钢圆柱。导管架放在海底后,将桩柱从桩柱导套与桩柱套筒中打入海底,入土的深度取决于海底的地质条件和海洋环境条件,有的深度达百米以上。打完桩后,在桩柱套筒和桩柱之间的环形空间灌上水泥,这样,平台和海底就固定在一起了。顶部设施简称为甲板,它主要由甲板构架、甲板模块组成。其作用是安放钻井模块、采油模块和生活模块等。

导管架是在工厂建造好后,用船运到打井地点,再用浮吊吊起,放入海中,在现场安装。导管架安装好后,再安装平台甲板模块。

2)导管架平台的特点

由于导管架平台与海底固定在一起,其优点是:稳定性好、海面气象条件对钻井作业影响小。其缺点是:不能移运,造价高,适用于水深有限的情况下,其成本将随水深而急剧增加。

2. 移动式钻井平台

1)坐底式钻井平台

坐底式钻井平台(图9-2)是一种具有沉垫(浮箱)的移动平台,上部工作平台靠管柱支

图9-1 步行式平台工作原理

1—立管;2—海底管线;3—瓶形桩腿;4—导管架;
5—桩柱导管;6—生活模块;7—直升机甲板;
8—井架;9—火炬;10—起重机;11—钻井模块;
12—采油模块;13—救生艇;14—支撑框架;
15—钻井导管的导套;16—桩柱套筒;
17—水下承辊;18—桩柱

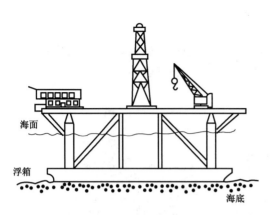

图 9 - 2　坐底式钻井平台

撑在沉垫(浮箱)上,总高度大于水深。坐底式钻井平台由沉垫、工作平台、中间支撑三部分组成。沉垫又称为浮箱,其中装有充水和排水的水泵,利用充水排气和排水充气的沉浮原理控制工作台的沉降和上升。钻井时沉垫中注入海水,平台下降,沉垫坐到海底。完井后,沉垫排水充气,平台升起以便拖航。工作平台用于安放钻井机械等设备。其横截面形状有正方形、长方形、三角形等形式,一边开口以便于完井后移运,另一边安置吊梯或起重机,以便从辅助船上搬运器材。中间支撑一般采用金属桁架结构,它的高度随水深而定,大致在 20～30m。若在 4 个角柱处增添大直径的钢瓶或浮箱,则适用水深可略增,稳定性可提高,升降速度也可加快。

坐底式钻井平台的优点是钻井时固定牢靠、完井后搬运灵活。缺点是工作平台高度恒定不能调节;工作平台面积不能过大,否则不易拖运;工作水深较浅,一般为 20～30m。

2) 自升式钻井平台

自升式钻井平台是一种具有自行升降桩腿,并靠桩腿插入海底而稳定地坐于海底的平台。自升式钻井平台主要由桩腿和工作平台两部分组成,如图 9 - 3 所示。桩腿可分成桁架形和圆柱形两种。就位工作时插入海底,搬迁时将它从海底提起,桩腿上有升降机构。工作平台本身是一个驳船甲板,用以安放钻井设备,并为工作人员提供工作和休息的场所。靠搬迁时,其浮力使平台浮在水面上。

自升式钻井平台的优点是对水深适应性强,稳定性好。缺点是工作水深受桩腿的限制,不适合于深水,在拖航时易受风暴袭击而受到破坏。如渤海 2 号自升式钻井平台就是在搬运时受风暴袭击而翻沉的,造成了人员和财产的巨大损失。

3) 半潜式钻井平台

半潜式钻井平台的结构类似于坐底式钻井平台,如图 9 - 4 所示。当水深较浅时,半潜式平台的沉垫(浮箱)直接坐于海底,这时将它用作坐底式钻井平台;当工作水深较大时,平台漂浮于海水中,相当于钻井浮船。半潜式钻井平台主要由沉垫、工作平台和支柱三部分组成。沉垫又称为浮箱,制成船形沉没于海水中,有中空舱室,内有进水和排水水泵。工作平台用以安装钻井设备并为工作人员提供工作和休息场所。一般是用钢材或混凝土制造,开有缺口或做成 V 形,以便钻完井后拖运时不受水下井口的影响。支柱用以连接平台和沉垫,用钢管制成,支柱间用较小的钢管相连,以增加刚度和强度。

半潜式钻井平台的优点是稳定性较好、移运灵活、适用水深较深。缺点是造价较高。

4) 步行式钻井平台

步行式钻井平台如图 9 - 5 所示,是我国自行设计、世界上独一无二的钻井平台。它既可以在"极浅海"或"潮间带"行走,又能在深水中拖航,属两栖钻井平台。步行时步长为 12m,是专为我国"极浅海"和"滩海地区"的石油勘探而设计的。

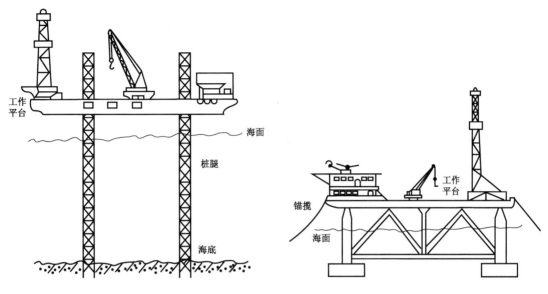

图9-3 自升式钻井平台

图9-4 半潜式钻井平台

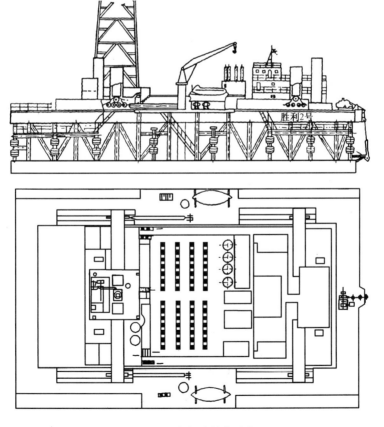

图9-5 步行式钻井平台

(1)结构组成。

步行式平台主要由内船体、外船体、步行机械与液压控制系统组成。

内船体是由沉垫、支撑以及甲板组成。沉垫为中空的箱形结构,漂浮时提供浮力,行走或坐底作业时起支撑作用;支撑由立柱和斜撑构成,它连接甲板和沉垫;甲板用以安装钻井设备,为工作人员提供工作和生活场所。内船体有4个强大的悬臂支架。

外船体也是由沉垫、支撑和甲板组成。不同的是其甲板上有4条长为15m的步行轨道,用来提升外体或顶升内体,外船体包围着内船体。

步行机械与液压控制系统是由在内外体结合部的4个大型顶升油缸、外体甲板上的两个特长型牵引油缸以及运行车轮组与运行轨道组成。

(2)步行工作原理。

如图9-6所示,外船体坐于海底,支撑整个平台,4个顶升油缸将内船体顶起,由两个牵引油缸拉着内船体沿着外船体上的轨道运行一个步长。接着,内船体坐于海底4个顶升油缸将外船体顶起,由两个牵引油缸拉着外船体沿着内船体的轨道运行1个步长。如此循环往复,实现步行。

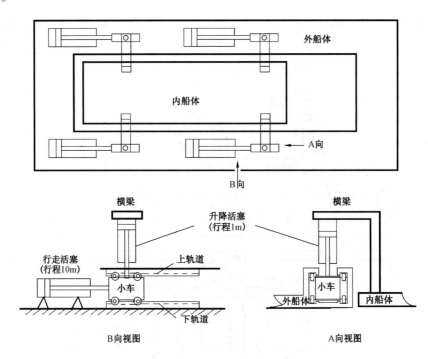

图9-6 步行式平台工作原理

(3)特点。

步行式钻井平台适用于水深为0~6.8m的浅水及潮间带,运移性能好,既能自行又能拖行;步行速度较慢(50~60m/h);使用受作业区地质条件的限制,作业区的海底应为泥砂质软土,坡度小于1/2000;结构较复杂。

5)浮式钻井船

浮式钻井船如图9-7所示,它可利用改装的普通轮船或专门设计的船体作为工作平台,船体主要用钢材制成,也有用钢筋混凝土制成的。后者节约金属且耐腐蚀,但要用预应力钢筋混凝土,以保证其强度、抗冲击及抗震能力。浮式钻井船主要由船体和定位设备两部分组成。

船体用以安装钻井和航行动力设备,为工作人员提供工作和生活场所。浮式钻井船到达井位后要定位,定位设备使钻井船保持在一定的位置内。钻井时特别是在风浪作用下,浮式钻井船船身产生上、下升沉及前后左右摆动,因此要合理布置机械设备,增设升沉补偿装置、减摇设备、自动动力定位设备等来保持船体定位。

浮式钻井船的优点是移运灵活、停泊方便、适用水深大。缺点是稳定性差、受海上气象条件影响大。

图9-7 浮式钻井船

第二节 海洋钻井水下装置与升沉补偿

一、钻井水下装置

海上钻井时,钻井平台在海面之上,而井口在海底,为实现正常钻井,需要在海底井口与平台之间装设一套隔绝海水、适应平台摇摆、控制井口的装置,这套装置就是钻井水下装置。这套装置中有的设备与陆上所用的设备相同或类似,但大部分是海上钻井所特有的。

钻井水下装置包括钻井导向装置、套管头组、防喷器组、隔水管柱、连接装置等。

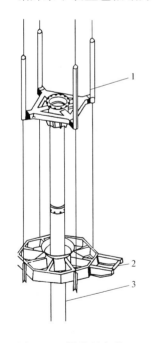

图9-8 钻井导向装置
1—导管架;2—井口盘;3—导管

1. 钻井导向装置

钻井导向装置的作用是引导水下井口设备坐于海底井口盘上,如图9-8所示。它主要由井口盘、导向架和导管三部分组成。

井口盘座于海底,用来确定井位并固定水下井口,由钢板和钢筋焊接而成,中间灌注混凝土。导向架的作用是导向,具有4个支柱,支柱上拴有导向绳,以引导防喷器组就位。导管也起到导向作用。

2. 套管头组

根据钻井时要下套管的层数,一层套一层,以悬持套管,接防喷器。其结构与陆用的相同。

3. 防喷器组

海上钻井防喷器可以装在水下,也可以装在平台上。由于海上特有的环境,对防喷器的使用可靠性要求更高,防腐蚀性能要求也更高。

4. 隔水管柱

隔水管柱的作用是隔开海水,并从其内引入钻具,导出钻井液。实际上它是从平台到海底输送钻井液并作为钻柱导向装置的一根管件,如图9-9所示。

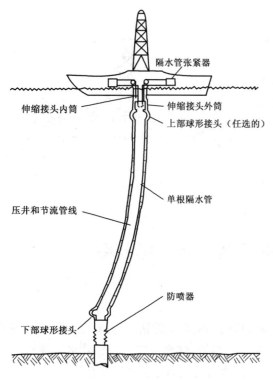

图 9 - 9　隔水管柱系统

在固定式、坐底式和自升式等平台上钻井时，隔水管从平台甲板下到井口；在半潜式平台、浮式钻井船上进行钻井作业时，除了正常的隔水管之外，还需要其他的一些设备，以适应平台的升沉运动。这时隔水管柱不再是一根单纯的管件，而是具有很多复杂部件的系统，就像套管柱一样，它也是由一段一段的隔水管节通过接箍连接而成的。

隔水管柱主要由隔水管接箍、隔水管节、挠性接头、伸缩隔水管和张紧器组成。

（1）隔水管接箍的作用是连接各隔水管节，它有多种式样，卡箍式接箍、领眼活接头式接箍、径向驱动榫—槽式接箍和领眼螺栓式接箍等。

（2）隔水管节实际上是一段管件，每节的长度根据钻井平台的几何尺寸确定，一般为 15.24m（50ft），也有 22.84m（75ft）的隔水管节。

（3）挠性接头在隔水管的下部，允许隔水管在任意方向转动 7°～12°，以使隔水管柱适应浮式钻井平台的摇摆、平移等运动。挠性接头主要有压力平衡式、多球式和万能式三种。

（4）伸缩隔水管的作用是补偿平台的升沉运动，使隔水管柱不至于因平台的上下运动而断裂，它一般装在隔水管的上部，由内管和外管组成，两管可以相对地上、下运动。

（5）张紧器。当钻井平台的工作水深超过 31m 时，为了防止隔水管柱在轴向压力作用下被压弯而受破坏，应使用张紧器张紧隔水管柱，使其承受拉力。目前使用的张紧器主要有导向索张紧器和隔水管张紧器两种，两者的布置分别如图 9 - 10 和图 9 - 11 所示。张紧器的工作原理是利用气液储能器的液压推动活塞随着平台的升沉而放长或收短钢丝绳，以保持导向绳及隔水管的张力恒定。使用张紧器后，隔水管所受的张力变化可以控制在 50% 以内。

5. 连接装置

连接装置的作用是保证井口装置外罩与防喷器之间以及防喷器顶部与下部的水下隔水管柱之间形成主压力密封。常用的连接器为液压卡块式，如图 9 - 12 所示。它由上、下接头及卡块、液缸等组成。

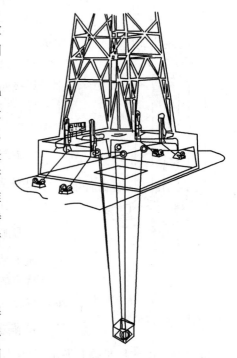

图 9 - 10　导向索张紧器布置图

上、下接头靠卡块卡紧而连接在一起。卡块由两部分组成,互成锥面接触。卡块的一部分称为卡块动作环,与液压缸活塞杆相连,活塞杆的伸缩带动动作环上行或下行,使卡块的另一部分压紧或松脱。遇到危险情况,油压卸载、卡块松脱、上接头与下接头呈30°或更大角度而脱开,使钻井平台迅速离开井位,以避免造成重大损失。

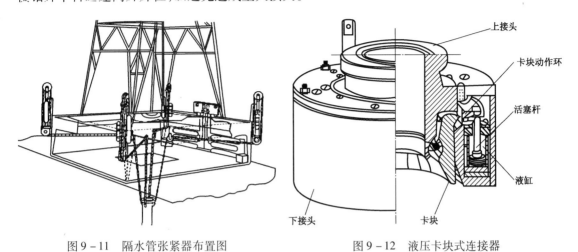

图9-11　隔水管张紧器布置图　　　　　图9-12　液压卡块式连接器

二、升沉补偿

水深较深时,海上钻井一般采用半潜式钻井平台或浮式钻井船。在风力、海浪力和海流力等海洋环境载荷的作用下,会产生升沉运动,从而使钻杆柱也做上下往复运动,造成钻压不稳,影响钻进,严重时,会使钻头脱离井底,无法钻进。因此,必须采取措施来解决钻柱的上下运动问题。解决方法就是对升沉运动进行补偿。主要方法是在钻柱中增设伸缩钻杆和增设升沉补偿装置。

1. 增设伸缩钻杆

为了使钻柱不受平台起伏的影响,在钻挺的上部增设一根伸缩钻杆。伸缩钻杆的结构与伸缩隔水管类似,也是由内管和外管组成,沿轴向可相对运动。当平台作升沉运动时,伸缩钻杆的内管随其以上的钻柱作轴向运动,而外管及其以下的钻柱基本不动,这样就保持了钻压的稳定。

1)伸缩钻杆的类型

目前使用的伸缩钻杆有全平衡式和部分平衡式两种。全平衡式伸缩钻杆的结构如图9-13所示。

伸缩钻杆工作时,在内管和下工具接头间的环形截面上,作用着钻柱内的高压钻井液,因而产生张开力。同时,从井筒中返回的钻井液作用在伸缩钻杆的防磨环的短节上,也产生张开力,因而会使钻压随钻井液压力而变化。在伸缩钻杆的中间有一个密封的平衡压力缸,它和流经伸缩钻杆内孔的高压钻井液相通,并使高压钻井液在平衡缸中产生的轴向力和张开力平衡,所以称为全平衡式。

部分平衡式伸缩钻杆没有平衡压力缸,只是靠尽量减小内管心轴尾端的壁厚来减小它与工具接头间的环形面积,实现部分地减小钻井液所产生的张力。

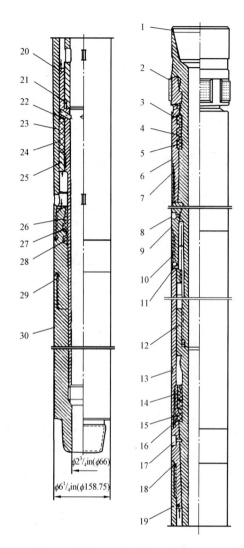

图 9-13　全平衡式伸缩钻杆结构图

1—心轴;2—防磨环;3,14,22,26—隔离环;
4,15,23,27—挡圈;5,16,24,28—主密封;6—短节;
7,21—O形圈;8,13—油堵;9—传递套筒;10—套筒;
11—传扭销;12—内冲管;17—丝堵;18—平衡缸接头;
19—平衡缸;20—内轴;25—密封锁紧螺母;
29—下接头;30—下工具接头

2) 使用伸缩钻杆存在的问题

虽然伸缩钻杆结构简单、使用方便,但使用它也存在着如下问题:

(1) 钻压不能调节。使用伸缩钻杆后,钻压由伸缩钻杆以下的钻柱重量决定,不能根据地下岩层情况调节钻压。

(2) 对伸缩钻杆的要求高。伸缩钻杆的内外管既作相对的轴向运动,又作旋转运动;既要承受高压钻井液的载荷,又要传递钻柱的扭矩,内外管之间还要充分密封。

(3) 不利于特殊作业。关闭防喷器后,由于伸缩钻杆随平台作上下往复运动,钻杆与防喷器芯子反复摩擦,很容易磨坏防喷器芯子。

2. 增设升沉补偿装置

为了补偿平台的升沉运动,在钻机中增设一套钻柱升沉补偿装置,使钻柱不随平台做上下运动。升沉补偿装置主要有游动滑车型和天车型两种。

1) 游动滑车型升沉补偿装置

如图 9-14 所示,游动滑车装在游车和大钩之间。游动滑车型升沉补偿装置主要由液缸、上下框架、储能器和锁紧装置组成。两个液缸用上框架与游车相连。液缸中的活塞通过活塞杆与固定在大钩上的下框架相连,大钩载荷由活塞下面的液压力来承受。储能器与液缸相通。锁紧装置将上下框架锁成一体,从而使游动滑车与大钩连在一起。工作原理是当平台作升沉运动时,液缸与上框架随平台作上下运动,而下框架、活塞、大钩及钻柱基本上不动,从而补偿了工作平台的升沉运动。由于钻压等于钻柱的重量减去液缸中的液压力,只要调节液缸中的液压力就可以调节钻压。

2) 天车型升沉补偿装置

天车型升沉补偿装置主要由浮动天车、主气缸、液缸和储能器组成,如图 9-15 所示。浮动天车除具有普通天车的结构外,还有两个辅助滑轮和 4 个滚轮。快绳和死绳分别通过辅助滑轮引出。天车通过滚轮可在井架上的垂直轨道上上下移动。主气缸用以支承浮动天车,与井架连在一起。液缸起缓冲作用。储能器装在井架上由管路与主气缸相连,用以调节主气缸中的气压。工作原理是当平台作升沉运动时,井架沿轨道上下运动,主气缸中的气体压缩或膨胀,而天车与大钩基本上保持不动,这样就补偿了工作平台的升沉运动。钻压的调节与游动滑车型升沉补偿装置相似。

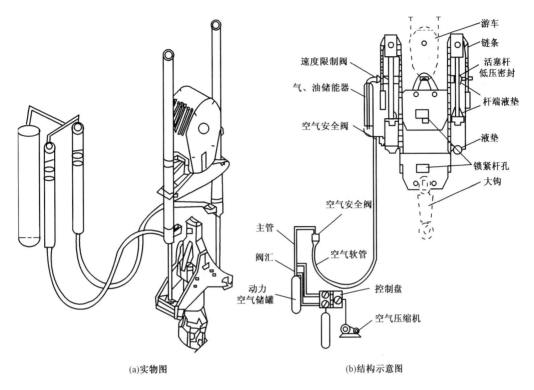

图 9 - 14　游动滑车型升沉补偿装置

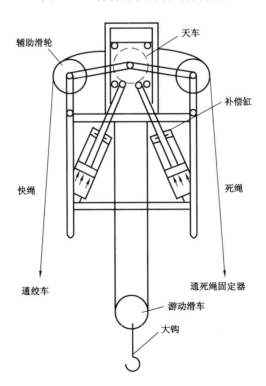

图 9 - 15　天车型升沉补偿装置

三、海洋钻机与陆地钻机的区别

一般来说,海洋钻机与陆地钻机并无多大区别,大部分设备可通用,主要区别如下:

(1)驱动形式不同。陆地钻机多用柴油机联合机械驱动,占地面积大、功率损失大。海洋钻机采用电驱动(SCR 电驱动,可控硅交/直流转换驱动),即柴油机带动交流发电机发电,一部分变直流后直接驱动各工作机,另一部分变压后供所有辅机。平台设备布置紧凑,燃油消耗降低,电站利用率提高。

(2)井架及底座的差异。海洋钻机多采用塔式井架,井架不用绷绳固定,底面积宽。在半潜式钻井平台和钻井船上,为了安装升沉补偿装置及防止游车大钩摆动,井架上装有导轨。为适应拖航过程中的摇摆(周期为 10s,单面摇摆不超过 20°)要求井架结构强度高。

(3)转盘开口直径大。为通过大直径的隔水管等水下器具,海上转盘的开口直径通常有 1891mm(自升式)和 2514.6mm(半潜式,隔水管两旁还带有压井管汇)两种规格。

(4)钻机绞车特点不同。海洋钻井绞车采用电驱动,无级调速,功率较大,最大功率可达 2200kW,比陆地绞车的功率约高 1 倍。

(5)机组由司钻集中控制。海上钻机的主工作机组采用分组或单独驱动,司钻集中控制。司钻控制台上另有指示、记录、报警等各类仪表。

(6)钻井泵的要求不同。三缸单作用泵,单泵功率为 950~1180kW,多用两三台 12-P-1600 型或 F-1600 钻井泵。

(7)采用成套的钻井液净化设备,以便减少钻井液中的固相颗粒。

(8)都安装井口机械化设备,浮式钻井船及半潜式平台上装有自动化钻杆摆放装置。

(9)采用高性能防喷器。常用的防喷器主要有万能球型防喷器、单闸板防喷器、双闸板防喷器及钻井四通等组成。

(10)钻井船或半潜式平台须设补偿装置,以补偿由于风风浪作用而产生的升沉落差。早期的方法是使用伸缩钻杆,近几年来使用的是更精确的液压式升沉补偿器。

第三节　海洋石油 981 深水半潜式钻井平台

一、"海洋石油 981"平台简介

海洋石油 981 深水半潜式钻井平台(图 9-16),简称"海洋石油 981",是中国海油深海油气开发的"五型六船"之一(除"海洋石油 981"外,还包括"海洋石油 201"深水铺管起重船、"海洋石油 708"深水工程勘察船、"海洋石油 720"十二缆深水物探船、"海洋石油 681"和"海洋石油 682"大马力深水三用工作船)。该平台由中海油研究总院牵头,大连理工大学、上海交通大学、中国石油大学、西南石油大学、中国船舶工业集团公司第七〇八研究所、中国科学院力学研究所共同完成设计,由上海外高桥造船有限公司、大连船舶重工集团有限公司等中国国内诸多海洋工程领域优势单位于 2008 年 4 月 28 日开工建造,2011 年 5 月 23 日完工,耗资近 60 亿元,中国海洋石油总公司拥有该船型的自主知识产权,由中国海洋石油服务股份有限公司租赁并运营管理。

海洋石油 981 深水半潜式钻井平台是中国首座自主设计、建造的第六代深水半潜式钻井平台,入级 CCS(中国船级社)和 ABS(美国船级社)双船级。该平台的建成,标志着中国在海洋工程装备领域已经具备了自主研发能力和国际竞争能力。

2012 年 5 月 9 日,"海洋石油 981"在南海(南海荔湾 6-1-1 井)首钻成功,钻头触及南

图 9 – 16　海洋石油 981 深水半潜式钻井平台

海荔湾 6 – 1 区域约 1500m 深的水下地层。这是我国首次独立进行深水油气勘探开发,标志着我国海洋石油工业的深水战略迈出了实质性的步伐,表明中国拥有独立深水油气勘探开发能力,对有效开发南海深水油气资源具有积极意义。"海洋石油 981"的服役也标志着中国最具实力的近海油田服务商正式进军南海深水海域。

二、"海洋石油 981"平台的主要参数

由两个水下浮箱、四个立柱和上部箱形船体结构组成的海洋石油 981 深水半潜式钻井平台长 114.07m,宽 78.68m,面积比一个标准足球场还要大,平台正中是约 5、6 层楼高的井架,从船底到井架顶高度为 137.8m,相当于 45 层楼高,电缆总长度超过 900km,平台自重 30670t,承重量 12.5×10^4t,可起降"Sikorsky(西科斯基)S – 92 型"直升机,如图 9 – 17 所示。作为一个兼具勘探、钻井、完井和修井等作业功能的钻井平台,"海洋石油 981"代表了海洋石油钻井平台的一流水平,最大作业水深 3000m,最大钻井深度可达 12000m。中国工程院院士周守为说"海洋石油 981"能够在世界除北极以外的任何海域作业。海洋石油 981 深水半潜式钻井平台具体参数见表 9 – 1。

图 9 – 17　海洋石油 981 深水半潜式钻井平台

表 9 – 1　海洋石油 981 深水半潜式钻井平台具体参数

船舶登记号	11B5001	垂线间长,m	114.07
中文船名	海洋石油 981	型宽,m	78.68
英文船名	HAI YANG SHI YOU 981	型深,m	38.60
船舶呼号	BYDG	干舷,m	11,000.00
国际海事组织编号	9480344	平均吃水,m	19.00
船旗国	China	船体入级符号	★CSA & ★CCA
船籍港	Zhanjiang	船体附加标志	Drilling Unit;HELDK;PM;IWS;DP – 3
船舶所有人	China National Offshore Oil Corp.	轮机入级符号	★CSM
船舶管理公司	China Oilfield Services Limited	轮机附加标志	AUT – 0
船舶类型及用途	Semi – submersible	船舶建造厂	Shanghai Waigaoqiao Shipbuilding Co., Ltd.
下次特检日期	2016 – 10 – 17	船舶建造地点	China
总吨位,t	34483	船舶建造时间	2011 – 10 – 18
净吨位,t	10344	发电机×数×功率×电压	AMG 0900LS10 LAE×1×5530×11000; AMG 0900SL10 LAE×8×5530×11000
船舶总长,m	114.07	起货设备类型,数量,安全负荷	Crane,2,100;Elevator,2,0.998

三、"海洋石油 981"平台的技术特点

"海洋石油 981"平台采用美国 F&G 公司 ExD 系统平台设计,在此基础上优化及增强了动态定位能力及锚泊定位,并具有自航能力;平台的设计是按照南海最恶劣海况条件下设计的,能抵御 200 年一遇的超强台风;首次采用最先进的本质安全型水下防喷器系统;除了通过紧急关断阀、遥控声呐、水下机器人等常规方式关断井口,该平台还增添了智能关断方式,即在传感器感知到全面失电、失压等紧急情况下,自动关断井口以防井喷。"海洋石油 981"拥有多项自主创新设计,可在中国南海、东南亚、西非等深水海域作业,设计使用寿命 30 年。

1."海洋石油 981"平台的 6 个世界首次

(1)首次采用南海 200 年一遇的风浪参数和波浪载荷对平台的总强度和稳性进行设计、校核,该环境参数相当于 17 级台风风速,远超国际船级社规范的要求,大大提高了平台抵御环境灾害的能力。

(2)首次采用 3000m 水深范围 DP3 全动力定位模式(这是世界一流的动力定位系统)、1500m 水深范围锚泊定位的组合定位系统,优化了节能模式,大大节约了燃油,不仅能保证平台可游离但不偏离 1m,又可确保平台全天候作业。

(3)首次突破半潜平台最大可变载荷 9000t,为世界半潜式平台之最,大大提高了远海作业能力。

(4)首次成功研发了世界顶级超高强度 R5 级海洋工程系锚链(强度较 R4 级提高了 16%),引领国际规范的制定,同时也为该平台节约了大量的费用,为中国国内供货商走向世界提供了条件。

(5)首次在船体的关键部位系统地安装了传感器监测系统,为研究半潜式平台的运动性能、关键结构应力分布、锚泊张力范围等建立了系统的海上科研平台,为中国在半潜式平台应

用于深海的开发提供了更宝贵和更科学的设计依据。

（6）首次采用了最先进的本质安全型水下防喷器系统，在电、液信号丢失的情况下，靠水下储能器控制，紧急情况下可自动关闭井口，能有效防止类似墨西哥湾事故的发生。

2.“海洋石油 981”平台的 10 项中国国内首次

（1）中海油首次拥有第六代深水半潜式钻井平台船型基本设计的知识产权，通过基础数据研究、系统集成研究、概念研究、联合设计及详细设计，使国内形成了深水半潜式平台自主设计的能力。

（2）首次应用 6 套闸板及双面耐压闸板的防喷器（BOP）、防喷器声呐遥控和失效自动关闭控制系统，以及 3000m 水深隔水管及轻型浮力块系统，大大提高了深水水下作业安全性。

（3）首次建造了国际一流的深水装备模型试验基地，为在国内进行深水平台自主设计、自主研发提供了试验条件。

（4）首次完成世界顶级的深水半潜式钻井平台的建造，三维建模、超高强度钢焊接工艺、建造精度控制和轻型材料等高端技术的应用，使国内海洋工程的建造能力一步跨进世界最先进行列。

（5）首次成功研发液压铰链式高压水密门装置并应用在实船上，解决了传统水密门不能用于空间受限、抗压和耐火等级高、布置分散和集中遥控的难题，使国内水密门的结构设计和控制技术处于世界先进水平。

（6）首次应用一个半井架、BOP 和采油树存放甲板两侧、隔水立管垂直存放及钻井自动化等先进技术，大大提高了深水钻井效率。

（7）首次应用了远海距离数字视频监控应急指挥系统，为应急响应和决策提供更直观的视觉依据，提高了平台的安全管理水平。

（8）首次完成了深水半潜式钻井平台双船级入级检验，并通过该项目使中国船级社完善了深水半潜式平台入级检验技术规范体系。

（9）首次建立了全景仿真模拟系统，为今后平台的维护，应急预案制定、人员培训等提供了最好的直观情景与手段。

（10）首次建立了一套完整的深水半潜式钻井平台作业管理、安全管理、设备维护体系，为在南海进行高效安全钻井作业提供了保障。

四、“海洋石油 981”平台的建造历程

“海洋石油 981”平台的建造历程见表 9 - 2。

表 9 - 2　“海洋石油 981”平台的建造历程

时间	建造进度	时间	建造进度
2008 年 12 月	第一只分段结构完工	2009 年 9 月	双层底搭载完成
2008 年 12 月	第一只分段涂装完工	2009 年 11 月	主船体贯通
2009 年 4 月	第一个总组段完工	2009 年 12 月 30 日	钻台搭载
2009 年 4 月 20 日	平台坞内铺底	2010 年 1 月 28 日	生活楼搭载
2009 年 7 月	水平横撑搭载完成	2010 年 2 月 26 日	整体钻井平台出坞
2009 年 8 月	立柱搭载完成	2012 年 5 月 9 日	首钻成功

五、"海洋石油981"平台的建造意义

海洋蕴藏了全球超过70%的油气资源,据国际能源署(IEA)估计,全球深水区最终潜在石油储量高达1000亿桶,深水是世界油气的重要接替区,而中国只具备300m以内水深浅海油气田的勘探、开发和生产的全套能力,大于300m水深的油气勘探开发处于起步阶段,而大于1500m水深的超深水油气田开发,则基本属于空白。我国自行研制的海洋钻井平台作业水深均较浅,半潜式钻井平台仅属于世界上第二代、第三代的水平,作业能力最大达到505m水深,而国外则已经达到3052m。第六代深水钻井平台"海洋石油981"的建成,填补了中国在深水装备领域的空白,使中国跻身世界深水装备的领先水平,同时也有力地促进了民族制造业和冶金业等相关行业整体实力的提升。

六、相关链接

1. 全球深水油气储量

业内专家表示,全球海洋油气资源约占全部油气储量的34%,目前探明率大约为30%,尚处于勘探早期阶段。海洋油气资源主要分布在大陆架,约占全球海洋油气资源的60%,但大陆坡的深水、超深水域的油气资源潜力可观,约占30%。一般将水深超过300m海域的油气资源定义为深水油气;1500m水深以上称为超深水。近年来,在全球获得的重大勘探发现中,有50%来自海洋,主要是深水海域。截至目前,世界主要深水区油气探明总储量为$206.03 \times 10^8 m^3$。预计到2020年海洋石油、海洋天然气产量分别约占全球石油和天然气产量的35%和41%。

2. 我国近海油气储量的重要接替区——南海深水区

我国陆地和海洋浅水区已有四五十年的油气开发史,勘探程度较高,要发现新的大型油气藏越来越难。而南中国海(South China Sea)是我国最深、最大的海,油气资源储量极为丰富,整个南海盆地群的石油地质资源量约在$(230 \sim 300) \times 10^8 t$之间,天然气总地质资源量约为$16 \times 10^{12} m^3$,占我国油气资源总量的1/3,其中70%蕴藏于$153.7 \times 10^4 km^2$的深水区域,因此,南海深水区是我国重要的油气资源战略接替区。周守为指出,南海有潜力成为继墨西哥湾、巴西和西非深水油气勘探开发"金三角"之后,世界上第四大深水油气资源勘探海域。但以往受制于以深水钻井平台为代表的开发能力不足,一直未能得到有效开发。

2006年,中国海洋石油总公司旗下的中国海洋石油有限公司和加拿大石油公司哈斯基合作在珠江口盆地完成了我国第一口水深超千米的深水钻井(荔湾3-1-1井),并发现中国第一个深水气田"荔湾3-1"气田。该大气田的发现,被誉为我国石油工业里程碑式的重大突破,也证明了我国南海深水区具有形成大中型油气田的基本地质条件,是中国近海油气储量的重要接替区。

3. 南海深水勘探开发难度

海上钻井工程本身比陆上钻井工程复杂,而深水钻井更甚。南海虽然资源储量丰富,但深水区油气资源的勘探开发受波浪较大、台风频繁等恶劣条件的影响和储藏特性的限制,导致南海深水油气勘探形成了高技术、高成本、高风险的特点。

据了解,目前深水区一口井的钻井费用在$(3000 \sim 6000)$万美元之间,如果钻井船处于磨合期,费用将在$(6000 \sim 12000)$万美元之间,体现了南海深水油气勘探的高成本特点。

相比浅水,深水勘探风险更高。3000m 的深水作业,对平台设备提出了高要求。一是要求隔水管更长、钻井液容积更大、设备的压力等级更高,隔水管与防喷器的重量等均大幅增加,所以必须具有足够的甲板负荷和甲板空间。二是深水恶劣的作业环境,使得钻井非作业时间增加,对设备的可靠性要求苛刻,选择钻井装置、设备和技术时都要针对水深进行单独校核。三是深水地层的破裂压力梯度降低,致使破裂压力梯度和地层孔隙压力梯度之间的窗口较窄,极易发生井漏、井喷等复杂情况。四是海底温度低,井底有可能高温,给钻井作业带来很多问题。而浅层的疏松地层和不稳定海床、浅层水流动等易导致地质灾害风险。

在高风险的前提条件下,要安全、顺利、低成本地完成一口井的钻探任务就必须要有世界一流的尖端技术。

思 考 题

1. 海洋钻井平台的组成有哪些?
2. 海洋钻井设备与陆地钻井设备在工作时会遇到有哪些特殊问题?
3. 固定式钻井平台的特点是什么?
4. 移动式钻井平台有哪些类型? 各有什么特点?
5. 钻井水下装置有哪些?
6. 简述升沉补偿装置的原理。
7. "海洋石油 981"平台有哪些技术特点?

参 考 文 献

[1] 顾永泉. 流体动密封. 东营:石油大学出版社,1990.

[2] 李继志,陈荣振. 石油钻采机械概论. 东营:石油大学出版社,2001.

[3] 钱锡俊,陈弘. 泵和压缩机. 东营:石油大学出版社,1989.

[4] 王光然. 油气储运设备. 东营:中国石油大学出版社,2005.

[5] 华东石油学院矿机教研室. 石油钻采机械. 北京:石油工业出版社,1990.

[6] 方华灿. 海洋石油钻采装备与结构. 北京:石油工业出版社,1990.

[7] 李继志,陈荣振. 石油钻采设备及工艺概论. 东营:石油大学出版社,1992.

[8] 马永峰. 钻机操作维护手册. 北京:石油工业出版社,2005.

[9] 陈如恒. 电动钻机的工作理论基础. 石油矿场机械,2005,34(3):1-10.

[10] 马文星. 液力传动理论与设计. 北京:化学工业出版社,2004.

[11] 王锡光. 钻井机械. 北京:石油工业出版社,1990.

[12] 姚春东. 石油矿场机械. 北京:石油工业出版社,2012.

[13] 马春成,孙松尧. 液压与气压传动. 东营:中国石油大学出版社,2011.

[14] (中国石油化工)集团公司井控培训教材编写组. 钻井操作人员井控技术. 东营:中国石油大学出版社,2013.

附　　录

附录一　常用物理量及其符号

常用物理量及其符号见附表 1-1。

附表 1-1　常用物理量及其符号

物理量名称	符号	单位名称	单位符号
长度	L	米	m
质量	m	千克	kg
面积	A 或 S	平方米	m^2
体积	V	立方米	m^3
温度	T	摄氏度	℃
时间	t	秒	s
速度	v	米每秒	m/s
加速度	a	米每二次方秒	m/s^2
密度	ρ	千克每三次方米	kg/m^3
动力黏度	μ	帕秒	Pa·s
运动黏度	ν	二次方米每秒	m^2/s
力	F 或 Q 或 W	牛[顿]	N
力矩	M 或 T	牛[顿]米	N·m
压力	p	帕	Pa
流量	Q	三次方米每秒	m^3/s
功率	P 或 N	瓦	W
效率	η		%

附录二 常用液压、气动元件图形符号

根据 GB/T 786.1—2009《流体传动系统及元件图形符号和回路图　第 1 部分:用于常规用途和数据处理的图形符号》和 ISO 1219 – 1 – 2012《液压驱动系统和元件—图形符号和电路图—第 1 部分:常规使用和数据处理用图形符号》,常用液压、气动元件图形符号见附表 2 – 1。

附表 2 – 1　常用液压、气动元件图形符号

名称	图形符号	描述
1. 液压方向控制阀		
二位二通推压式控制阀		二位二通方向控制阀,两通,两位,推压控制机构,弹簧复位,常闭
二位二通电磁控制阀		二位二通方向控制阀,两通,两位,电磁铁操纵,弹簧复位,常开
二位四通电磁阀		二位四通方向控制阀,电磁铁操纵,弹簧复位
二位三通锁定阀		二位三通锁定阀
二位通滚轮杠杆控制阀		二位三通方向控制阀,滚轮杠杆控制,弹簧复位
二位三通电磁阀		二位三通方向控制阀,电磁铁操纵,弹簧复位,常闭
二位三通电磁控制定位销式手动定位阀		二位三通方向控制阀,单电磁铁操纵,弹簧复位,定位销式手动定位
二位四通电液控制阀		二位四通方向控制阀,电磁铁操纵液压先导控制,弹簧复位
三位四通电液控制阀		三位四通方向控制阀,电磁铁操纵先导级和液压操作主阀,主阀及先导级弹簧对中,外部先导供油和先导回油

名称	图形符号	描述
三位四通电磁换向阀		三位四通方向控制阀,弹簧对中,双电磁铁直接操纵,不同中位机能的类别
二位四通液压控制阀		二位四通方向控制阀,液压控制,弹簧复位
三位四通液压控制阀		三位四通方向控制阀,液压控制,弹簧对中
二位五通踏板控制阀		二位五通方向控制阀,踏板控制
三位五通杠杆控制定位销式阀		三位五通方向控制阀,定位销式各位置杠杆控制

2. 液压压力控制阀

名称	图形符号	描述
直动式溢流阀		溢流阀,直动式,开启压力由弹簧调节
直动式顺序阀		顺序阀,手动调节设定值
直动单向顺序阀		顺序阀,带有旁通阀

名称	图形符号	描述
直动式减压阀		二通减压阀,直动式,外泄型
先导式减压阀		二通减压阀,先导式,外泄型
电磁先导式溢流阀		电磁溢流阀,先导式,电气操纵预设定压力
三通减压阀		三通减压阀(液压)

3. 液压流量控制阀

名称	图形符号	描述
节流阀		可调节流量控制阀
单向节流阀		可调节流量控制阀,单向自由流动
滚轮杠杆控制流量阀		流量控制阀,滚轮杠杆操纵,弹簧复位
单向调速阀		二通流量控制阀,可调节,带旁通阀,固定设置,单向流动,基本与黏度和压力差无关

名称	图形符号	描述
分流阀	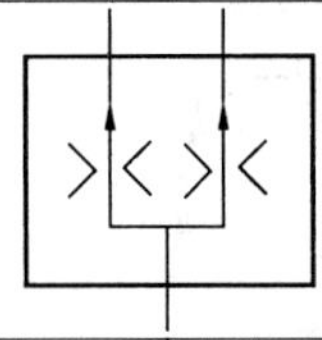	分流器,将输入流量分成两路输出
集流阀	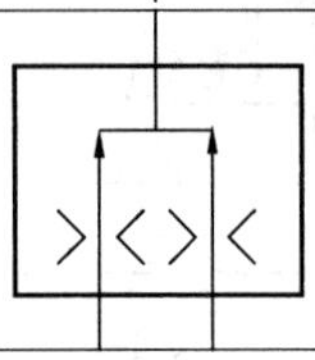	集流阀,保持两路输入流量相互恒定

4. 单向阀和梭阀

名称	图形符号	描述
单向阀		单向阀,只能在一个方向自由流动
常闭型单向阀		单向阀,带有复位弹簧,只能在一个方向流动,常闭
液控单向阀	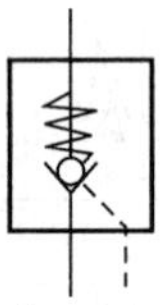	先导式液控单向阀,带有复位弹簧,先导压力允许在两个方向自由流动
双单向阀	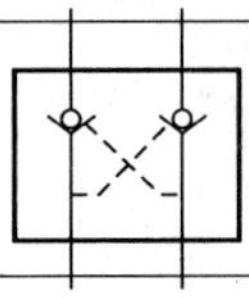	双单向阀,先导式
梭阀	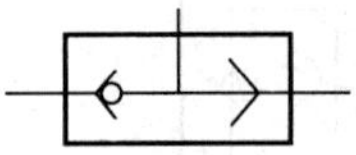	梭阀("或"逻辑),压力高的入口自动与出口接通

5. 泵和马达

名称	图形符号	描述
变量泵	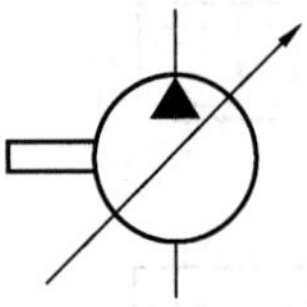	变量泵
双向变量泵	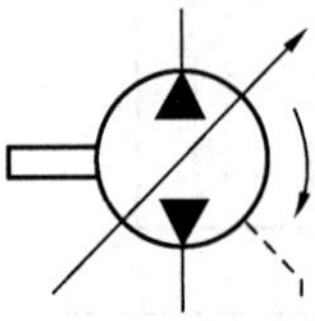	双向流动,带外泄油路单向旋转的变量泵

名称	图形符号	描述
双向变量泵或马达		双向变量泵或马达单元,双向流动,带外泄油路,双向旋转
单向定量泵或马达		单向旋转的定量泵或马达
摆角泵		操纵杆控制,限制转盘角度的泵
双向摆动油缸		限制摆动角度,双向流动的摆动执行器或旋转驱动
机械或液压控制的变量泵		机械或液压伺服控制的变量泵

6. 缸

名称	图形符号	描述
单作用缸		单作用单杆缸,靠弹簧力返回行程,弹簧腔带连接油口
双作用单杆缸		双作用单杆缸
双作双杆缸		双作用双杆缸,活塞杆直径不同,双侧缓冲,右侧带调节
双作用膜片缸		带行程限制器的双作用膜片缸

名称	图形符号	描述
单作用柱塞缸		单作用柱塞缸
单作用伸缩缸		单作用伸缩缸
双作用伸缩缸		双作用伸缩缸

7. 附件

名称	图形符号	描述
软管总成		软管总成
三通旋塞接头		三通旋塞接头
快换接头		不带单向阀的快换接头,断开状态
带单向阀的快换接头		带单向阀的快换接头,断开状态
数字式指示器		数字式指示器
压力表		压力测量单元(压力表)
温度计		温度计
液位计		液位指示器(液位计)

名称	图形符号	描述
数字流量计		数字流量指示计
过滤器		过滤器
带旁路单向阀和数字显示器的过滤器		带旁路单向阀和数字显示器的过滤器
冷却器		液体冷却的冷却器
加热器		加热器
隔膜式充气蓄能器(隔膜式蓄能器)		隔膜式充气蓄能器(隔膜式蓄能器)
气囊式蓄能器		囊隔式充气蓄能器(囊式蓄能器)
气瓶式蓄能器		气瓶
活塞式蓄能器		活塞式充气蓄能器(活塞式蓄能器)

名称	图形符号	描述
8. 气动换向阀（与液压相近的没列出）		
气动软启动电磁换向阀		气动软启动阀,电磁铁操纵内部先导控制
气动延时换向阀		延时控制气动阀,其入口接入一个系统,使得气体低速流入直至达到预设压力才使阀口全开
二位三通滚轮杠杆控制换向阀		二位三通方向控制阀,滚轮杠杆控制,弹簧复位
二位三通电磁控制弹簧复位定位销定位阀		二位三通方向控制阀,单作业电磁铁操纵,弹簧复位,定位销式手动定位
二位三通差动式气动换向阀		二位三通方向控制阀,差动先导控制
9. 气压力控制阀		
直动式溢流阀		弹簧调节开启压力的直动式溢流阀
外部控制的顺序阀		外部控制的顺序阀
调压阀		内部流向可逆调压阀
远控调压阀		调压阀,远程先导可调,溢流,只能向前流动

名称	图形符号	描述
10. 气方向控制阀		
快速排气阀		快速排气阀
11. 空压机与气马达		
气动马达		气动马达
空气压缩机		空气压缩机
双向摆动气马达		变方向定流量双向摆动马达
气增压器	P1 P2	连续增压器,将气体压力 p_1 转换为较高的液体压力 p_2
气液转换器		单作用压力介质转换器,将气体压力转换为等值的液体压力,反之亦然
单作用增压器	P1 P2	单作用增压器,将气体压力 p_1 转换为更高的液体压力 p_2
可调节的机械电子压力继电器		可调节的机械电子压力继电器
旁路节流过滤器		旁路节流过滤器

名称	图形符号	描述
气动三联件	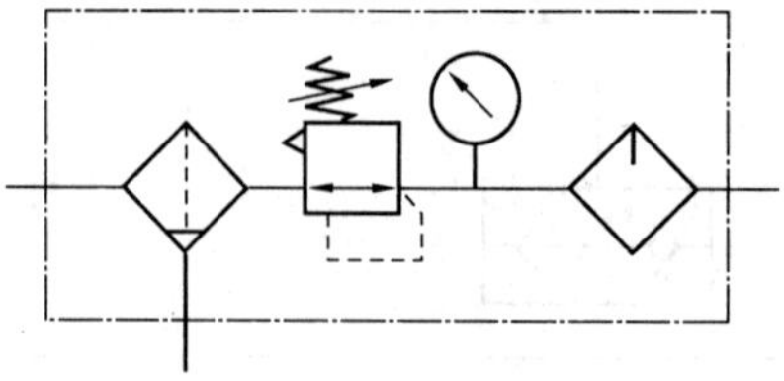 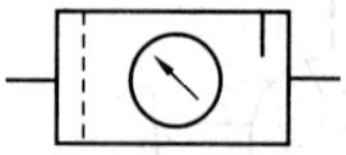	气源处理装置,包括手动排水过滤器、手动调节式溢流调压阀、压力表和油雾器(上图为详细示意图,下图为简化图)
空气过滤器	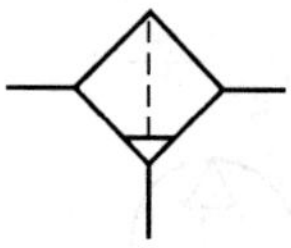	带手动排水分离器的过滤器
空气干燥机	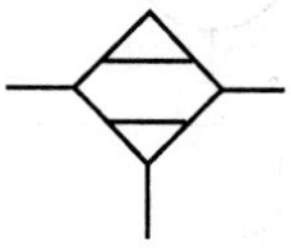	空气干燥机
油雾器	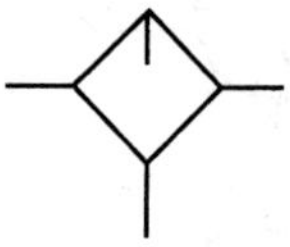	油雾器
储气罐		气罐
手动排水式油雾器	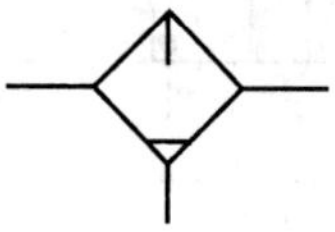	手动排水式油雾器